積雲標示出懷特島的位置，卷雲在一道鋒面前形成。

白霜在低處的草皮和樹葉上形成，但不會在路上、垂直的莖或木頭欄杆下出現。

薊屬植物比草更能阻卻熱量從地面升起，而且更冷。

霜冰在寒冷的霧從北方吹過之後形成。照片中是面向西方。

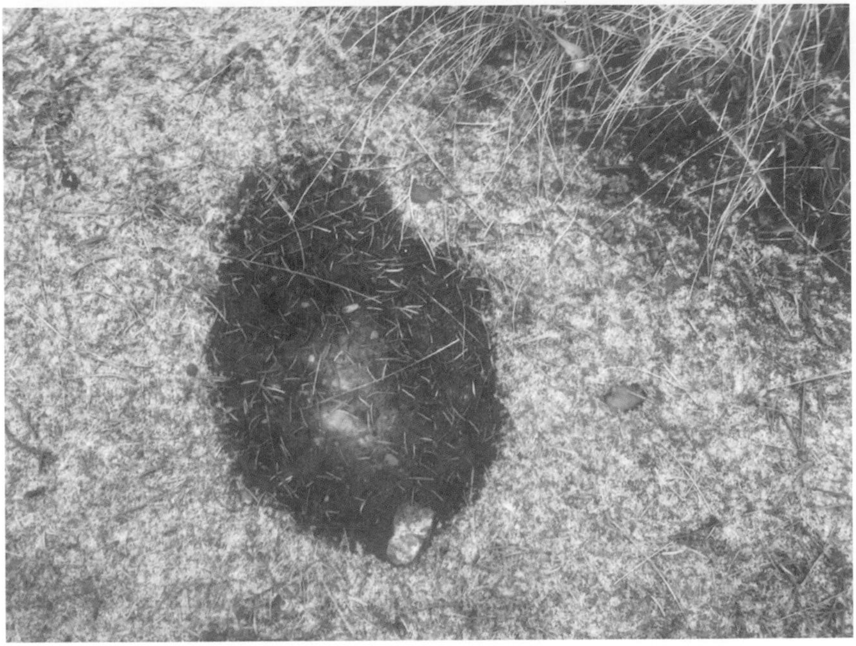

岩石傳導地下的熱量，使雪融化。

一片雨雲在山丘上的黑森林上方形成。破碎的雲表示已經開始下陣雨了。

一片懸崖雲飄在懷特島上空。

逆溫現象中，一座村莊上方出現扇形擴展的煙和薄霧：這條線上方與下方的天氣完全不同。

南方的陽光融化了半邊的雪。照片中面朝西方。

輻射霧正在形成，但只有在無雲的天空下，雲或樹下則不會起霧。

霧滴：霧標示出一條隱藏起來的河流。

異常的積雲標示出被隱藏起來的羅浮堡。

在布萊頓上空的逗號卷雲（馬尾雲）：一道鋒面會在隔天早上到來。

噴射氣流和微弱的光環（halo）。

「高度的破綻」：在層雲上方的卷雲揭露出隱藏的風暴。

倫敦上空厚實、擴散的凝結尾意味著好天氣剩沒幾天了。

一架飛機打散了魚鱗般的卷積雲，拖著一條長長的「消散尾」。雲重新在下方形成一條冰卷雲線。

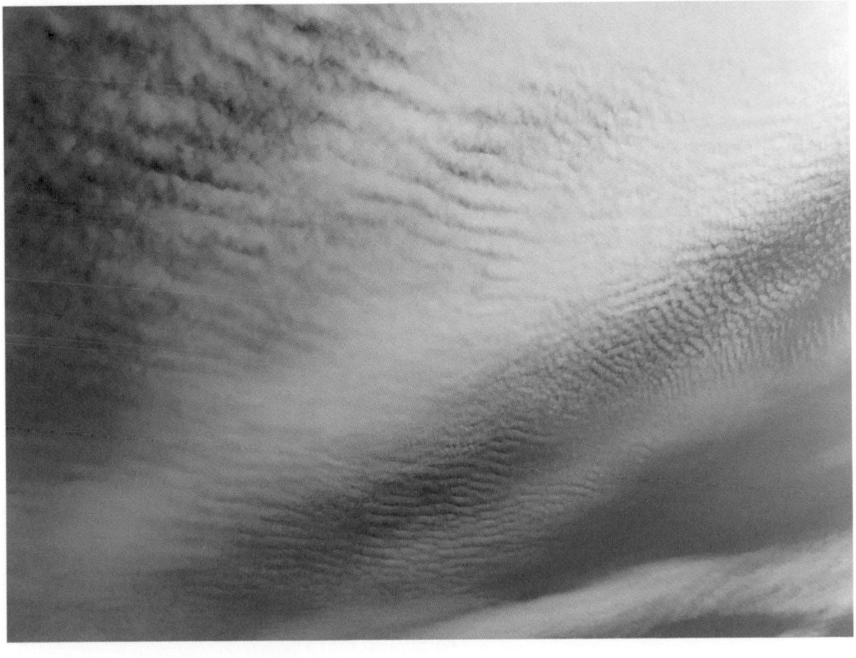

天空中形似魚鱗的卷積雲

一片莢狀雲揭露出在茵微尼斯（Inverness）的街道後方，藏著一座山。

沙迦沙漠（Sharjah desert）出現不穩定跡象，能見度惡化。

作者在沙漠裡的山上找到雨而欣喜若狂。

針葉樹傘下的乾燥區域，苔蘚為生存掙扎。

一道暖鋒過境，帶來霧和降雨。樹林裡的「楔形效應」：盛行風來自照片左方（西南方）。

風和雨加速通過一棵樹的邊緣，將燕麥吹倒。

作者家鄉樹林裡最溫暖的一塊區域，風鈴草最先開花。

澤西島（Jersey）上的梯狀積雲：風正從照片右上角往左下方吹。

夏天，在溫暖、深色的陸地上空的積雲比寒冷、明亮的海上空的還要厚。

冬天，溫暖的海比陸地暖和，積雲標示出海的位置。

鳥面對來自左方的風，但樹的形狀顯示盛行風的方向是來自右邊：天氣跡象相當不尋常。冬季的高壓系統將帶來一段溫暖晴朗日子。

三個相近的風暴（從右至左：成長、成熟、消散）正從右邊移動到左邊。

經歷兩場陣雨的海灘。小狗在雨前經過，大狗在雨後經過；一個人在長陣雨與短陣雨之間經過。

在冬天寧靜、無雲的夜晚，靠近地面有一層非常冷的空氣。車子經過水窪濺出水，然後水在樹籬上結凍。

解讀身邊的天氣密碼

讀懂隱藏在雲朵、微風、山丘、街道、動植物及露水裡的天氣跡象

The Secret World of Weather

作者
崔斯坦・古力
Tristan Gooley

插圖
尼爾・高爾
Neil Gower

譯者
黃靚嫻

晨星出版

給蘇菲，

結婚二、三十餘載，

謝謝妳總是在我身邊，

——不論天氣如何。

解讀身邊的天氣密碼

目錄

如果想看更多本書所提概念實際出現在自然環境中的圖片，
請參考：naturalnavigator.com/news/tag/secret-world-of-weather.

前言

這是一本非正統的天氣指南。

我的調查捨棄了螢幕上的圖表，取而代之的是將重點放在當我們繞著一棵樹走，或是走在街上時所發現的線索，以及這些線索如何告訴我們關於現在、過去與未來的天氣。

這個方式會帶領我們深入探究一個未經研究、卻令人驚嘆的領域：微氣候。是時候讓我們為小範圍的局部觀測歡欣鼓舞，並且頌讚那些鮮少有人注意到的天氣跡象。它們無所不在，在天空、在我們所見的景致裡，等待著我們發現。許多跡象都在觸手可及的距離裡。

願讀者們能享受這趟旅程。

崔斯坦（Tristan）

註：除非有另外說明，否則此文內容以北半球溫帶地區為主，此氣候帶包含了大部分歐洲、北美與亞洲的人口稠密區。

編註：本書採用單位以公制單位為主，單位換算方式如下：

- 一碼：約九十一公分
- 一英尺：約三十公分
- 一英里：約一．六公里
- 華氏溫度：攝氏溫度×（九／五）＋三十二

01

兩個世界

已知的世界・神祕的世界・阻塞高壓・樹下的風扇

九月下旬的某一天，微風輕拂，非常地溫暖。夏天被留在這片土地上。我走過一棵熟悉的橡樹，在明媚的陽光下，向南唐斯（South Downs）的綠色山丘眺望，它們在蒸騰高溫下搖晃著。低空處有一些蓬鬆的雲，高處則無。能見度不是很好，遠方有海，遠處挾著一條暗帶。

這天是週四，而我們想要在週末去遠一點的地方來場家庭野餐。後頸感受到微風吹拂，回頭看向橡樹以及它的影子，我知道這個好天氣將會持續。我可以看見週日野餐的最佳地點。

在這段簡短又平淡的故事裡有幾個線索和兩個跡象。它們以不同方式幫助我們了解過去的天氣動態，以及將要出現什麼變化。更重要的是，它為我們指引了通往神祕天氣世界的道路。

已知的世界

從很久以前開始，天氣預報就已聲名狼藉。

羅伯特．斐茲洛伊（Robert FitzRoy）是一位十九世紀的英國皇家海軍中將，不僅是天氣的先驅者，更是「預報（forecast）」一字的創始者。然而，試圖在一個困難的領域建立新方法後，他得到了什麼回報？大眾用批評轟炸任何不準確的預報，那令人難以承受。斐茲洛伊為此患上抑鬱症，並在西元一八六五年結束他的生命。

斐茲洛伊是個領先時代的人。在他自殺的同一年，英國皇家學會的學者對天氣預報提供了他們的看法：「我們無法找到證據顯示，有任何能力出眾的天氣學家相信以當今的科學，能讓一名觀測者日復一日為人們指出接下來四十八小時內將面臨的天氣。」

一百年後，到了二十世紀中葉，天氣預報變成例行公事，質疑卻從未間斷。西元一九五五年，英國貝德福德郡（Bedfordshire）鄧斯特布爾（Dunstable）中央預報站的首席預報員以不自信的口吻說道：「任何提前二十四小時以上發布的預報，我們都無法為其準確性背書。」

然而，在七十年之後，只需幾秒就可以找到一些號稱能知道十天內天氣變化的預報。為什麼？難道我們在學習從天空閱讀天氣跡象的技巧變得更好了嗎？一言以蔽之，沒有。

在過去的一個世紀裡，有四個領域發生了革命：我們有更豐富且準確的數據，對於影響天氣的過程有更好的理解，還有強大的數據處理設備，及更快速的通訊。來自全球各個層面的資料，像高空中的大氣到海洋的溫度，龐大的數據都被傳送到電腦裡，使電腦能快速輸出預測結果。

資訊傳播比我們想像的更加重要。倘若測量大西洋中央的大氣壓力後所產生的氣象預報，需兩個星期才能傳達給海洋另一側的某個人，那麼測量氣壓這件事並沒有為人們帶來好處。

令人難以置信的是，不到一個世紀前，沿海地區的人們還依靠懸掛在桅杆上的錐體來預警大風即將來臨。即使有人已經找出方法能準確地預測幾天以內的天氣，要將訊息傳送到整片領土需要懸掛更大量的錐體。

有時我們可以回頭看正在發生的轉變，然而有些時候對於那些目睹天氣變化的可憐人來說，目測天氣實在太緩慢了。第二次世界大戰前不久，一陣大風在愛爾蘭西岸原本風平浪靜的海面颳起，四十四位漁民在大風過境後一命嗚呼。數公里外的預報員早已預測到這場風暴，並且透過無線電發出警告，然而這個警告沒能及時傳送到遠在梅奧郡外的島嶼。

我曾經提過十天預報。做天氣預報，和做可供信賴的天氣預報是截然不同的概念。經驗讓我相信，即使是強大的超級電腦，仍難以做出五天以上的天氣預報：它們做出了大膽的預測，但到第六天和第七天的時候，情報顯然變得沒那麼可靠了。雖然現今我們處於一個五天預報有其價值的階段，但二十年以前，我很少花時間在三天以上的天氣預報。很多事在許多領域都在快速改善，然而並不全然皆是如此。

專業預報的發展導致我們與天氣之間產生一種奇妙的關係。首先，大部分的人皆不相信我們可以透過看天氣來作為其預測來源。其次，天氣已經脫離了它的家園——土地。

現在，專業人士描述天氣的方式和我們對於天氣的體會之間存在著落差。你會注意到電視與網路的天氣預報範圍是包含整個區域的。開車橫跨一個預報區域可能需要五個小時，但我們所體驗到的天氣規模要小得多。

如果一位天氣學家在談話中提到「陣雨」，我會想問他這場雨是否會下在我的後院。這通常會引發笑聲，因為他們清楚知道我指的是什麼：他們知道自己的方法有其侷限。如果世界上最好的一百位天氣學家借來一百台世界上最強大的電腦，他們還是會為了準確預測陣雨明天會下在哪裡苦惱。如果他們不熟悉景觀，他們會舉雙手投降。這些都是聰明人，而且他們正在做令人驚嘆的事，但當提到我們實際體驗的天氣規模時，他們則陷入困境。西元一八六五年時，四十八小時的天氣預報毫無可信度，對於不了解這片土地的電腦來說，小範圍的準確預報仍付之闕如。

對於我們這些依賴自己的感官的人來說，情況並非如此。我們可能很難提前五天預測天氣變化的趨勢，但我們通常能準確地說出當天晚一點哪裡會下雨。在天氣的角力當中，相較於天氣學家，我們擁有更多優勢的原因有兩個。首先，他們為廣大地區的數千人服務，而相較於天氣如何影響鄰近縣市的任何人，我們更在意天氣如何影響我們。其次，他們主要將天氣視為大氣現象，而我們則是作為天氣所籠罩的這片土地上的生命去體驗它。

一個對於景觀敏感的人，被賦予能了解機器無法理解之事物的能力。

神祕的世界

生活中的景觀形塑了我們的天氣。

電腦很樂意將土地面積列入運算，但它們不會自找麻煩去計算局部小山丘周圍的天氣變化。太陽、風、雨、溫度與能見度會在任何短程散步中發生莫大的變化。這是我們所指的「天氣」，且它在一棵樹木的兩側有所不同。這是一個基本原理，但如果你這樣告訴一位專業的天氣學家，他們會提出異議：「啊，那並不真的是天氣，你所說的是『微氣候』。」

我已經聽過這種回答很多次了，而我總是會同意並說「是啊」，但那個回覆隱藏著這個想法：「給它任何你喜歡的名字吧！我在說的是我們實際上所經歷的天氣。」

我們住在城市裡，亦或是在山丘上、在山谷地區、在海岸邊、在森林裡、在島上。我們生活在被天氣形塑而成的景觀裡，而景觀又反過來形成了天氣。林地造成更多降雨，雨水幫助更多樹種在這個空間生存，進而加強了這個循環。樹木是一個基本的標誌，顯示出這個地區的雨水會比鄰近沒有樹的地區還要多。而且當我們從一個樹種走到另一個樹種時，對於雨的感受也會改變。平坦小島的天氣和鄰近遍布丘陵的大島有所不同。不僅如此，那個大島兩端的天氣也不盡相同。從上空鳥瞰的話，很多島嶼在其兩端都擁有截然不同的顏色：雨水下在其中一邊，而另一邊則滴雨未落。同一天，我們可能會在加那利群島乾燥的西南邊海岸上，看到非常興奮地做日光浴的人們，而東北邊卻是被雨水浸透的植物。

當我們拉近看任何景觀，會發現愈驚人的變化。瑞士侏羅山脈約八百公尺（約兩千八百英尺）高的山脊兩側，氣候迴然不同，以至於兩個完全不同的生態系幾乎能與彼此相遇。南坡能觀察到需要溫暖條件的樹木，如毛櫟，而北坡則存在著亞高山的物種，如高山薪蓂。這兩種生態環境被一道小於約五十公分寬（二英尺）的山脊分開。在氣候方面，我們可以在「一步」之內跨越一個改變，這個改變約等於跨越緯度約一千公里（六百二十五英里），或海拔高度超過一公里（三千英尺）的氣候變化。這意味著平均來說，短距離的天氣也有可預測的變化。在美國與歐洲溫帶區的灌木林南北兩側的氣候，有如沙漠和北方森林一般地截然不同。科學家發現，這些灌木周圍的微氣候在幾公尺內的變化量，與更廣大的氣候在五千公里（三千英里）內的變化量相同。在探索這些灌木林的時候，我們能伸手觸及一片大陸上的所有天氣。

我必須強調這些不是理論上的差異，不只是學術事實或測量，微氣候展現平均和可能的天氣狀況，但它們也決定天氣。微氣候為我們將會經歷的天氣給予線索，一旦我們了解生態如何反映與改變天氣，就能體會預測和感受那些改變的趣味。

十二月初某次散步，我在星空下橫越石楠荒野，當我踏出松樹下，一陣預料中的涼意吹來，然後我看到石楠花叢中布滿結冰的水坑，附近的草地和林地卻沒有。察覺到這些事物令人愉悅，理解箇中原因更令人心滿意足。夜晚的石楠荒野降溫十分快速，倏忽間就比幾百公尺外的生態要低攝氏三度左右。（在下一章，我們會學到為什麼荒野降溫地如此快速。）

天氣學家知道在這小範圍內存在巨大差異，並且討厭著它們，討厭到他們總是嘗試將風速計和溫度計放在一個能夠免於這些變動的高度。儘管做法符合科學常理，但諷刺的是，天氣預報員喜歡去測量變數，如風和溫度，高於我們實際體會這些變數的程度。

預報員已經對大規模下的天氣有著驚人的了解：他們已經給了我們一個大天氣的「已知世界」。他們相當偉大，拯救了數不盡的生命。但這也帶來了一些意料之外的結果：他們的成功引導了我們去思考一個比我們居住的地方遠大上許多規模的天氣。

在這本書，我們會去探索能解鎖我們在小鎮、城市、樹木與山丘上所體驗的天氣線索和跡象。有些跡象指向大範圍的活動，與天氣學家們的已知世界有所重疊，但大部分都位於我們所居住的景觀裡。還有一些就在觸手可及的距離內，這就是天氣的神祕世界。

讓我們從我稍早的散步中發現的線索和跡象開始吧！它們會幫我們認出這個差異，並且指出由已知世界通往祕密世界的路。

阻塞高壓

在本章開頭中，我在一個晴朗的天空下散步，空中有一些低雲，高空處則沒有雲，微風徐徐。溫暖的空氣搖曳晃動，能見度還可以，但不是非常好，使人無法看清細節。這些都是線索，是夏季高壓系統的特徵。

當一個高壓帶出現在夏季某個區域，它預示著晴朗、穩定的天氣，輕而多變的風，能見度不高，有一些雲。只要這個系統還在這個區域，這樣的天氣就會持續一陣子。有些高壓系統非常固執，它們盤踞在一個地方，且不會輕易地移動，我們稱它為「阻塞高壓（blocking high）」，這就是大多數熱浪背後的原因。所以當我們確定我們正在一個阻塞高壓下的時候，唯一需要做的是，留意它與我們的相對位置，這會告訴我們好天氣會維持多久。

追蹤高壓系統並不難，只需要密切關注風向。風圍繞這些系統以順時鐘方向旋轉，所以如果風從你背後吹來，高壓系統就會在你的右邊。以上述例子來說，當我往山丘下看時，感受到背後有風。但是藉由觀察橡樹的影子讓我確認我面向南邊：那時快接近中午了，太陽在正南方，影子則偏向北方，所以高壓的中心在西方。

地球向東自轉，表示大部分的風由西向東吹，意思是大部分天氣來自西邊。

綜合前面的敘述，我可以感受到我在一個高壓系統，且從微風中得知高壓系統的中心是在我的西邊。這是一個跡象，顯示出一個巨大的晴朗天氣系統正要開始它在這片土地上的漫步之旅。

好天氣將會持續到週末，並且可能會在天氣驟變前變得更好。

無需擔心細節，我們會和阻塞高壓再次相見，且會更加了解它。但現在我鼓勵你去注意一件簡單的事情，一個晴朗的好天氣穩定維持了一段時間，請開始注意風向。在這段期間會有微風，有時候是多變的風，但請在好天氣的美好時光變成不安分的天空前，記錄下風向的變化。

阻塞高壓是一個大且明顯的跡象，這個系統大到足以讓我們在天氣預報的漩渦和圓圈上看到它。它是一個非常有用的跡象，並且與天氣那龐大的已知世界有所重疊。但現在讓我們踏入天氣的神祕世界，去見見那些你壓根不會在氣象預報中看到的跡象類型吧。

樹下的風扇

在本章開頭，我所選擇的完美野餐地點是在橡樹下。我們都曾在炎熱的日子裡為了保持涼爽而站在樹下，但奇怪的是，很少人知道為什麼要這樣做。的確，主要的理由是要利用樹的陰影，但其實還有一個神祕的理由：我們享受樹下的微風。

當風通過一棵樹，樹擋住了風的去路，從而改變了樹周遭的氣壓。壓力在上風處增加、下風處減少。迎風面較高的壓力因此加快了樹頂、周圍及樹下的風速。使得樹下的微風比離樹較遠的風更快速、更強勁。在炎熱的日子裡，樹的陰影以及涼爽的微風使我們在樹下感受到一絲涼爽。

我們剛剛看到的兩種跡象，接近我們將要探索的兩種極端天氣現象。阻塞高壓是龐大的天氣系統的跡象，它來自於巨大且已知的天氣世界，讓我們了解天氣在接下來的幾天、在幾百公里的範圍內會如何變化；樹下的風扇是來自天氣的神祕世界，它是一個微氣候的跡象，它很在地化，卻也即時和可靠。它們一起描繪出一幅我們將會經歷、有用且迷人的天氣圖畫。

好天氣維持地夠長久，我們在橡樹下的微風裡享受了週末的一場野餐，附近有咩咩叫的綿羊與嘎嘎啼叫的烏鴉。風向在星期日改變，星期一開始烏雲密布並降溫。

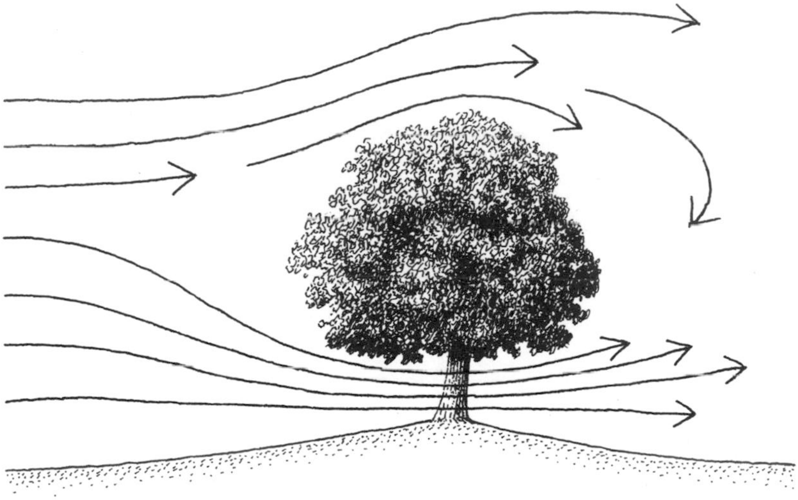

樹下的風扇

02

神祕的法則

坐在陽光口袋裡的藝術・冷刀子和溫湯匙・種子、絲和翅膀・蒸汽騰騰的路面・滾動的蘋果與穩定性・潮溼的毯子與潛熱・玻璃天花板

要自信地解讀天氣的跡象，需要具備了解天氣趨勢的知識。我們得利用我們的感官去觀察跡象背後的構成要素。這一章與隱藏在我們所見之物背後的邏輯有關。剛開始你可能會為某些部分感到困惑，但用不著馬上理解這些觀念，我們會一再與它們相遇，並更深入地了解它們。而當你看到它在大自然的實際運作時，會感到萬分親近。有這一章所介紹的概念，我保證你很快就能發現和辨認美麗的天氣模式，並將其實踐於你接下來的人生。

坐在陽光口袋裡的藝術

天氣是由熱量、空氣和水所組成的湯，並由太陽和這個星球的轉動不斷地攪拌。它從未被均勻地加熱或完美地混合，這就是為什麼沒有兩天的天氣是相同的。每種天氣現象都可以被分解為這三種材料：熱量、空氣和水。當我們更了解這些材料和它們如何作用，便能夠更好地幫助我們去解讀天氣。讓我們從熱量開始。

在冬天裡感受溫暖的陽光是多麼讓人愉悅的事啊！在一個寧靜、寒冷的日子裡，當冰與落下的雪花鋪滿整片大地，有誰不嚮往陽光溫暖臉龐的感覺？這就是它的輻射力所帶來的快樂。我們知道陽光的輻射能量會傳遞而來並且溫暖這個星球，我們也知道當有更多的能量到達一個區域時，該區域會變得更溫暖。我們能推測在夏天的午後或接近赤道的地方會熱得要命，就如同我們知道在寒冷的冬夜或高緯度的地方，我們會冷得發抖。

在一個寒冷的早上，當你感受到陽光照射在你的臉龐後，看向四周會發現陽光已經融化了部分結冰的地面，而有些部分還是維持結冰的樣子。你碰觸外套上不同的部位，比較深色的部位比淺色的更溫暖，有些部位甚至有些燙手。但空氣依舊凍人，你還是能看見你呼出的白煙。

能量從太陽輻射出來，經過空氣傳遞至你的臉龐與衣服上並加熱它們，但這股能量並不均勻。它溫暖了你些許的臉龐，外套的深色部位接收較多熱量，淺色部位則較少；空氣獲得的熱比它們更少。在炎熱的日子裡，你對太陽能量的不平均吸熱並不陌生。深色汽車的引擎蓋摸起來比停在它隔壁的淺色汽車還要熱。深色所吸收的太陽輻射會比淺色多。

在一個天寒地凍的日子，我們還是能找到一個溫暖舒適的地方坐下。只需要找出接收到最多直接輻射、吸收最多能量，且不會讓寶貴的熱量散去的地方，這是尋找一個優良陽光口袋的藝術。山坡上林地的南側是一個很棒的地方，尤其當懸垂的樹枝很多，會讓較低處的陽光透進來，但仍然能遮住你頭頂的天空。

斜坡能讓你面向太陽，而樹蔭則在三個層面上有所幫助。①樹林能夠幫你擋風；②懸垂的樹枝也能保護地面免受霜雪的覆蓋，讓地面顏色更深，能夠吸收更多陽光輻射；③樹枝會留住往上發散的熱量，將熱量困在口袋裡。在一個晴天下，當你感覺到冷時就走到樹下，這可能是一件怪異的事情，但在口袋裡和站在陽

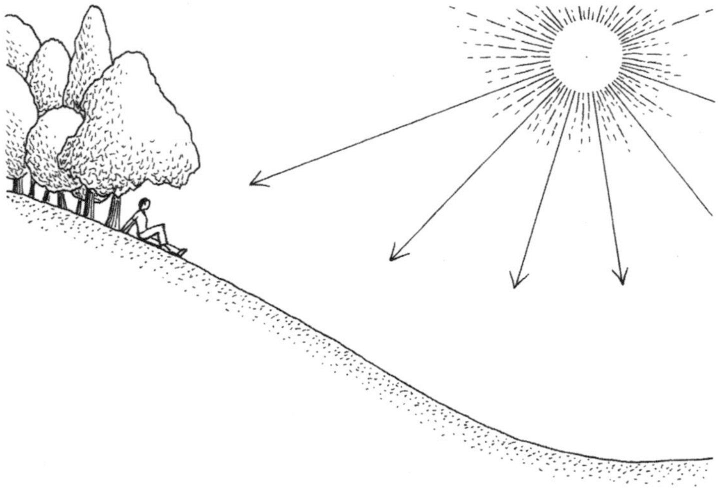

陽光口袋

光下空曠地的溫度差異是相當大的。如果你得在寒冷的天氣裡，在戶外靜止地待上一段時間的話，陽光口袋是值得你去尋找的。動物們非常了解陽光口袋。

當然，你可以坐在突出的屋簷下，以獲得完全一樣的效果。在阿爾卑斯山脈，經常可以看見人們在屋簷下閱讀，非常地溫暖舒適，相較之下，那些路過的人呼出的蒸汽，在冰冷的空氣中輕輕地往上捲曲。

輻射能源在你我周遭的生活中無所不在、無時不有。任何在攝氏零下兩百七十三度（華氏零下四百五十九點六七度）以上的物體都會散發出人眼看不見、從太陽散發的紅外線輻射。因為在地球上的所有物體都比絕對零度還要溫暖，所以在你我身邊的所有東西都在散發輻射能量，並加熱它們周邊的環境。在你旁邊的熱飲，在你腳下的地面，或是幾百公尺外的樹木都在散發能溫暖你的輻射能量。的確，相較於來自幾百萬公里以外，以超過攝氏五千度（華氏九千度）的溫度燃燒的火球所傳送的巨大能量來說，這只是極微小的能量，但它確實存在，且能造成影響。每一個生態都有自己的熱量足跡，它們通過輻射來吸收與失去熱量的方式獨樹一格。在上一章，我們在寒冷的荒地中感受到一股寒意，這是一種熱輻射散發地非常快速的景觀，這就是為什麼在荒地的水坑會結冰，但附近草地和林地的水坑卻不會。

輻射難以視覺化，它橫越了幾百萬公里的真空空間，在白天加熱這個星球，於夜晚從冰冷的土地發散。在我們花時間認識輻射的同事們，如霜和露水的模式之後，將會更了解輻射。

冷刀子和溫湯匙

熱量從一個地方移動到另一個地方的第二種方法，是最簡單與令人感到熟悉的。當某個溫暖的東西接觸到某個冰冷的東西，熱量會從熱的物體流向冷的物體。震動的分子撞上鄰近的物質並傳遞它們的擾動，這就是「傳導」。

有些材料導熱的效果比較好，例如金屬是很好的導體，而木頭則較為遜色。這就是為什麼在相同的氣溫下，將金屬的刀子與木製的湯匙放置在同一個廚房的抽屜裡，刀子會比湯匙更為冰冷。金屬刀讓熱量快速地從你的手指流走，帶給你冰涼的感覺，木頭卻不會。

水相較於空氣是更好的導體。當走在路上覺得涼爽與舒適時，猛然掉到水裡可能會倏然面臨生存危機，因為身體的熱量會大量逸散至水中。睡袋是非常差的熱導體，會阻擋熱量傳遞至地面或空氣中，所以能讓你在冰冷的地面上保持溫暖。

如果你需要在沒有植披的裸露地表上睡一晚的話，或許可以體會看看：岩石比沙子的導熱效果更好，而沙子又比泥煤導熱更佳。但是每種土壤有它自己的熱特性，且流經地下的水也會造成莫大影響。

野生的豬是這個遊戲的佼佼者。牠們發現蟻丘是非常差的導熱體，因此牠們喜歡破壞蟻丘，將它當成保暖的毯子。講解到這邊，我們也該替傳導作結了：傳導，比起天氣本身，在我們對天氣的體驗上有更大的影響。

種子、絲和翅膀

溫暖的空氣會膨脹，使得它的密度比冷空氣小。暖空氣會升至冷空氣之上，篝火的煙與水壺的蒸汽在冷空氣中上升。這是「對流」，熱量從某處移動到另一個地方的第三種方法。

你有在前幾頁留意到高山徒步者們的呼吸是如何捲曲上升了嗎？人類的體溫平均攝氏三十七度左右，恆常比我們周圍的空氣還要溫暖。在寒冷的天氣裡，我們呼氣時會有白煙向上裊裊升起。

空氣是透明的，所以眼睛看不到大部分的對流活動，但如同輻射，它就在我們周遭發生著。當太陽升起，它的輻射溫暖了大地，接著地表上方的空氣被加熱，並開始往上升。當一柱暖空氣透過對流上升，則稱為上升熱氣流。氣柱也許是幾十公分至幾公尺寬，或是幾百公尺寬。

最初的動力飛機相當脆弱，所以每一次的飛行任務都非常危險。這些腎上腺素飆升的飛行員們最討厭的就是紛亂的氣流，所以牠們偏好在一天的開始飛行，避免太陽加熱地表造成上升熱氣流。長期以來，飛機設計已經取得長足的進步，現代的飛機鮮少受到對流的威脅，但我們仍然能在飛機起飛和降落時，感受到對流所造成的衝擊。當你經過低雲層所感受到的溫和震動，即是對流的表現。

太陽在不同的時間不均匀地加熱大地。向東的山坡比向西的山坡被加熱地更久，因為太陽從東邊升起。最溫暖的區域會產生最強勁的上升熱氣流。這部分是源於景觀的自然現象，也和時間與角度有關。一座山坡能夠讓山谷籠罩在陰影下直到下午，而當陽光照進山谷時，它會有所不同地加熱林地、河流、田地、城鎮與湖泊。陰暗乾燥的地區吸熱的速度會比明亮潮溼的地區快，陽光導致上升熱氣流形成，但景觀決定上升熱氣流會在哪裡升起。

在十八世紀，洞察力敏銳的博物學家吉爾伯特・懷特（Gilbert White）觀察到「在秋天的晴朗天氣下，小蜘蛛會在田地裡成群結隊地移動，且擁有從屁股射出網子的力量，讓牠們能變得更輕，進而浮在空氣中。」而在西元一八三〇年代，查爾斯・達爾文（Charles Darwin）注意到蜘蛛能夠到達他的小獵犬號上，儘管當時船隻位於阿根廷一百公尺之外的地方。蜘蛛的輕盈超乎他想像，牠們是在飛，或是「像熱氣球一樣飄浮」。牠們利用絲當作帆，然後搭上上升熱氣流的便車。上升的氣流可以帶著蜘蛛橫越大陸，但牠們美好的旅程通常不會太長。你可能曾在秋天看過牠們的絲形成的帆如同一張發亮的拼布覆蓋在草皮上，這更有可能出現在蜘蛛喜歡的天氣：陽光普照搭配非常微弱的風。有趣的是，有證據指出，地表加熱得過於旺盛，導致上升熱氣流太強勁，蜘蛛會等到氣流較趨緩的時候才上車。

動物行為專家在至少一個世紀以前就已經知道鳥的體重、上升熱氣流以及一天中的時間三者互有關聯。猛禽會乘上上升熱氣流，如果你注意到在晴天時，有一隻鳥盤旋於同一片陰暗的林地之上，變得愈來愈高，那麼，你其實正看著對流運作。當太陽剛升起時，還沒有形成其所造成的上升熱氣流；但當太陽逐漸升高，土地變溫暖，上升熱氣流便開始出現。鳥的體型愈大，就需要愈強勁的上升熱氣流，所以我們可能會在猛禽盤旋之前的稍早時分，看到牠小且輕的親戚們先行盤旋。我喜歡把這想像成是一個鐘：鳥兒飛來飛去，隨著時間的推進變得更大，盤旋的鳥兒標示出上升的氣流以及在牠們底下的溫暖土地。

一天中的第一道曙光出現後，在上升氣流變得強勁到足以支撐起最小的鳥之前，你可能會看到蜻蜓善用了最微弱的氣流。而在蜻蜓之前，種子先起飛。各種植物孕育了藉由空氣傳播的種子，依靠上升熱氣流來延續下一代。地心引力總是試圖將種子往下拉至地面，但種子在它們的父母親的庇蔭之下生長，是無法生存下去的。它們沒有能獨自推動自己或攀爬的能力，所以對很多物種來說，對流區隔了兩種生活：要嘛住家裡，要嘛到一個新區域展開全新的生活。

令人高興的是，我們可以看到許多離家種子在它們的旅程上，而適當的光線會有所幫助。陽光透過一個小窗戶照進一個黑暗的房間，可以照出漂浮在空氣中的微塵，而大自然中也有類似的效果。在兩棵陰暗的樹之間灑落一道細長明亮的陽光能達到良好的效果。比起尋找完美的光線條件，請試著對藉由空氣傳播的種子保持敏感。在一年當中的某些時間點，空氣中會充滿了這些種子，花粉症的受害者們可以證實這一點。你可以輕易地看到最大最毛茸茸的種子，如千里光，但物種並不重要。如果種子是藉由空氣傳播且可見的，它正試著為你畫出最溫柔的氣流地圖。

請持續地觀察這些種子，你會看到他們如何側向地乘上任何的微風。這非常的有趣，我們在第十四章「樹」會再回來探討。但現在，我們只想要一個非常放鬆的一天。仔細地追蹤你的目標，你將會看到一粒種子開始戲劇性地攀登的時刻，愈接近垂直愈好。這個種子已經踏進一座由上升熱氣流製成的電梯。仔細地觀察發生這一切發生的地點，你能看到它進入上升氣流的原因與方式。地面可能比鄰近地區更亮、顏色更深或更乾燥，這就是為什麼這片地面比較溫暖。

恭喜！你已經將先前未畫出圖表的領域列入地圖了！藉由花時間觀察這個種子和小小的上升熱氣流，你絕對是史上第一個注意到氣流如何在那一小片土地上空活動的人。

蒸汽騰騰的路面

如果把一個冰塊放在桌上曬太陽，我們都知道接下來會發生什麼事，它會從固體變成液體的狀態，即它會融化。如果我們過幾個小時之後再回來，桌上也許什麼都沒有了。水又再次改變它的狀態，這次是由液態變成氣態，它已經蒸發，變成水氣。有些冰則是跳過中間的步驟昇華，從固態直接變成氣態，但我們見怪不怪。

水的反向旅程也時常在發生，但對我們來說卻比較陌生。就像說自己曾經看過水變成冰的人相當少見，然而，我們很常看到如氣體般的水氣凝結成蒸汽，例如：冷天裡我們的呼吸、剛泡好的咖啡或汽車排放的氣體。當水轉換型態時，發生了很多有趣但容易被忽略的事情。

從氣體到液體的改變，即「凝結」，對想了解天氣的讀者來說至關重要。地球上的空氣都含有水氣，完全乾燥的空氣是不存在的，即便是地球上最乾燥的沙漠。空氣愈溫暖，它能夠容納愈多的氣體，即水氣。當空氣無法再容納更多水氣，意味著它達到「飽和」。飽和會在水氣增加，或溫度降低至空氣無法再容納更多水氣的時候發生。當水氣凝結成液體，即是我們開始看到水的時刻——雲、霧、蒸汽是這個過程的結果。記住，如果我們可以看見水，它一定是液體或固體，水蒸氣的氣體是看不見的。

反過來也是一樣，如果空氣變得乾燥或溫暖，霧或雲會消失，轉變成透明似氣體的水氣。當我們看見霧或雲出現或消失，我們看到的正是這個變化的過程。

空氣降溫達到飽和的溫度稱為「露點」。空氣中含有愈多水分，露點溫度愈高，反之亦然。換句話說，非常溼潤的空氣稍稍降溫，就會形成雲，但非常乾的空氣則需要更低的溫度。

在雨過天晴的寒冷天氣裡，請試著尋找從植物或路面上升起的蒸汽。太陽已經加熱了雨水，直到它蒸發成看不見的水氣。但水氣上升至空氣中時會迅速降溫，達到露點與飽和。水氣凝結，轉變成水，給了我們裊裊延展的蒸汽。

總之，溫度是關鍵。溫度下降，水氣會轉變成可見的水。我們可以在寒冷的天氣裡看見蒸汽從池塘升起，反之，大熱天是不會起霧的。

滾動的蘋果與穩定性

每天早上我凝視著天空並自問：「天空看起來穩定嗎？」這是如此重要的習慣，能在幾秒鐘內揭露許多資訊，只要你理解如何去觀察，它很快會變成一種身體的自動反射。讀到本章的結尾，你就能達成此一目標。

大自然中有很多穩定期與變動期交替的情境。如果兔子這類被捕食的動物數量增加，他們的獵食者（狐狸）會生活得更游刃有餘，能成功地繁殖，並吃更多兔子，兔子的數量則會下降。如果狐狸吃太多兔子，兔子的數量驟降，狐狸會挨餓而死，使兔子的數量獲得成長，這個循環又重新開始。在這個情境，兔子的數量可以說是相當穩定：任何改變導致進一步的變化，而這個變化又會將情況帶回接近一開始的狀態。但如果狐狸因疾病全部死亡，兔子的數量將會在一段時間內失去控制，總數將會變得不穩定。

在穩定的系統裡，一個改變會創造影響，其影響能夠將所有的事物帶回起始點。在不穩定的系統裡，一個改變會帶來更多改變，建立起一個更大變化的循環。這是一個對不穩定狀態的非科學定義：一切源自於一個小小的變化。

我們可以在家做穩定性的實驗。在廚房的桌子上放一個大碗，然後將一顆蘋果放進去。如果將蘋果向上推到碗的邊上一點，再放掉它，它會滾回起始點。你可以輕推蘋果到碗的邊上一百次，且這個「系統」會變回起始狀態，它就是穩定的。

接下來，將碗倒過來放，並將蘋果放在碗上，然後給它同樣的輕推，看著它快速地滾下碗的側邊，滾下桌子，然後滾到地上。一個輕推，然後混亂狀態接連發生，這就是一個不穩定的系統。

大氣時而穩定、時而不穩定，而為了理解它，我們必須和潛熱搏鬥。我認為潛熱的釋放是最鮮為人知、但卻至關重要的天氣過程。需要一點時間去破譯它，只要我們能輕鬆駕馭，就能夠理解其中一個最簡單和強大的天氣跡象是從何而生以及如何運作。我們就可以馬上判斷周遭的天氣是穩定還是不穩定的。這是一個人人都應該要具備的技能，且它完全值得我們努力。

潮溼的毯子與潛熱

能量可以移動和轉變形式，但它永遠不會消失。能量的總量是守恆的，這是宇宙的法則，我們無法打破這道法則。水氣的能量比液態的水多，而液態水的能量又比冰還多。因此，水氣轉變成水，或水變成冰的過程中，能量需要移動到某個地方。確實如此，它以熱量的形式被釋放到空氣中。這個熱量有它自己的名字——「潛熱」（源自於拉丁文 latere，意思是「隱藏起來」）。將同樣的過程反向操作也是一樣：當冰轉變成水或水變成蒸汽，潛熱會被水吸收。

液態水的溫度不會低於攝氏零度（華氏三十二度），或高於攝氏一百度（華氏兩百一十二度）。這兩個溫度相當可信的原因是，在水從一個狀態轉換到另一個狀態時，所有額外的能量會用於狀態的轉換，如：從滾燙的水轉換到氣體，或從冰變水。沒有任何能量用於改變水的溫度。

想像有一個巨大的碗裝滿水和很多冰塊，如果你量水的溫度，會是攝氏零度（華氏三十二度）。如果你稍微加熱那個碗，冰會融化，而將它放在冷凍庫幾分鐘，會形成更多冰。但前述的兩種情況中，水本身的溫度並沒有改變，它維持在攝氏零度。如果你更劇烈地加熱滾水，你會得到更多蒸汽，而不是更熱的水。如果你看到一個食譜上的指示寫著「快速煮沸」，請不要浪費你的瓦斯，水並不會高於攝氏一百度，只會讓廚房充滿更多蒸汽。

現在我們已經準備好要看上述所提的這些理論和我們觀察的天氣跡象有什麼關係。當空氣達到飽和與凝結，會形成一片雲，這意味著能量必須作為熱量被釋放。雲的形成其實會加熱空氣，而就如我們所知，溫暖的空氣會膨脹，密度變得更小，所以當雲形成時，它會釋放能量，該能量會讓空氣變得溫暖，密度變小，更有可能往上升。這可能會導致更多膨脹、更多冷卻、更多飽和，以及更多雲形成。隨著雲的增加，水氣釋放的能量會一再重複這個過程。

理論上，這個過程可以永久持續下去，但大部分情況下，雲形成時所釋放出的潛熱不足以維持這個過程，所有的東西就會快速地消失，這給了我們寬度比高度大的雲。有時候釋放的熱量足以維持這個過程，且這個循環開始自給自足，就會產生高度比寬度大的雲。如果這個自給自足的循環持續發生，熱量可能會自行逃跑，而當這情況發生時，我們會給它一個特別的名字：雷雨。

雲形成所釋放的熱量是固定不變的，那為什麼有些雲會長高並充滿了威脅，而有些則是長成吸引人、和藹可親的個性？答案藏在大氣溫度隨著海拔高度產生的變化。如果空氣溫度隨著高度下降的速度，比雲因上升和膨脹降溫的速度還要快，只要這個情況維持，雲就會持續地上升。這是一個「不穩定的大氣」。不論何時，當暖空氣在冷空氣之下，大氣就是不穩定的。如果空氣隨高度上升緩緩降溫，雲會上升一會兒就停止爬升，滯留在同樣的高度，這就是一個穩定的大氣。

我們無法期待能直接地看到穩定與不穩定的狀態，因為空氣是看不到的，但雲就像是標誌。如果雲朵縱向成長，長高許多而不是長胖，並且沒有達到明顯的上限，那麼這個大氣狀態是不穩定的。蘋果已經準備好要滾走了。空氣的穩定性和幾乎每一個我們會看到的天氣跡象有關係。

我們都曾經感受到不穩定的大氣，在那些炎熱潮溼的夏末午後，我們預期會「變天」，我們在乾熱的天氣則不曾有這個感覺。我們間接地感知到的是潛熱的力量。溫暖潮溼的空氣會上升、凝結，形成雲，但因為空氣非常地潮溼，有很多凝結正在發生，導致很多潛熱被釋放出來。就像在火上加入了燃料：雲持續上升，一場雷雨正在醞釀。

你是否也曾經在溫暖、悶熱潮溼的日子裡，有這個讓人不舒服的悶熱將會持續到夜晚的感受？你正在拾起一個我將它暱稱為「潮溼的毯子」的天氣跡象。

當空氣非常潮溼的時候，夜晚不太可能突然變冷。這是因為在水氣裡的潛熱會充當所有的冷卻煞車。如果潮溼的空氣開始冷卻，它會快速地達到露點，然後水氣開始凝結，釋放大量的潛熱，潛熱可以讓空氣溫度不至於下降地太快，水氣中的潛熱製造出一條潮溼的毯子。

玻璃天花板

你是否曾注意到雲看起來像是它們被擋在一道玻璃天花板之下？大氣通常會隨著高度愈高愈冷。我們習慣這個概念，因此會預期雪落在山頂，而不是在山腳下。但這個概念並不是每次都正確，有時在較冷的空氣上有一層較暖的空氣，就像是下層空氣的蓋子一樣。

如果上升的空氣碰到較暖的空氣層，它會突然停止上升。它遇上了一道玻璃天花板，名為「逆溫」，冷空氣在這層較暖的空氣下擴散開來。在這個狀態下的大氣狀態超級穩定。

我們會經常遇見這個現象，它非常常見，且在很多層級都會發生。但你大概已經遇見過它了，如果你曾經在俯瞰山谷時瞧見一層薄霧，或看見風暴雲頂部向兩端延展開來，你其實正在看著逆溫現象。

03

天空的談話

七種黃金模式・雲的家族・雲的線索・在午餐後觀察・認識雲的表兄弟姊妹

雲想要說話。太平洋密克羅尼西亞群島的傳奇導航員用「kapesani lang」這個詞來表達透過解讀雲的形狀和顏色來預測天氣的傳統技巧。從字面上翻譯，這個詞的意思是「天空的談話」。雲意圖要告訴我們許多事情，而我們將會花費不少時間談論這件事，但讓我們先暫停一下來回想我們的目標。我們並不是為了商業上的利益去蒐集雲的名字或辨識雲朵，而是要試著去破譯它們的語言，而這意味著要以我們自己系統性的方式與雲相遇。

首先，好好磨亮我們的工具：感官和大腦。

沒有兩片雲的形狀是一模一樣的，即使它們真的一樣，它們顯現出來的樣子也不會相同，因為大氣會改變我們所看到的顏色。站在附近的觀察者所見到的雲朵較白，但隨著距離愈遠，會因為光線穿透乾淨的空氣使雲染上藍色的色調。但如果大氣中有灰塵，雲會變成黃色、橘色和紅色。陽光在雲朵間和雲朵上投射下的陰影，瞬息萬變。

許多雲的觀察員很享受尋找雲朵的形狀，而且這個活動對於獵捕天氣跡象有一個隱藏的好處。追蹤雲朵形狀的變化驚人地困難，它們以一個快到足以讓我們注意到改變的速度變化，但同時也慢到我們很難輕易地持續察覺。然而如果我們養成習慣，隨時留心天空中的野兔、青蛙或其他可以認出的形狀，這個改變在生物的特徵開始出現時會變得更明顯。如果野兔的耳朵愈來愈長，很可能會有壞天氣，我們稍後會繼續在這一章探討原因。

觀察天氣的目標不是停下來並注視，而是保持感官敏銳。我們藉由讓大腦因為驚喜來維持警戒，從而保持感官敏銳。很快地，我們的大腦會習慣在雲裡尋找形狀，此時就是叫大腦找出雲隙之間的形狀的大好時機。它們就在那裡，如同雲的外形一般強烈且引人注目。沒有形似動物的雲時，你可能會在藍色缺口中找到一座小型的動物園，但前題是你得提醒自己要去尋找。如果你不提醒自己，動物們就會開心地從你旁邊悄悄地溜走。

現在我們已經準備好去尋找在雲朵中的跡象。不久後，我們將接收到來自雲朵的訊息，如同十九世紀的自然學家理查德．傑佛瑞斯（Richard Jefferies）所說：「暗黑色的烏雲是傳訊者潑灑在蒼穹的訊息，當它們飄過天空，緊隨在後的是水的攜帶者，它與南風及東風密切相關，並像播種一般將長長的雨水植入大地。」

七種黃金模式

來學習雲朵的基本變化模式吧。當提到所有雲皆通用的跡象時，它們是最接近的了。有一些模式是每個人都能夠認出來的，例如：雲朵漸黑代表壞天氣可能要來了。邏輯很簡單，烏雲含有更多水。如此簡單的模式也是可以培養的，只要我們集中我們的感官，透過練習，我們能學會區分那片灰矇矇究竟是雲的陰影，還是大雨來襲的前兆。

很多模式都悄悄地從人們身邊溜過，但它們其實很容易被看見，且每一個模式都包含了一個簡單的訊息，我稱呼它們為「七種黃金模式」。不論雲的實際種類為何，它們能被應用在這個世界上近乎所有的天氣種類。我們會按照它們給予的警告程度依序介紹，從長期的警告到短期的，有些可能很明顯，有些則不然，但它們都能很直覺地被使用。值得經常提醒自己的是，很少人能夠注意到大自然中的明顯變化。

1 當雲層變低，表示壞天氣可能即將來臨

當我們意識到它的時候，這個跡象會變得更有用。很多人注意到低的、沉重且灰濛濛的天空，但是很少人會留意到它已經向下緩緩移動了數小時，甚至是幾天。這提醒了我們要注意動向。根據傳統諺語：「當雲在山丘上時，它們會下降到磨坊上。」比起雲的高度，動向能更合理地解釋這個跡象。雲從高處到低處的這個事實才是重要的，而不是它們碰觸到山丘。

2 能看到愈多不同類型的雲，天氣就愈糟糕

如果我們看到很多不同類型的雲，表示大氣處於某種程度上的不穩定，這也增加壞天氣的可能性。在這個階段，我們無需去辨別不同的雲的類型，或是去為它們命名，而是去了解它們有很多不同的類型。

3 當小雲朵變大，天氣會變糟糕

這聽起來很淺而易懂，但大部分的人們都沒發現。業餘的天氣觀察者注意到天空裡的雲變多，但沒有注意到小雲朵已經成長了數小時。反過來說，當雲朵變小時，天氣會變好。我們將會學習用很多方式讓這個概念變得更完善，但這是一個值得我們愈早學到愈好的模式。

4 雲朵的高度遠大於寬度，表示很有可能是壞天氣

一個非常簡單的模式，告訴我們一個同樣簡單但強而有力的訊息：大氣十分不穩定。

5 尖銳或鋸齒狀的雲頂警示不穩定的天氣跡象

雲頂端的形狀如同地圖一般告訴我們空氣的動向，而尖銳的形狀或任何銳利的部分代表可能會有壞天氣。

最後兩個模式藏在以下諺語裡：

當雲如同岩石或高塔一般出現時，
地球會因為頻繁的陣雨煥然一新。

這和雲整體的形狀、崎嶇不平的質地，尤其是靠近雲頂的部分有關。同樣地，平滑、弧形的雲頂是較為正面的跡象。

6 雲的底端愈粗糙，愈有可能下雨

雲的底端會透露雨勢是否即將來襲。如果雲有一個圓滑、平坦的底端，它就不是雨雲。

7 雲朵愈低，天氣預報更即時

低雲只會透露即將發生的天氣。如同我們將會看到的，如果它們一開始是低的，然後長高許多，這與本處所要提的黃金模式是不同的，但到那個時候，它們會達到更高的高度，就不會被歸類成低雲。

這些模式大致上有長期到短期預報的變化。較低的雲底可以給你長達兩天的壞天氣預警，但注意到粗糙的烏雲底端，可能帶給你短至幾分鐘內的預警。我們會階段性地深入探究這些模式的科學與細節，從認識雲的家族開始。

雲的家族

如果你讓聯合國世界氣象組織（World Meteorological Organization）的官員將《國際雲圖》（International Cloud Atlas）遞到你面前，他們會告訴你雲的種類超過一千種，接著走入下著雨的戶外，因為他們忘了帶傘。我們知道這種狀況，因為在研究天空之前，我們都是人類行為的學生。在人類知識的各個領域，有些人樂於命名事物、分類事物和製作表格。他們都是好傢伙，且會因為沒有名稱清單而感到不自在，這並不是他們的錯。我一直不斷強調一個基本觀念：「即便你不能為某些大自然裡的事物命名，你仍然可以解讀並理解它。」

這可以被應用於所有的自然事物——植物、動物、岩石、天空等。雲的尺寸、形狀、顏色、模式會試著告訴你，無法從雲的「名字」裡得知的故事。人類從雲還沒有任何正式名稱的千年以前，就已經辛苦地從雲裡尋找意義。而且對自然界的事物來說，並沒有所謂的「正確」的名稱。某些文化接受某些教義，但其他的則拒絕它們。比如拉丁名字結合了一些西方文化，但對地球另一側的文明來說卻毫無意義。所以當遇見我們的第一片雲的時候，記得你只需要認出雲大致上的形式，沒有人會考你它們的名字、拉丁名稱或其他資訊。

首先，我們只需要學習辨認雲的三個主要家族與它們的形狀和外觀。

卷雲家族：高處一縷縷的雲

卷雲（Cirrus）是最常見的高層雲。因為它們高度很高，通常由冰晶組成，而這使它們呈現純白的顏色。卷雲有很多種形狀，但幾乎總是以一縷縷聚合的細線來呈現。它們可以看起來像白色棉花糖、羽毛、刮痕或頭髮。它們的高度讓它們看起來像是靜止的，或移動地非常緩慢。但這是相對的，卷雲其實移動地非常快速。

最後一個黃金模式告訴我們，雲愈低，預報期間愈短。反之亦然，卷雲提供了一些較早的天氣變化預警。

卷雲被其他卷雲家族的成員結合並帶到高處。任何名字開頭有「卷」字的雲都是在高處且冰冷的雲。

層雲家族：分層的雲

層雲（Stratus）在拉丁文裡是「平坦、分層」的意思，而這是層雲家族的雲被定義的特徵：寬且平坦的薄雲。它們可以帶來降雨，但大多數時候都不會。不論它們帶來的是什麼，都是恆久不變的穩定性。這就是層雲提供的第一個跡象：「一段時間內都不會有所改變。」如果天氣系統過來的方向充滿了寬且平坦的層雲，意味著接下來數小時的天氣變化不大，但當這個系統抵達當地，就會使天氣逐漸產生變化。

層雲平坦的自然特徵代表了穩定的大氣狀態。

積雲家族：成堆的雲

積雲（Cumulus）有幾種形態。在它們最小且和藹可親的形態裡，最出名的是晴朗天氣的毛絨絨白綿羊。天氣較嚴峻時，它們能成長成釋出警訊的塔。不論它們實際的形狀和尺寸，積雲是平坦的底部上擁有明顯鼓起的單個雲。當你看著一片積雲，猶如看見一個白色的絲綢製袋子裡裝著球，向天空中一片玻璃天花板扔。或許你曾經看過《辛普森家庭》的片頭，或其他卡通裡的藍天白雲，那就是積雲。

理解積雲的關鍵是去認出它們正在形成的過程。但是那個形狀意味著什麼呢？所有的積雲都是透過地表升溫產生的對流讓暖空氣上升而形成，這顯然是非常關鍵的一點。

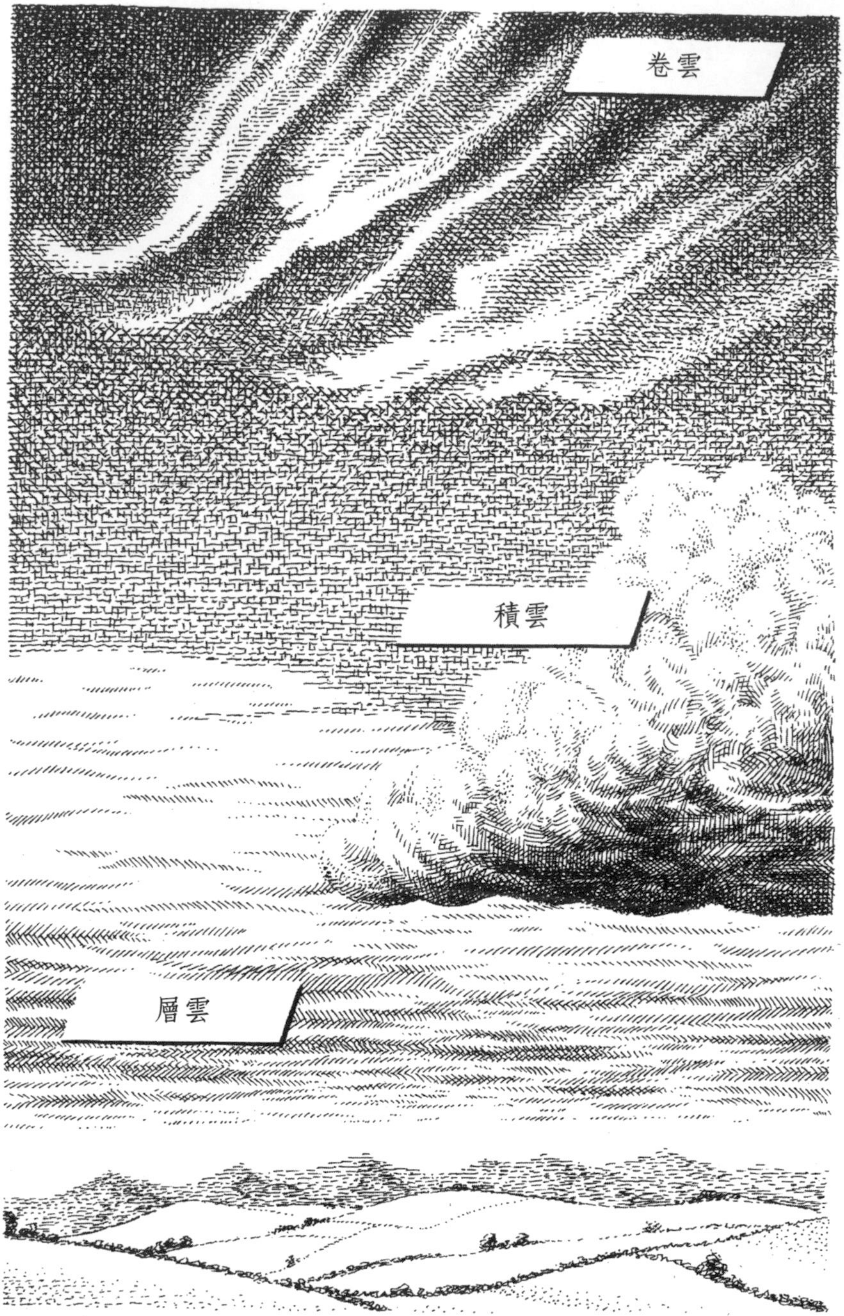
卷雲
積雲
層雲

不管你是在看著一塊小小的、適合野餐用的棉花糖，或是看起來試圖要製造麻煩、如高塔般的巨人，都不重要。所有的積雲都顯示當地的某些因素造成空氣變暖，並猛烈地上升。雲頂端圓弧狀的鼓起是一個空氣仍然持續上升的跡象。

層雲和卷雲擁有各自的特徵，我們之後會再回來理解它們。但這一章我們會停留在積雲，並用它們來提高我們的專注力和技巧。

雲的線索

積雲描繪了一張透露了許多空氣資訊的圖，它也將天空連結至土地。

每一片積雲告訴我們空氣中有些潮溼，而雲的尺寸則是潮溼程度的線索。但實際上，雲的高度，尤其是雲的底端，給了我們最有用的訊息。

空氣愈潮溼，雲的底端愈接近地面，這表示雲的高度像是「溼度計」一般為我們測量空氣中的溼度。這個裝置必須反過來閱讀：雲底端愈接近地面，溼度愈高。海面上空的雲會比陸地上空的雲更低，因為海上更潮溼。

上升的溼度是天氣變差的跡象，但是溼度很難被直接看見。幸運地，雲將溼度和天氣拼在了一起。降低的雲代表上升的溼度，這就是為什麼它們會是天氣即將變壞的信號。

積雲告訴我們大氣是不穩定的。如果空氣十分穩定，雲並不會成長地如此快速。積雲的尺寸和形狀是指引我們理解大氣為何不穩定的好地圖。現在我們知道為什麼高度大於寬度的雲如此重要。雲愈高，大氣愈不穩定，而大氣愈不穩定，天氣預報愈糟。

積雲總是局部性的，我指的「局部」是，它們是當地條件所造成的結果。它們有時候的確為我們的鄰近地區所發生的事提供了深刻見解，但首先，我們得問這些雲正確的問題。所有的積雲都是因為來自下方的變暖（上升熱氣流）造成的對流而形成的，所以第一個關鍵問

相較於淺色的大地或海洋，陽光會更快速地加熱深色的土地和林地。這是我們看見積雲形成的地方。

題是：是什麼造成了特定雲形成所需的升溫？有一個很好的機會讓我們把手指向罪魁禍首。

舉一個極端的情況來說，仰角較低的陽光從未將南極的白色大陸加熱至足以產生局部的上升熱氣流，因此南極很少出現積雲。另一個例子則是，熱帶地區溫暖、潮溼的空氣使得大量的積雲成為每天的日常。在許多人居住的溫帶地區，試圖找出積雲出現的原因，以及它會在哪兒現蹤是一門藝術。答案總是時間與地點的結合。

陽光必須給土地足夠的熱量去產生上升熱氣流，所以中午至下午三、四點鐘是最容易形成積雲的時間。我們知道陽光並不會均勻地加熱所有地表，所以積雲更可能出現在擁有巨大差異的地點上空，如溫暖乾燥地區和潮溼寒冷地區的交界點。在無風的日子，相較於在山谷底的湖泊，或甚至是向北充滿樹木的山坡，你更有可能在面向南邊、充滿樹木的山坡上發現積雲。

現在，要將這門藝術變得多完善，全操之在我們。沙地和草地比林地反射更多陽光，所以它們較緩變熱，但沒有兩種地形吸收的熱量是相同的。

首先，在提到積雲時，我們得先將兩個基本原則記在心裡：

1 沒有任何事物會憑空出現，某個事物導致雲出現在那裡，而我們知道那片雲的底下出現了局部的對流（上升熱氣流）。

2 通常可以透過研究陽光和景觀的關係，來理解是什麼導致局部的對流。

積雲可以被視為在上升熱氣流蛋糕上的糖霜，所以我們對於這些雲的解讀，和我們看見隱形上升熱氣流的能力緊密相關。滑翔翼專家鮑伯・德魯里（Bob Drury）曾說：「偵測上升熱氣流是一門和禪學相似的藝術，它將你所有感官與對於流體動力學和天氣學的理解結合在一起。理解太陽、空氣和景觀之間如何互動進而產生上升氣流只是故事的一半。對建立一張將我們周遭的空氣視覺化所需的精神圖像來說同等重要的是，意識到你的滑翔翼在空氣中各個層面的動向和位置，包含垂直與水平方向。控制儀器只是證實了我們的感官告訴我們的事。」

在午餐後觀察

對解讀雲這件事來說，早上和下午不盡相同。

在一個晴朗的早上，我們能看到試著成形的積雲，它在經過不懈的努力之後還是以失敗告終。在上午十點左右，小小的、不平整且支離破碎的雲開始形成，又逐漸消失。我們看著這個系統維持在平衡的狀態：剛好有足夠的溫度去引發微弱的上升熱氣流，也剛好空氣中有足夠的溼度可以開始形成雲，只是對流和溼度都不足以達到下一個階段。這些薄且脆弱的雲形成的確切的地點是值得我們去好好研究的。如果風很微弱，你可以在一片土地上畫線，標記出加熱速度比鄰近地區更快的那一塊區域。

隨著時間繼續推進，這道平衡將會開始傾斜。太陽正在給予地表大量的溫暖，產生上升熱氣流。空氣可能不會比一天的開始還要溼潤，但空氣現在逐漸被升高至更高的高處，溫度也持續降低，達到露點溫度，然後積雲開始形成。新生的雲裡凝聚的水氣釋放出熱量，熱量導致更多空氣上升，給空氣另外一把向上的推力。經過幾個小時後，我們已經達到一個小的臨界點，從日出時沒有任何積雲的狀態，歷經微弱且不斷消失的雲碎塊，最終天空裡出現了明亮的白色鼓起物。

這個進程展示了為什麼所有的積雲都是大氣不穩定的跡象。它們在地圖上標示出空氣在較冷的空氣之下被加熱，然後穿越冷空氣上升的地方。如果沒有這個劇烈的變化，將永遠不會形成積雲。而且積雲愈高，大氣愈不穩定。

在這個過程中，太陽扮演關鍵的角色，而且它也是最規律、可信賴且可預測的因素。大氣和景觀多變的特徵，使我們挖掘出更多相當有趣的線索，此時我們應將重點放在空氣。

如果空氣非常乾燥，我們在一天當中不會看到任何低空的雲。太陽主宰一切，但若空氣極度地溼潤，我們不太可能看到很多陽光。但大部分有美好開始的日子都會落在兩個極端之間，去預測接下來將會如何變化的關鍵，就在於去觀察我們身在兩個極端之間的哪個位置。可以透過研究積雲的行為來了解我們的位置，尤其是在下半天會研究得更加仔細。

隨著陽光的加熱加劇，我們會看到積雲出現，並稍微變大了些。但從下午三、四點左右，太陽的力量迅速衰減，上升熱氣流也開始減弱。成千上萬雨滴會問：雲（液態水或冰）不是會因陽光加熱而衰弱嗎？如果雲只被上升熱氣流帶來的對流所驅動，那麼一旦日落，這台發動機斷電，雲朵將會逐漸失去原本鮮明的輪廓，漸漸地消散在天空中。如果真是如此，傍晚和之後的天氣可能會是晴朗的。如果太陽高度下降時，雲仍然沒有停止成長，則很有可能會有壞天氣。如果在底下沒有上升熱氣流的情況下，雲朵仍持續增長，這是大氣非常不穩定的跡象。空氣中含有大量水分，而且當它凝結釋放潛熱，會推動雲的成長。在任何一個始於藍天的一天，我們應該要在下午三、四點左右特別地警戒，積雲會告訴我們大氣，也就是天氣將會如何發展，但也就只有在我們準備好傾聽雲說話的時候，雲才會開口。

認識雲的表兄弟姊妹

前述三個大家族——卷雲、層雲和積雲，涵蓋了所有你將會看到的雲之大略結構。現在我們應該要以認出每一種雲的特徵為目標。再一次提醒各位，我們並不是要為它們取個完美的名字，只是為了在腦海中作筆記：雲是「很高且一縷縷的」「扁平的一層」或「向上湧現的」。有些雲甚至具備其中兩個雲家族的特徵，也就是說它們能勾選的特性不只一個，我將它們當作是表兄弟姊妹。

卷層雲

如同所有「卷」開頭的雲，卷層雲（Cirrostratus）相當高，但它們看起來和卷雲截然不同。「層」的部分則顯示出卷層雲分布地很廣闊。與一般而言較低且完全不透明的層雲不同的是，卷層雲如同一條乳白色的面紗覆蓋著藍天，輕薄到人們難以馬上察覺。

「看穿」卷層雲並非不可能，它很少會完全地遮住太陽、月亮或者是星星。就像所有的卷雲家族，因為卷層雲夠高，所以完全是由冰晶組成，冰晶會和陽光、月光互動，形成光暈，即一圈亮光且中心有一個明亮的球體。

除了光暈之外，又高又近乎透明的卷層雲是那種除非我們刻意去尋找，否則我們很少給予評價，或甚至是看到的雲。然而它是值得被我們特意挑選的，因為它提供了很多回饋。邏輯上，它為高空中的溼度提供了線索，再加上其他的跡象，是大氣將會如何變化的明確提示，通常天氣會變得更糟。

以天氣跡象來說，卷層雲是最謙虛的雲。它給予那些花費很多時間去了解和尋找它的人很多回饋，對於那些不想多花時間在這上頭的人們，卷層雲也不予理會。

高層雲

你能從高層雲（Altostratus）這個名字中含有「層雲」這點推斷出，這是另一條平坦的毯子。

開頭的「高」顯示出是一種中等高度的雲，位於卷雲和較低且較友善的積雲之間。高層雲是一片寬闊、通常很厚、不透明的雲毯。它能夠覆蓋一個小型的國家。它有時候會在日出或日落時分反映出豐富的色彩，但它不因它的美而為人所知。綜觀整個觀察天氣的歷史中，我懷疑是否曾有人在觀看高層雲的形狀時，感到欣喜若狂，沉醉在自然的美好之中。專門解讀天氣跡象的人最有可能沉浸在高層雲的美好之中，因為他們看見了高層雲在所有的雲之中所扮演的角色。它比卷層雲還要厚且低得多，所以當它跟隨著卷層雲，會給予我們兩個黃金模式：雲正在成長並變得更低、壞天氣即將到來。

雨層雲

雨層雲的英文為「Nimbostratus」，開頭的「nimbo」源自於拉丁文「nimbus」，意思是「雨」。而雨層雲就是一種挾帶雨水的層雲。它是天空中最讓人不愉快的雲，像是一條暗灰色、令人沮喪的羽絨被。如果雨已經不停地下了半小時，你有可能位於雨層雲之下，而且因為它是一種層雲，所以會延展數公里。接下來幾個小時內天氣好轉的可能性相當低。

積雨雲

積雨雲（Cumulonimbus）是被所有人視為麻煩的雲，但它們的麻煩需要一些時間來發酵。如「積雲」的部分所描述的，它是一種堆雲，而「雨雲」的部分則是因為它挾帶著雨水。

積雨雲是風暴雲。它是當空氣不穩定到發生動亂時，會產生的混亂結果。溫暖潮溼的空氣上升通過較冷的空氣，大量水氣凝結，熱量釋放的速度比雲膨脹失去的熱量還多。這是一種自帶上升熱加速裝置的雲，其威力超越膨脹的冷卻煞車。

直到最終被重力接管前，雲層會不斷長高，雲內愈來愈大的冰塊、水和空氣在這個巨大的麻煩引擎中上下顛簸，摩擦力產生電荷，然後轟隆轟隆的雷電相繼出現。現在，你認識這個魔鬼了，稍後我們會把這個麻煩製造者帶到派對的一側並進一步地了解它。

04

是誰改變了空氣？

溼潤的調節者・鋒面・暖鋒・暖區・冷鋒・夜晚的紅色天空，牧羊人的喜悅・早晨的紅色天空，牧羊人引以為戒

幾年前，我獨自走在湖區（Lake District），那是位於英格蘭西北邊的多山地區。一天從陡峭的斜坡開始，這是此地居民們的日常。冉冉上升的太陽溫暖了岩石和空氣，不久，我開始擦拭眉毛上的汗。一小時後，我背部和背包之間的T恤都被汗浸溼了。

約四個小時之後，我瞇起眼睛走入冰冷的霧氣，用戴著手套的手抹去鬍子上的冰。我只爬了六百公尺，它的海拔高度能夠解釋大約攝氏四度的降溫。但尚有其他原因造成溫度倏地降低——大氣自身的變化。

本書以相當篇幅深入探究靠近地表的跡象，即神祕的世界，但是這些必須在大氣變化的情況下才能看到。有些我們將會體驗到的大變動，是空氣性質發生重要變化的結果，它們構成神祕世界的背景。

空氣的兩個主要性質是溫度和溼度。當任何一個大區域內的空氣共享相同的溼度和溫度，我們會稱此區域內的空氣為「氣團」。它可能是溫暖潮溼的、寒冷潮溼的、溫暖乾燥的或寒冷乾燥的，所有氣團的性質取決於它們的經歷和出身。空氣中百分之九十的水氣來自海洋，剩下的百分之十來自植物、河流、湖泊和其他源自陸地的水源。因此，來自海洋的空氣是溼的，而來自熱帶海洋的空氣就會是溫暖潮溼的，來自極地大陸的空氣則是寒冷乾燥的。氣團會隨著時間逐漸改變，在它們經過陸地或海洋的時候，會變得更乾燥或更潮溼，但令人驚訝的是兩種氣團並不會結合並均勻混合。這就是為什麼我們經歷的天氣總會突如其然地發生變化。

西元二〇一九年十月，科羅拉多州的丹佛，氣溫在一天內從華氏八十二度一口氣降至華氏二十八度（攝氏二十八度到零下二度）。對丹佛的居民來說，氣溫的變化令人措手不及，但從天氣的角度來說卻稀鬆平常，只是暖氣團被冷氣團撞開了。

每個氣團有自己的溫度變化特色。氣團溫度隨海拔高度變化的方式各有不同，而這影響了大氣的穩定程度。極地的大氣傾向寒冷與穩定，而熱帶的大氣通常是溫暖且不穩定的。每個氣團有不同的溼度和穩定程度，解釋了為什麼每一個晴朗的天氣仍是那麼地迥然不同。巴布亞紐幾內亞的沃拉人（Wola）對於太陽加熱地表並製造出上升熱氣流，潮溼不穩的空氣會在轉瞬間迎來豪雨和風暴感到熟悉。當地人所說的「Chay nat」，字面意義即是「雨陽」，是沃拉人對「溫暖、潮溼和不穩定的氣團」言簡意賅又優雅的表達方式。

如你身在美國或英國，可能會在夏季高壓系統籠罩期間體驗穩定的乾燥天氣。空氣不會悶熱潮溼，只是相當乾燥，也就是所謂的「乾燥高壓」。

世界上每一個地區都有當地常遇到的氣團組合，取決於鄰近的陸地區域或兩邊的海洋。如果你是在四周都被陸地或海洋環繞的地方，你可以預測到一段長時間的相似天氣。歐洲、亞洲、非洲、澳洲和美洲的海島及內陸區域，很常好幾個星期都沒有劇烈的天氣變化。而在英國以及被特殊氣團環繞的地區，穩定的天氣簡直是稀客。

氣團影響了夏天和冬天的極端溫度。從陸地來的空氣會帶來非常炎熱的夏天，或酷寒的冬季；海洋來的空氣則使整年的氣溫溫和宜人。風向使人們更易理解空氣從哪裡來。這裡可以留意到，通常從陸地吹來的風會同時帶來酷熱的夏天與冷冽的冬天，而不是源自海洋的風。在美國，突如其來的酷寒挾著冷氣團從北邊穿越加拿大而來；而筆者所在的英國，我感受到最寒冷的風旅經歐洲大陸從東方吹來。

我們會在一個晴朗的早晨感受一下空氣偏溼還是較為乾燥？這會是潮溼且不穩定的一天，還是乾燥穩定的一天？會遇見「雨陽」還是「乾燥高壓」？這個時候所追求的便是對一日天氣的粗略猜想。

如果感覺夏天的空氣是悶熱潮溼的，且我們感受到雨陽，我們可以預測天氣將在今天稍晚劇烈地惡化。小雲會生成，接著不斷成長，可能會引發風暴；但若碰上乾燥高壓，我們會猜測一個穩定的天氣，一小團積雲會在午餐後形成，但倏地再次萎縮。

溼潤的調節者

陸地溫度的波動起伏比海洋溫度還要快速。海洋的溫度難以改變，可能數星期才能增加或減少幾度，但陸地可能只需要數小時。這代表島嶼和海岸也與海洋共享它的調節效果，它們的溫度變化較小，使得島嶼和海岸的夏天、冬天都較為溫和。我稱呼這個效果為「溼潤的調節者」，值得留意的是，如果你位於天氣從海洋來的任何方向，就能推測天氣將變得更潮溼與和緩，即使是從海岸往內陸開車一小時的地方也是如此。沙灘上有雪，不遠處的積雪會更深。

加熱海洋需要很長一段時間，也意味著同時需要很長的時間才能冷卻海洋，海洋善於儲存熱量。它很像熱量的儲藏室，洋流將熱量運送至全世界，這也解釋了為什麼在相同緯度的地方會有完全不同的氣候，比如說愛丁堡和莫斯科。這些洋流有巨大的影響力，秘魯洋流能影響澳洲，引發為人所知的「聖嬰」現象。

鋒面

在上週的一個清晨，穿得一身暖和，我走進一片田野，仰望天空。天氣還不錯，但天氣跡象非常明顯且能見度不佳。天空大半都很晴朗，卻不是萬里無雲，卷雲和卷層雲占據天空的最高處，低處及高處的雲往不同方向移動。我知道在今晚睡前將會下雨。

當天稍晚的時候，我帶領一群遊客在英國薩塞克斯的威爾德和丘陵生活博物館（Weald & Downland Living Museum）進行自然導覽。有兩個人提到天氣預報，但沒有人對天氣提出任何想法，我默默地為天空不是我們第一個小時的話題感到驚奇。雲和風的變化交織而成的穀倉舞（Barn dance）正在我們的頭頂上演，這場漫步的尾聲，每一個人都在談論天空。天空已然脫胎換骨，變得令人無法忽視。我們在傍晚結束導覽的時候，感受到第一滴雨的洗禮。

這也是一個你會觀察到的文化模式。人們會談論天氣預報，使用的詞語像是「很明顯地」「即將到來」或「聽起來」，但很少人會注意到暗示著大改變即將到來的線索。

我們會將焦點帶回這些線索上，並再次賦予它們聲音。做這件事情不只有實務上的原因，也包含美學的。預示出雨的跡象，比雨本身要更加美麗。看見它們的關鍵是「鋒面」。

當我們所在的氣團被另一個氣團取代時，我們會注意到天氣發生顯著的改變。兩個不同氣團之間的邊界叫做「鋒面」。當一位天氣預報員說：「一道鋒面將要通過。」這表示「我們所在的氣團即將被另一個氣團推走，天氣會有明顯的變化」。

鋒面是以它們帶來的空氣溫度命名。當一團暖空氣取代冷空氣，這就是一個暖鋒，反之則是冷鋒。

在鋒面通過之前、之間，以及之後都會出現徵兆。以天氣預報為目標的話，在鋒面到來前的跡象是最有價值的，但一個鋒面也會影響另一個鋒面的發展，所以鋒面之後的跡象可以被用來預測之後的天氣現象。

這些暖空氣與冷空氣的漫遊包裹，以「低壓系統」或「低壓」更為人熟知，因為氣壓在該系統的中心降到最低。當低壓系統接近時，氣壓會明顯地下降，這就是幾世紀以來，船隻出航都得攜帶氣壓計的原因。我們無法直接感受到氣壓的改變，所以會將目光放在氣團交接的時刻——鋒面。

暖鋒和冷鋒連續通過時，經常會打破一段宜人的氣候。暖鋒帶來一部分暖空氣，稱為「暖區（warm sector）」，冷鋒的冷空氣緊隨其後。隨著天氣的變化，氣溫也會發生典型的改變：趨漸溫暖，維持一段時間暖和，接著變冷。

讓我們一起深入理解這三種階段：暖鋒、暖區以及冷鋒。

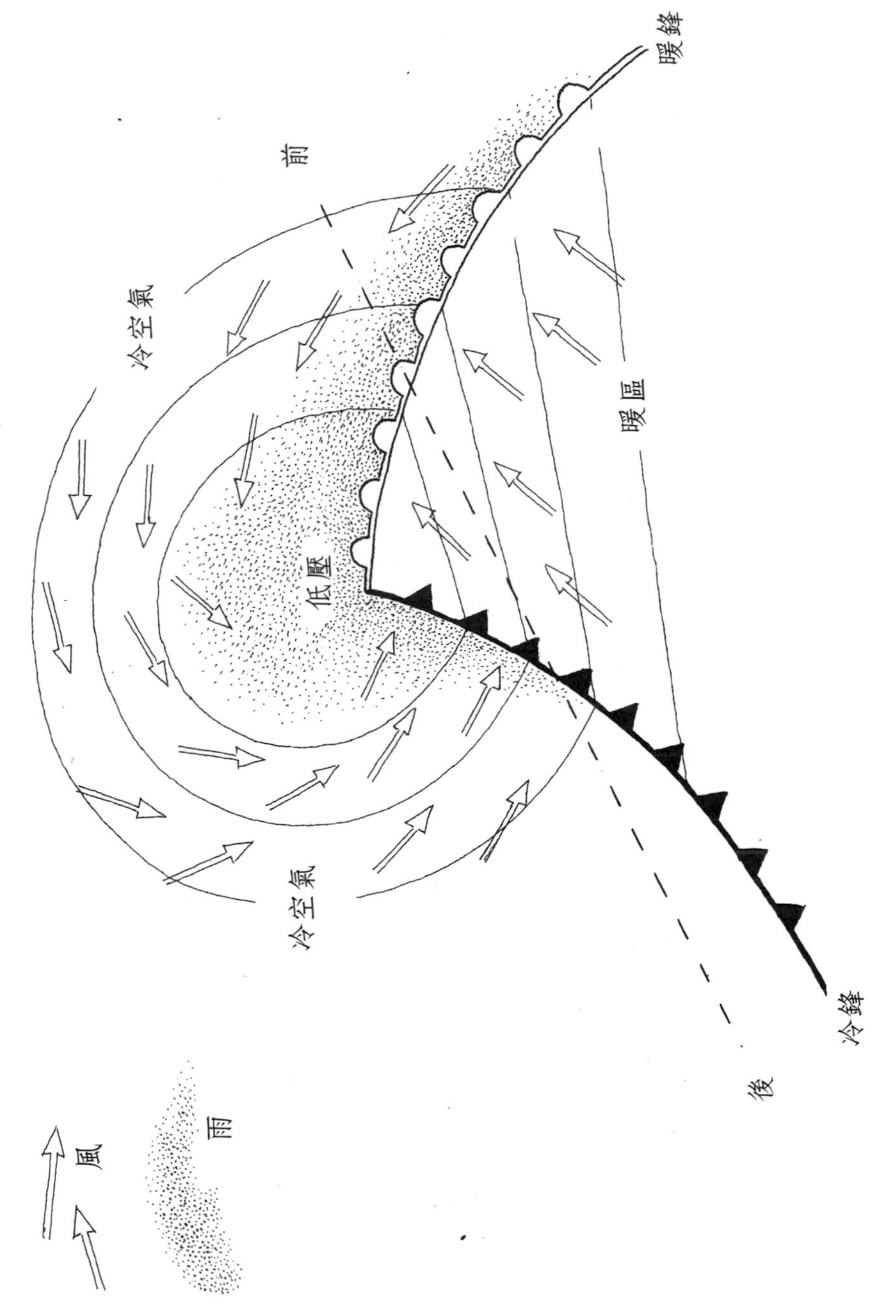
暖鋒
前
冷空氣
暖區
低壓
冷空氣
冷鋒
後
雨
風

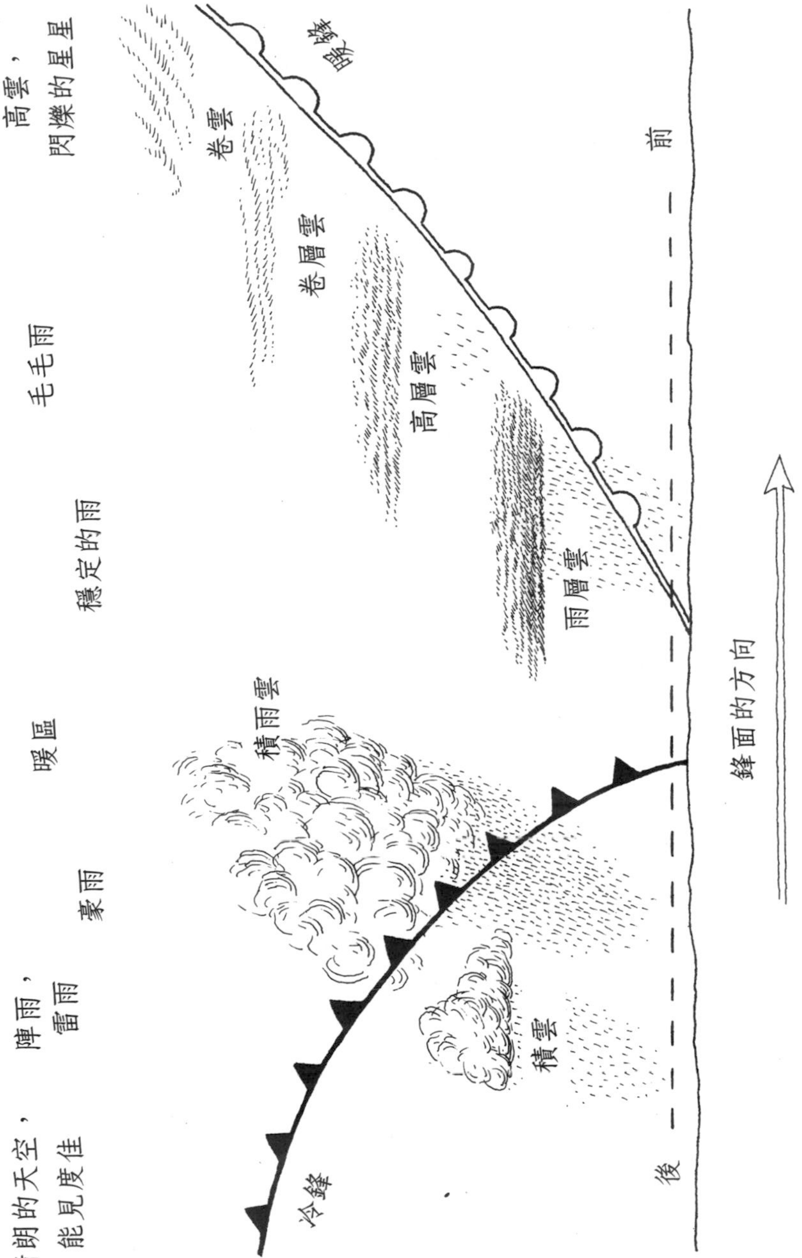
高雲，
閃爍的星星
毛毛雨
穩定的雨
暖區
豪雨
陣雨，
雷雨
晴朗的天空，
能見度佳
暖鋒
卷雲
卷層雲
高層雲
雨層雲
積雨雲
積雲
冷鋒
前
後
鋒面的方向

暖鋒

到達的暖空氣其密度比冷空氣更低，所以被迫往高處跑。暖空氣便在冷空氣的頂部滑過很長一段路。暖空氣被迫升高，因此冷卻，產生凝結和雲。這時進行天氣預報相當有益，因為有些跡象會在天氣驟然轉變之前顯現在晴朗的天空中，很容易就被人們發現。

起始點是一幅僅有湛藍色天空的畫布，我們能在最高的、一縷縷的卷雲上找到其中一個暖鋒即將到來的跡象。這些細長的雲紋會在空中留下方向的趨勢，常見的是從西到東，揭露了鋒面會從哪一個方向來。卷雲標示出新氣團的前緣，表示距離壞天氣約有十二到二十四小時左右。只用這個跡象很難精準預測，因為每一道鋒面都以它們自己的速度前進。即使如此，前緣的卷雲還是一塊至寶：暖鋒平緩的坡度代表它的頂端可能距離地表一千五百公里。大自然中少數的跡象，能讓身在倫敦的你看到從羅馬遠道而來的事物。

你已經知道當暖空氣在冷空氣上方時，天氣是非常穩定的，因為冷空氣並不會上升並穿越暖空氣。當這個溫暖且溼潤的空氣滑過冷空氣上方，它會製造逆溫，覆蓋著下方的空氣。如果藍天裡有任何的高積雲，你會看到它們靠近頂端的部分好像受阻礙而無法向上發展，這是因為暖空氣壓在冷空氣上。

接著，是雲的穩定發展。卷雲從幾條線發展到覆滿整片天空，然後被神似毛玻璃的高卷層雲取代。此時仍然能看見太陽和月亮，它們變得柔和許多，時常能看到圍繞在它們周遭的光暈。現在，一道楔形的暖空氣正滑過你的上方，然後雲變得更低更厚。接下來，高層雲這床毯子阻隔了太陽或月亮，天空密不透光。壞天氣愈來愈靠近，雨可能再四個小時就來了。

此刻風變得更強，且是從人的身後到來，意思是它轉而從偏逆時針的方向來。如果它之前是從西邊來，那麼它現在會變成從南邊來。雲層更低，變得愈來愈暗。然後，挾帶著雨水的雨層雲抵達，能見度糟透了。大雨會連續地下，期間雨勢可能偶爾會減弱或變毛毛雨。

最後，鋒面已經準備好要過境。雨繼續下，風向變成順時針的。暖鋒的雨是穩定的、沉悶的、頑固的、缺乏變化性的。它通常會持續數小時，比起危險，暖鋒讓人深感不悅。七個字總結暖鋒，「逐漸變糟到潮溼」。

在學習如何辨認鋒面正在通過之初，我鼓勵作弊：依靠天氣學家和他們的圖表。等到你已經享受了一段好天氣後，注意天氣預報。在你看到或聽到接下來的三十六小時內會有暖鋒通過之前，請持續關注天氣預報。（在天氣圖上，暖鋒是一道深色的線，線上有指著前進方向的紅色半圓形）。

現在你已經準備好要去觀察跡象的進展。簡單來說，當一道暖鋒經過，請觀察以下特徵：

- 在前緣的卷雲
- 毛玻璃般的卷層雲

- 太陽或月亮周圍的光暈
- 受阻礙不能充分發展的積雲
- 太陽在高層雲增厚時消失
- 風變強並改變方向，通常是以逆時針方向改變
- 變低的雲
- 變暗的雲
- 帶狀的雨
- 能見度變差

暖區

暖鋒通過，此時我們被夾在鋒面三明治的中間：前方有一道暖鋒，我們在中間的暖區，冷鋒緊隨在後。天空有一條混合的雲毯，通常是層雲，然後空氣比暖鋒通過前還要溫暖。可能會有小雨、毛毛雨，或什麼都沒有。風是穩定的，能見度很差，通常能見到霧。

暖區是在引發天氣驟變的兩個鋒面之間那溼潤、和緩的間歇期。

冷鋒

暖鋒寵壞了我們，因為它帶給我們很多警告，而且是在好天氣和良好的能見度之中到來。冷鋒通常會在暖鋒造成惡劣天氣和糟糕的能見度後來臨，因此我們更難追蹤冷鋒，但這只是挑戰的開始。

冷空氣會下沉到它前面的暖空氣下方並往前推進，所以在天氣改變之前，我們不會看到一道前緣，這使得冷鋒每次都來得很突然。這是一個羞辱，因為它們帶來了轟轟烈烈的天氣。冷鋒偷偷地靠近我們，然後在到達的同時——轟隆作響！

冷鋒帶來比暖鋒更戲劇化的天氣，原因是它們會下沉到前方的暖空氣下方，形成陡峭的梯狀，往暖空氣的方向推動。迫使暖空氣快速地往上抬升，然後誘發巨大的波動。這代表地表附近的天氣和高海拔地區的天氣幾乎在同時間發生改變，所以我們無法如暖鋒一樣運用高層雲的變化來預測冷鋒。

在冷鋒到來前，能見度會變差，使雲的觀測難度升高，但你可能會看到很多高度大於寬度的雲，這種雲通常和暖鋒及暖區的關係不大。當鋒面抵達時，風明顯地增強，風向也出現變化，通常風會在冷鋒到來之前快速且突然地改變風向，然後在冷鋒來臨時產生逆時針的變化，且伴隨著顯著的降溫。

比起暖鋒帶來的悠然、層層疊疊的溼氣，以及表現良好的雲，冷鋒引導了一波劇變，有時包含了惡劣的天氣和風暴。然而，造成這個戲劇化的陡峭楔形冷空氣也提供了它唯一的憐憫：相當短暫的混亂狀態。非常惡劣的天氣到達之後，也會很快地離去，並帶來涼爽的空氣和更加晴朗的天空，即「晴空隙（clear slot）」。空氣依然不穩定，所以你可能會看到積雲或積雨雲散布在天空，以及揮之不去的陣雨，但能見度已大幅地提升。

當你懷疑一道冷鋒即將到來，請觀察：

- 增強且突然變成逆時鐘方向的風
- 驟降的溫度
- 非常不穩定的天氣，高處的積雲和可能的風暴
- 冷鋒過境後出現一片晴朗天空，以及涼爽的空氣

查理．衛斯理是十八世紀循道運動的參與者，同時也是一名多產的讚美詩人，他曾說：「風愈強勁，迅速過境。」而冷鋒迅速過境的背後原理與這句話的邏輯一致。

以上的跡象標示著標準鋒面的進展。每一個你所看到的跡象，都足以讓你認出鋒面的特徵，但每個跡象也有它們獨特的性格。每個地區會有特有的天氣趨向，而在世界各地的鋒面會展現它們自己的特徵。北美洲中部的冷鋒通常先於南風，並可能導致夜間強烈的蛇行風。

我應該讓你知道一個一不小心就會掉進去的陷阱。冷鋒走的速度比暖鋒還要快，最終會趕上並和暖鋒融合在一起。這會產生「囚錮鋒」，所有前面提到的天氣和跡象可能會在幾乎同樣的時間抵達。我們會經歷很多壞天氣，且都雜揉在一起，解讀跡象將變得更困難。

在這個階段，無需擔心細節，我們只想要自在地認出暖鋒、暖區和冷鋒的普遍性格。並不需要記住所有的跡象，我們並不是嘗試著要去記住它們將會穿什麼顏色的鞋子，我們只需要在它們闖進房間時，認出它們的大略模樣。

夜晚的紅色天空，牧羊人的喜悅

夜晚泛紅的天空只告訴我們一件確定的事：天空的西邊十分晴朗，使得陽光得以透過來。最令人印象深刻的紅色天空，是西邊低處的陽光碰到雲層產生的反射光線，使得天空變得紅紅的，雲層已經過我們了。因為英國大部分的天氣來自西邊，短期的天氣預報是好的。如果一道冷鋒在下午經過，將可能在傍晚出現紅色的天空，可以預期會有較冷、晴朗的天氣。藉由尋找前面提到的鋒面通過的跡象，你將能夠辨別是否如此。

早晨的紅色天空，牧羊人引以為戒

如果天氣持續晴朗，但一道鋒面在清晨時接近，你可能會看到東方的太陽點亮從西方接近中的雲，天氣即將惡化。你可以藉由觀察雲來改善預報，如果卷層雲是在較低且較厚的高層雲之後，那牧羊人的教誨是正確的！

05

如何去感受風

細語呢喃的天氣預報．風之舞．涼爽、舒服的微風．指針與測量儀器．認識指針與測量儀器．和緩改變方向的風．平穩或混亂？．積雲等於強風．沙與三明治．城市的夏季陣風．大地之間的風

水坑裡的圖案使我停留在原地。強風吹皺淺淺的水漥，但平穩的間歇期之間，我在水鏡中看見豐富的畫面，倒影裡顯現一張風的地圖。

廣闊的天空一片蔚藍，除了一些四散的積雲，在積雲與積雲之間的縫隙中，剛好可以看見位於高處的卷雲。水坑的另一側，雲層的下方聳立著兩棵沒有葉子的白樺樹。站在水坑旁，我可以感受到五種等級的風。高處的卷雲從西北方被吹至東南方，而它們下方的積雲從西方移動到東方。一道類似的風向著白樺樹頂部吹拂而去。幾分鐘後，我能在臉上感受到從不同方向吹來的

風，有時一陣強風襲來，將水坑吹出陣陣漣漪，有時候與吹來我臉上的風方向不同，也跟雲的行進方向有異。所以，風到底從哪邊吹來？

我不想講得太複雜。這節只會提到三種高度的風：高處的風、主要的風、靠近地面的風。高處的風（高空風）會吹過風景的頂端與我們體驗過的各種天氣現象。通常能觀察最高處的雲，像卷雲，來認識高處的風。

主要的風（主風）會被它們所吹拂的景觀所影響，卻不會遭受控制。海拔高度愈高，主風愈強，且風向受地表影響的程度愈小。除了能觀察風景最高處的雲，也能瞧瞧飄過樹頂的雲，來感受主要的風。

地面的風（地面風）受當地景觀的強烈影響，它也是吹拂著我們身體的風。大部分的天氣學家對地面風興趣缺缺，因為地面風發生在局部地區且相當多變，對區域氣象預報沒什麼助益。測量風或進行預報時都會以主風為依歸，而非地面風。但如果想要從我們的感官去詮釋周遭的天氣跡象，就要多跟地面風打好關係，因為我們生活在最低層的風裡。幸運的是，地面風擁有豐富的人格特質，且很多是桀驁不馴的。它們居住在神祕的世界裡，而我們很快就會見到它們。

通常提到「風向」時，我們指的是主風。而我們直接在地表感受到的風，則是「地面風」。當我們在討論最高處的雲，會一併提及的風則是高空風。

是時候再次調整好我們感官，並將體驗的方式分成三種：耳朵聽、眼睛看、皮膚感受。

細語呢喃的天氣預報

我們可以聽到風聲，這點令人驚訝，因為空氣本身不會製造聲音。風只有在讓空氣與某個東西互動時才會製造聲響。所以當聽到風聲時，我們可以問：那是風在跟什麼東西打架產生的聲音嗎？找出原因並不難，但更值得去細思箇中奧妙。風會用幾種方式來發出聲響。

風能夠移動某些東西，讓它們滾動、活動，然後互相碰撞，或者掉落地面，像樹葉飄落下來、在地上翩然移動時發出的窸窸細響。柳樹的枝椏抵抗著強風的欺凌，製造出如同控訴般的嘎嘎聲。風也能使東西破掉或掉落。雖然不常見，但腰桿彎至極限的柳樹迎來的結局令人心痛萬分——啪嚓一響應聲斷裂。這是「碎柳」的名稱由來（crack willow，學名為 *Salix fragilis*，原生於歐洲和亞洲中南部，現在已成為美國在地品種）。

風製造聲音最普遍的方式是來自摩擦產生的輕微震動。風吹拂過一個完全平滑的表面時，是安靜無聲的。但這種表面只存在理論當中，所以擁有一定風速的風吹拂過任何表面都會產生摩擦和聲響。

在完美的條件下才能使風發出像哨聲或清脆爽朗的聲音，但我們無需苦苦等待這些少有的演奏會，我們可以學習去傾聽風日常的練習。當你聽到風的呢喃，即便是微弱的，試著提出兩個問題：風在演奏什麼樂器？風如何使用這項樂器？這個小小的練習聲聽起來有點漫不經心又有些飄渺，但風的練習能帶來成果。在我們理解風的強度與風向的關係之前，風的吹奏練習為我們培養一種感覺，而這種感覺提供了非常多益處。當風通過植披，吹奏的聲音與通過沙地時與眾不同，這就是你在沙漠中能「聽到」綠洲位於何方的原因。

如果風的強度或方向改變，它經過岩石、山丘、谷地、島嶼、樹木或是街道的聲音也會改變。任何風向的改變，通常是更大的天氣變動的清楚預兆。時時留心風聲的差異，它的音高、音量或個性，可以呈現我們眼睛還無法看出來的事物：細雨呢喃的天氣預報。

風之舞

我們並沒有花費很多心力在解釋風的強度。或許可以從大風與風暴切入探討，但通常會因此忽略細微的變化。

當風從一縷虛無成長到非常輕柔、連撫過臉頰都感受不到的微風時，它早已跳起一支舞，改變了周遭的一切，炊煙彎彎曲曲，蚜蟲飛了起來，蜘蛛也在空中翱翔；當風稍稍增強到我們的臉頰可以感受到它，我們會聽到第一片樹葉開始沙沙作響，並看到最輕的種子在旁邊飄浮；風再更強勁些，捲起灰塵，晃動樹上的枝枒，帶翅的種子開始飄動，上升熱氣流停止，鳥無法盤旋天際，蚜蟲和蜘蛛已降落至地面。

風再加強一個檔次，現在能聽到它吹進我們的衣服裡，枝椏左搖右擺，蚊蚋叮不到人了；再變得強一點，樹葉開始紛飛，蒼蠅停止飛翔；當樹枝大幅度地擺動，蜜蜂與飛蛾收工在家不出門了；而當細枝斷裂，空氣中有細小的碎片，連在路上行走都困難重重，大部分會飛的生物都已經躲在庇護所裡——神奇的是，蜻蜓仍在空中飛舞。而且即便樹枝斷裂、小孩被吹倒在地、所有的昆蟲都降落到地面，雨燕仍翱翔天際。

這裡有很多我們可以學習的事。首先，記錄下樹葉在風中的行為。觀察樹上的樹葉、低矮植物的葉子、地上的落葉。然後注意草的高度如何影響草在風中的擺動方式，並觀察下一陣風吹拂後，擺動如何改變。

涼爽、舒服的微風

如果風感覺比我們預期的還要冷，這可能反映了氣溫和風速，也有可能是溼度使然。在寒冷的日子，風速對我們造成的影響比溼度更大，但在暖和的日子裡，風愈乾燥，感覺愈涼爽。這是因為當空氣愈乾燥，愈利於蒸發作用產生，而蒸發作用使我們更涼爽，這就是流汗的散熱機制。通常溼度下降，天氣也將轉好，這會導致一個與我們的感受相悖的結果：在溫煦的夏日裡，乾爽舒服的微風會帶來晴朗的好天氣。

指針與測量儀器

我對二十多歲時的一場旅行仍然記憶猶新。當時我開著一輛便宜的老車，為了飛行訓練前往靠近伯克郡梅登黑德（Maidenhead, Berkshire）的一座機場。飛行員需要遵守「T&P」例行公事：確認儀表板上的溫度（Temperature）和壓力（Pressure）。這個習慣烙印在我的身體裡，使我不由自主去確認車子的溫度顯示儀表。

距離機場還有一段距離時，車子行駛得十分順暢，但溫度的指針猛然上升，然後超標。我剛好在汽缸墊片燒毀的時候在路邊停下，引擎蓋下冒出陣陣蒸汽與煙霧。引擎壞了，但溫度儀表提供的警示，讓我能在第一時間駛離快車道。

當任何指針在測量儀器上大幅度地移動，表示有某些東西發生變化。天氣也有專屬的儀表板，風向是上頭的指針，如果我們注意指針的變化，就能在迎頭撞上天氣變化前獲得警告。

亞里斯多德的學生，艾雷索斯的泰奧弗拉斯托斯（Theophrastus of Eresos，西元前三七一－二八七年），寫了一本令人嚮往的書，叫作《在天氣跡象上》（*On weather signs*）。這本書描寫了八十種雨以及四十五種風的跡象。就如同許多古老的典籍，這本書十分精彩，但有時卻讓人困惑。作者有時候過於自負，但當他寫到風向和天氣變化之間存在密切聯繫時，卻精闢入裡。

對風向的變化保持敏銳是常被忽略的氣象預報工具。但要怎麼做才能從風向裡讀懂天氣？為了回答這個問題，我們必須看巨大的系統和主要的改變，就如同介紹氣團的章節。

空氣總是在移動，一直試圖從高氣壓流動到低氣壓來使壓力均等。當我們鬆開氣球頸，高壓的空氣會咻地逃走，並快速流往較低壓的房間。

風是水平移動的空氣，被這種均等外力驅動。短距離的風十分單純，是一個空間裡高壓區域的空氣快速流向低壓區域。長距離的風受到科氏力的影響，使它們的路徑呈現曲線狀。地球自轉使風在北半球往右彎曲，在南半球則往左彎曲。

太陽的輻射溫暖了熱帶地區和陸地，勝於海洋與極地之類的地方。這造成地球被不平均地加熱。暖空氣上升膨脹，氣壓因此下降；冷空氣下沉並收縮，導致氣壓上升，形成了高低壓地區，赤道上空的空氣是溫暖且低壓的，極地上空的空氣是寒冷且高壓的。

空氣試圖從高壓往低壓移動，且受到科氏力影響而偏轉，導致空氣在高壓系統會順時鐘旋轉，低壓系統則會逆時針旋轉。這就是為什麼在北半球，當我們背對主風，會有一個低壓系統在我們的左邊，或一個高壓系統在我們的右邊，又或者兩者同時存在。

任何風向的劇烈改變，都預示著我們附近的高低壓系統分布的變化。高低壓系統決定氣團的移動方向，因此巨變的風向就代表天氣即將發生重大改變。這是一個基本的概念，所以讓我們再複習一次：主要風向改變＝高低壓系統的移動＝靠近我們的氣團正在移動＝天氣即將發生巨變。

溼潤的印度季風，為一個區域帶來傾盆大雨的季節而為人熟知。它始於太陽季節性的移動，改變了高低壓的平衡，使得從東北邊大陸來的乾燥空氣，被來自印度洋的溼潤空氣取代。雨很重要，但季風是一個季節性的風向，從五月至九月會有來自西南方的風，十月到隔年四月則吹東北風。風向和天氣可以被視為同樣的現象：當一個事物改變，其他事物當然也會跟著變化。

世界上有些地區對乾旱十分敏感，如美國西南部，人們習慣觀察風向的改變，因為它是乾旱快要結束的信號。先前已經解釋過風向是一個預示著鋒面即將通過的指標。鋒面的規模會有所不同，但不論是在哪一種情況，風向的改變代表即將會有一個不同的氣團經過。

科學比天氣跡象更為複雜，現在你觀察到跡象且了解它背後的科學原因，你可以自信地運用簡單的天氣跡象：「主要風向的改變，代表整體的天氣也將發生變化」。

認識指針與測量儀器

歷史上充滿了察覺風向變化而獲益的例子。喬治・華盛頓（George Washington）有一本非常詳細的天氣日記，這可以說是一個改變歷史的習慣也不為過。一七七七年一月的冬天，華盛頓的軍隊被英國軍隊困在福吉谷（Valley Forge）。他發現下午的風來自西北方，推測天氣會在一夜之間驟冷，地面會因此結冰變得堅硬無比。這使他決定冒險選擇一條在溫和的天氣下會太軟、遍布泥濘的路線逃生。

風為全世界帶來天氣，對區域地理亦會造成不同的影響，或是如英國哲學家法蘭西斯・培根

（Francis Bacon）所說：「每一陣風都有自己的天氣。」我們可以將風想像成一封信，有獨特的信封和郵戳。相信在打開信封前，我們都會瞥信封一眼，尋找內容的線索。信封上的郵戳會告訴我們信的內容與寄件地，同時暗示我們將會讀到什麼。來自政府機構的信封可能是繳納罰金或罰款的提醒。但任何手寫的信封搭配我們樂見的郵戳，都會使我們抱持著期待或迫切的心情打開它。（十七歲時的我就讀男校，從一百公尺遠的地方就能認出初戀女友寄來的信件。現在，同樣的對象用電子郵件寄待辦清單給我，整個都走味了！抱歉，我離題了。）風向為即將到來的天氣變化捎來了強烈的提示。

在北半球的許多文化裡，我們可以輕易地找到冷風來自北方的相關資料，但各地仍有自己的傳統。聖經裡充滿了與風向相關的預警，三卷舊約聖經，《約伯記》（Job）、《以賽亞書》（Isaiah）、《撒迦利亞書》（Zechariah）都警告來自南方的風會捎來壞消息：「暴風出於南宮。」（約伯記 37:9）

這也是為什麼很多地區不只對風向改變敏感，也對於該區的任何改變敏感。在每一個情況中，了解陸地、任何高地、海洋的關係，會增進我們對天氣變化的了解。

長久以來地中海地區有了解景觀的習慣。這個地區四周擁有不同的景觀特色，而地方風系各自享負盛名。它們的名字常包含它們顯而易見或好記的特色，與它們來自的方向。山地風（Tramontane，來自拉丁文「trans montanus」）意味著「翻越群山」，從北邊的阿爾卑斯山翻山越嶺而來。如果沒有與地表相關的顯著特色，則會用天上的物件為風命名。像地中海東風（The easterly Mediterranean wind）被叫做利凡風（le vant），將風與太陽做連結，取自於拉丁文動詞「太陽升起（to lift up）」。

當我們發現一道風吹來的方向從南邊變成北邊，我們已經注意到重要的風向變化，以及風現在從北方吹來。但還缺少兩個資訊：風向怎麼改變？什麼時候發生變化？如同斐茲洛伊（Robert Fitzroy）提醒我們的，關鍵點在於風如何改變：「西風轉變成由南吹向北邊的風時最為強勁。」在這個句子裡，他是在描述風順時針偏轉，變成由南吹向北的風，這和東風逆時針偏轉成由南吹向北的風不同，即便轉向後這兩種風的起點、終點都相同。回想前文所提到鋒面，這很合理：順轉風和逆轉風會讓我們看見截然不同的天氣變化*。

風向的改變也常被記錄在當地的傳說當中，如同古老的諺語所云：

「順轉風吹來晴空萬里；逆轉風擾得天公生大氣。」

普魯士的天氣學家海因里希．威廉．多費（Heinrich Wilhelm Dove）加上最後的線索。風向

*「順轉（veering）」和「逆轉（backing）」這兩個字對剛認識他的人一點也不友善，尤其是得同時應付生活中更複雜議題的人。逆轉風，表示風是逆時針旋轉的，希望能讓讀者更容易理解它們，如果沒有，就當我沒說過吧。

變化總會為季節帶來莫大的影響：「假如風由南向北通過時偏向西邊，會帶來降雪的冬天、雨挾雪的春天、雷雨轟隆作響的夏天，且空氣會在風向改變後轉冷。」

現在我們掌握了主風的四條線索：原本的風向、現在的風向、偏轉的方向（順轉或逆轉）以及一年當中的時間。

培養注意風向變化的習慣之初愈簡單愈好。在注意風向已經改變的時候，你已經進入到上層社會啦——是社會的少數分子。幸好，這是一個可以被養成的習慣，且有很多方法可以加速培養的過程。再度重申，我鼓勵一開始藉由觀看氣象預報來作弊。

如果預報說接下來天氣將發生劇變，記得記錄現在的風向，並持續觀察數小時。或許你對風從哪邊吹來相當有把握（比如說你注意到現在吹的是東風），我還是建議你為風加上一個視覺標的物。在風吹來的方向裡找一個代表風向的物件，像飛揚的旗子或被吹亂的煙都是很棒的禮物，你可以感激涕零地收下。

視覺標的物會為兩個層面帶來助益。首先與記憶有關。剛開始，我們很容易搞混西南方和東南方，一個可見的物體能幫助我們確認方向。第二，它可以扮演視覺提示的角色，提醒你去確認風。但如果你選擇用較高的建築物或山丘上的樹林來標記風向，可能較難幫助你判斷身旁風向如何改變。

持續在熟悉的地點做這個動作，你就會開始注意到風向與天氣的關係。例如，當風從一個地標轉為從另一個地標而來，如從教堂的尖塔變成遠處的山峰，代表雨將會在四小時後來臨。這是在同一個區域工作數年的農夫和護林員具備的判斷能力。

一旦我們在家附近體會到這些改變，可以用方向為風命名。比起將風稱為山峰風或教堂尖塔風，叫做西南風和西北風會更恰當，這樣能讓我們裝備判斷風向的技能探索不同的區域。

為了加強你對風向的解讀，我鼓勵你閉上雙眼。我們的眼睛強大到時常凌駕其他感官。尋找附近最高的空曠地，閉上眼睛，轉動臉龐直到兩頰感受到同樣強度的風，或是兩耳聽到同樣強度的風聲。接著舉起手劈向空氣，緩緩改變手的方向，直到在手掌兩側感受到相同的溫度。此時正是睜開雙眼挑選地標的時候。

這個方法可以避免讓眼睛聚焦在風吹來的大致方向，雖然用眼睛看很方便，但不見得正確。因為我們常會去注意風從哪個顯眼的地標吹來。運用上述方法，我就能緊握拳頭，驕傲且自信的說：「風來自山頂右側第三個指節處！」雖然旁人會對我投以異樣的眼光。

了解不能太依賴視覺，會幫助你更好地去持續觀察風和天氣變化的趨勢。現在我們準備好要降低所關注的高度了。

和緩改變方向的風

當我們抬頭看向天空，會看到許多高度差不多的雲往相似但各不相同的方向移動。在我們理解風在低壓系統裡如何偏轉，以及風隨高度產生的變化前，這可能很令人困惑。

約一千三百七十公尺以上的主風不太會被地表影響，但低於此高度，摩擦力會使風逆時針旋轉，風速變慢。當主風愈低，會吹得愈慢且愈往逆時針方向偏轉。

你可以將它想像成水槽裡的塞子。快速的水流在排水孔周遭形成一圈漩渦，但如果有任何東西使水流變慢，它會更陡地流入洞裡。風環繞低壓系統的中心逆時針旋轉，但任何因摩擦力造成的減速，會導致風在低速中「落入排水管」。它們向左彎向中心，並流了回來。

低層雲與中層雲之所以往相似卻又不同的方向飄動，在於低處的風受摩擦力影響變慢且偏轉，將低層雲帶向他處。

平穩或混亂？

一道浪拜訪海灘，挾帶的海水平穩地湧上岸。你有沒有發現，如果海水拍打在礫石等任何障礙物之上，就不再如此愜意，浪會變得粗魯狂亂。

研究氣體和液體流動方式的科學家將它們的世界劃分成兩種廣義的行為：層流（Laminar）和亂流（Turbulent）。層流是液體平穩地往同一個方向移動。當層流開始旋轉，形成漩渦，就是亂流。風的世界也有這兩種分別，在高於樹和建築物的高度，風會根據氣壓系統流動，遵循層流的簡單路線；但在那個高度以下，它們會開始旋轉、彎曲，變得相當混亂。主風通常是層流，地面風則傾向亂流。

這裡有許多有點抽象的理論需要咀嚼，讓我們暫時將它們吐出來，然後回到主要的目標，也就是需要觀察的跡象。下次，當你身在一座小鎮或四周環繞著樹林，看見一些雲飄過你的頭頂，請在心中記下雲飄來的方向，並且注意它在數分鐘內有沒有巨大的改變。如果現在你在小鎮裡，請在街區四處走動，而如果你是在郊區，請在樹叢四周走走，注意你在地面上感受到的風速和風向。你剛剛看到了在雲所在高度的層流模式的風，和障礙物之間亂流模式的風。

積雲等於強風

現在我們已經準備好看風如何被隱形的障礙物撩撥。找個吹著穩定的微風、風光明媚的早晨，尋找沒有樹木林立和建築物聚集的空曠地區。運用我先前提到的方法，去感受風向，並同時測量它的強度和特徵，體會看看它有多沉著。風以穩定的速度吹拂？還是不穩定、起伏不定的風速？然後在下午三、四點鐘重複觀察。你有注意到任何不同嗎？下午的風是不是更強且一陣一陣的？它可能不是變得更強，但它的個性會比早上的微風還要不穩定許多。為了知道原因，我們回到對流。

在早上，太陽尚未加熱地表，曠野的風主要受壓力梯度主宰。但到了下午，太陽溫暖了陸地，製造了上升熱氣流，上升的空氣柱如同建築物，使得受阻礙的風無法再直線前進。這導致波動的風速和風向——陣風。

現在我們可以將兩個觀察結果放在一起，它們互為彼此的跡象。上升熱氣流製造了積雲並且導致一陣一陣的風。因此晴天的積雲是預示著風將會變得猛急的跡象，如同晴天的陣風會促使你尋找積雲。

積雲位於上升熱氣流之上，這就是為什麼當地面上的我們感受到風向的變動時，它們仍在我們上空穩定、筆直地移動。

沙與三明治

當你正在關注風的陣風性時，有其他東西值得你努力尋找。風會捲走沙、灰塵、雪或乾燥的葉子碎片等微粒，但有時候則是讓微粒待在原地，好似它從未吹拂而過。當然，風速是一個主要的考慮因素，如果它太微弱，將不足以舉起任何東西，但陣風性是另一個重要因素。一陣微弱的陣風，能捲起比強勁的層流風還要多的微粒。我從小鎮上的灰塵、樹林裡的樹葉以及夏日沙灘上的沙當中注意到這件事：強勁的微風並不會效仿微弱的陣風，將沙子颳進三明治裡。

理解這點能幫助你挑選放置沙灘巾的位置。大部分的人都認為空氣中揚起的沙塵是強勁的風速帶來的，只能摸摸鼻子接受。但這其實和測量亂流的概念一樣，且這在極小的距離內就會有所改變。位於你上風處的沙灘形狀是重要的因素：有時候你只需要走幾公尺就能找出風速和原本的地點相同的地方，但空氣裡卻沒有沙子。我不能保證你的三明治裡不會有沙，但若能找到較為平穩的風，三明治咬起來比較不會沙沙作響。

城市的夏季陣風

雖然有了強度、方向、溫度和聲音，我們還是有新的特性可以探討：亂流或陣風性。有沒有注意到，在風光明媚的日子裡，即便城市的風不強，仍有一種不尋常的陣風特性？對流與建築物的組合，是產生亂流風的完美條件，城市吹拂的陣風可達平均風速的兩倍以上。夏日的陣風性是城市風的標誌，你不會在其他地方遇到完全相同的感覺。

大地之間的風

幾個星期以前，我注意到高度遠高於樹梢、攜帶著雲的主風，它的風向改變了。它逆時針偏轉了幾乎九十度。這是一個跡象，顯示一道鋒面即將過境：雨已經在路上了。

在注意到那個改變後，我遇見漢娜·湯普森（Hannah Thompson），一位來自英國國家名勝古蹟信託（National Trust）的護林員。我們一起散步，她給我看一個極具野心的造林計畫，叫做「北邊林地的崛起」，地點與我居住的西薩塞克斯郡相近。我們走過一萬三千株新樹苗中的幾株，木樁讓它們挺直腰桿，還戴著類似衣領的保護裝置。漢娜指出某件理所當然的事，但我之前從未注意過：支撐樹木的木樁通常會放在盛行風吹來的那一側地面上，也就是英國的西南方。指南針、指南針，遍地都是指南針！

繼續往前走到兩片樹齡較高的樹林間，看見一對黑喉鴝（stonechats，小型鳴禽）駐足在小徑邊緣的地上。我們背對著風，這陣風胡亂吹拂，接著我的臉頰感受到一道陣風。漢娜打開金屬的防鹿柵欄，我們前往造林計畫的主要區域。一隻赤隼正向下俯衝、傾斜飛行，忙著趕跑一隻美洲禿鷹。雖然此處樹木的樹齡尚淺，但都生長得宜；除了某一個區域。

當我們爬上一個平緩的山坡時，此處的小樹苗毫無生命力，木樁與衣領裝置中到處都是枯萎、悲傷的小樹幹。漢娜解釋，在某些區域，如充滿了石頭或潮溼、猶如沼澤地般的土地，樹木難以生長。奇怪的是這個區域一點也不潮溼，也沒遍布石頭。它與樹木蓬勃生長的其他地區並無巨大差異，這裡徒剩衰敗的風景。我們繼續往前走，冷風吹到我的脖頸，一併吹走了這個謎團。

我與漢娜站在兩片樹林的中間，此處的風會下沉，帶來強烈的摩擦力，接著再度往上向北邊的樹林呼嘯而去。低頭觀察這些受打擊的小樹苗，被風嚴重打壞的葉片裡訴盡了它們的遭遇。這一刻，我理解了風、地形、樹林與一切的來龍去脈。

我深深建議，若你在一個強風天正好站在兩片樹林間的空地，可以試著做個小小的實驗。往其中一片樹林的下風處靠近，與之保持在觸手可及的距離，你會發現自己避開了大部分的風。接著向外走向空地，往另一片樹林的方向前進。移動的時候留意周遭的風速。短程移動的開始，你會發現一些有趣的風向變化，等等再來討論。現在將注意力放在當你走到這段路的中間點時，風在過程中如何變到最強、最一致，而當你再次觸碰到樹林時，風速減弱且消失。你已經走進了第

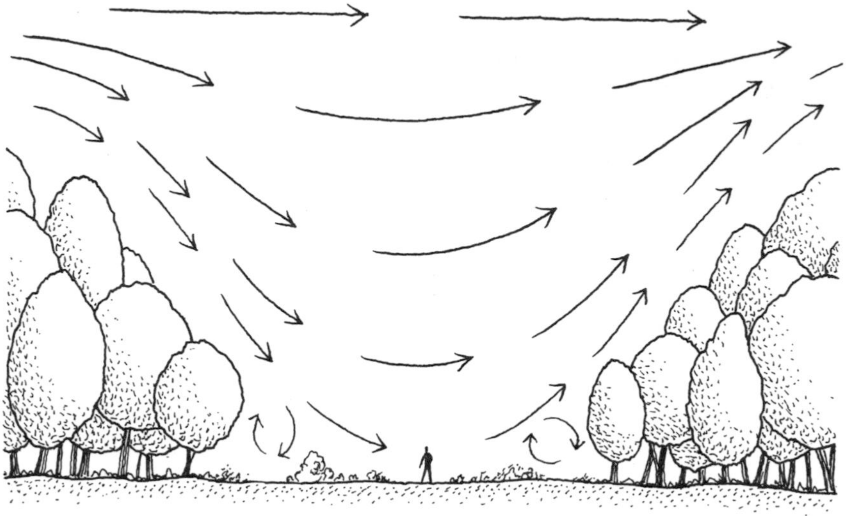

二道樹影，它位於屏障的迎風面。人們鮮少注意甚至想像這個畫面，但卻是每個景觀中重要的天氣體驗。

接下來的時間我都在山丘上漫步，思考「北邊林地的崛起」計畫，看雲的變化與移動。走著走著，我走在一條與農田小徑互相連接的路，兩條路在農田的一隅相交，那裡有一道門，可以通往已割完稻穀的田地。風吹過門兩旁的樹籬，吹過這道門，將我往後推。我左邊幾步的風沿著小徑吹，風較微弱；我右側吹過兩側高大樹籬之間的人行道的風吹得更微弱。我通過那扇門，踏進田裡，風變弱並再次改變方向。

我們感受到的風是由景觀塑形的，但風也塑造了景觀，如同我所見北方林地的枯萎樹苗。這些風都是由高空風這個飛行員掌握

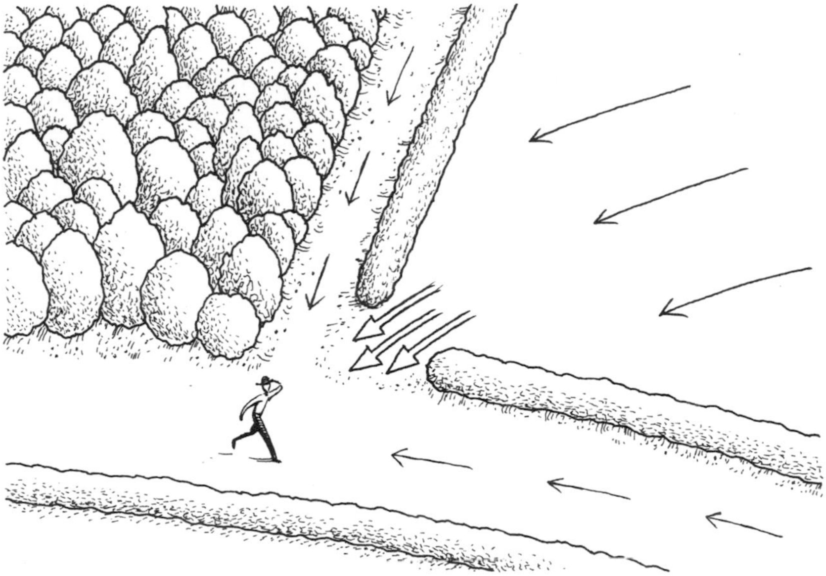

方向。它們愈高，我們對它帶來的預測更有信心，因為它們會忠實地預告任何天氣的主要變化。但對於生活周遭裡的小改變，我們擁有更豐富有用的經驗。

06

露水與霜

露水

走進光明・基甸的羊毛上衣・浪漫的神話・溼潤與謀殺

多年以來我對露水抱持著複雜的情感，而我確信你也有同樣的感覺。在一個晴朗、繁星滿布的夜晚過後，透過帳篷的布料感受冉冉東升的太陽，你從沉睡中甦醒，伸展軀幹，拉開帳篷的拉鍊，期待露營的兩種樂趣（溫暖和乾燥）；但卻發現整個地面都浸泡在露水中。露水的美無庸置疑，可惜它溼了一切；好吧，沒有誇張到所有東西都溼了，有些東西是乾燥的，但這相當怪異。當我學習如何解讀露水後，我對它愛恨交織的心情倏然轉變成喜悅。

我們認識它，卻又不懂它。每個人都能認出露水，但很少人會期待找到它所隱含的任何意義。一滴露水會在哪裡形成？會在什麼時機出現？預測露水使科學家們傷透腦筋，但是去了解為什麼露水形成的毛毯會出現在某個地方則相對容易。層層露水中有一些現象，而我們會在這些現象中找出露水的意義。

你會想起「露點溫度」，意思是空氣中的水氣達到飽和並凝結成水的溫度。大氣低層充滿水氣，所以只要地面夠冷，就可能形成露水。

如果空氣降到露點溫度，小水滴會懸浮在空中，然後形成霧。在這之前，由於地表降溫的速度比空氣更快，接觸到地表的水氣會先凝結，形成我們熟悉的小水滴，因此露水是一個徵兆，提示霧就在不遠處。我們通常會先碰見露水後才見到霧，也有可能先遇見露水，卻不見霧的蹤影，但是不會只有霧而沒有露水。

產生露水的理想條件是非常溼潤的空氣和冰冷的地面。地面在萬里無雲的夜晚失去大部分的熱量，這是一個初期的線索，且是季節性的。靠近地表，有大量的水氣，而晴朗的天空則是乾燥大氣的跡象。露水很常發生在地面涼爽、最低層大氣溼潤、高層大氣則是乾燥的狀況。這個狀況在秋天最為常見。

當地表足夠溼潤就有可能產生露水。乾燥且近期沒有下雨的地區難以看見露水的蹤跡。英國的秋季，失去夏天的乾燥，地面因為季節性的雨變得愈來愈溼潤。暖洋洋的白晝使空氣吸飽了水氣，無雲的夜空讓大量的熱量散失。我們擁有完美比例的露水雞尾酒：無雲的天空、溼潤的低層大氣、溼潤的土、迅速降溫的暖空氣以及冰冷的地面。

露水與平靜的夜晚相關。地面需要冷卻，而這在多風的日子裡較難達成。風會吹動靠近地面的空氣：靠近地表的那一層空氣順利將溫度輻射出去，使地表附近形成一層輕薄、不受干擾的冷空氣。然而，風會從他處送來暖空氣破壞一切。

在有露水的早晨，我喜歡將手伸向低處，維持在快要碰到露水的距離，感受空氣的溫度。然後將手高舉過頭，短短的距離內就能讓我體驗溫度的上升。

當太陽升起，溫暖了地面，露水蒸發，帶有冷卻地表的效果。被露水包裹的土地維持涼爽的時間比鄰近沒有露水的區域更久，有時到了中午還能感受到地表附近涼颼颼的空氣。

我確信你曾經享受過這幅美景：早晨陽光透過蜘蛛網上的露水使之閃閃發亮。仔細回想看看，當時有許多理想的條件彙集在一塊。陽光明媚的早晨，代表晴空萬里且天氣平穩，蜘蛛得以織網，還能完整地保留下來。而懸掛在網上的露珠是一個明確的跡象，表示最近沒有陣風。

如果你專注在一滴露珠上，或許會在露水裡找到明亮的色彩。試著走近露珠然後再走遠，觀察露珠的顏色是否改變。我們可能會看到它從藍色流暢地轉換到綠色、黃色、橘色和紅色，和彩虹由內往外的顏色順序相同。在露珠裡出現顏色的原因也與彩虹無異：當陽光遇到水滴，光線會被折射進入水滴內，由於不同顏色的光線彎曲的程度不同，於是水滴內不同顏色的光線便被分開了。當我們緩慢地朝露珠移動並看見顏色轉換，代表我們正穿梭在不同顏色的光線路徑之間。

露水提供另一個視覺上令人驚嘆的效果。早晨的陽光和露水是常見的搭檔，下次在充滿露水的草皮觀察自己的影子，仔細瞧瞧頭部周圍的光線，彷彿籠罩在祝福的聖光之中。明亮且充滿露水的早晨，使我們經常在影子頭部周圍看到一圈光環，這是一種效應，叫做草露寶光（Heiligenschein，德語的光環之意，發音近似「嗨你很帥」）。當太陽在你的背後，不管你看哪裡，它的光線都會反射至你的眼裡，當你看向與陽光的方向相反的方位，它的效果是最強的，而我們看著自己頭部的影子，就是在看與陽光相反的方向。

走進光明

這裡值得繞一點路，因為我們已經絆到了自然界較鮮為人知的普遍法則，我如此深信。這個法則與太陽有關，當我們為了理解天氣跡象仔細審視景觀時，看向太陽的相對面，總能在不同的尺度找到許多不尋常的光亮，從靠近腳邊的露水到天上的月亮都有。我第一次遇見這個效應，是在調查如何辨別滿月的時候。當月亮與太陽相對時是滿月，關鍵點在於月亮的亮度倏然升高，因為它在此時反射最多來自太陽的光線。滿月比其他的月相都要亮。但是在露水和月亮之間，這個效應在很多出乎意料的地方突然出現，將明亮帶給每一種景觀。

幾個星期以前，當我使用自然導航試圖跨越一片位於蘇格蘭高地的荒野時，看到一個我從未注意過的事物。我位於一座小山北邊峰頂的背光面。我看向北方，試著從我前方山丘上的影子尋找方向感，卻突然被對面山上不尋常的光亮吸引。一開始我以為那只是樹的物種改變，但我望著松樹林，其中有一小片比它的鄰居們更為明亮。我花了一分鐘認出我正在看向與太陽相對的位置，而這就是形成這片光亮的原因。如果陽光不是剛好在這個角度，樹就不會如此被照亮。從那時起我一直在觀察，當太陽仰角夠並且它的光線照射到陡峭的表面時，如一堵樹牆，這道樹牆就能被照亮。發現這個近在咫尺的簡單跡象，讓我感到無法言喻的快樂！

當我們看向太陽的相對方位時，即使是空氣也會變得更亮，因為它們反射陽光給我們。找個晴朗的日子，試著在日出或日落時分朝影子的方向觀察地平線，將會發現耀眼的空中光（airlight）。

基甸的羊毛上衣

地表的熱量被輻射到天空，使地表溫度下降，露水才得以形成。此時，需要晴朗無雲的天空，且近地表處不能有任何困住熱量的遮蔽物。當從地面到太空沒有任何遮蔽物時，露水就會愈多。遮蓋物下很難形成露水，縱使只是一些小樹枝。如果草上有厚重的露水，你可以順著草地走到一棵樹或任何遮蔽物下，此時將會發現露水稀落，甚至消失。沒有露水的空氣或地面會溫暖個幾度——如果你在早晨靜謐的空氣中走過露水消失的那條線，你會感受到這個溫度變化。

我們能看見露水在晴朗無雲的天空下形成，又在烏雲密布時消失。為什麼露水在無雲的天際下來去無蹤？這是一道待解之謎。後院的草地裡，每一抹綠葉上露珠滿布一點兒也不奇怪，只有花苞的邊緣見不著它。相同的景觀也出現在野地裡，露水沿著地面低處的綠葉而生，但附近的土壤、岩石卻不見它的蹤影，為什麼？

露水試圖講述一個故事，與環繞你我的這片土地息息相關，「基甸的羊毛上衣」可以幫助我們讀懂它。

基甸對神說：「如果照著您所說的話，藉由我的手拯救以色列人，我就把一團羊毛放在禾場上，若單是羊毛上有露水，別的地方都是乾的，我就知道你必照著所說的話，藉由我的手拯救以色列人。」次日早晨基甸起來，從羊毛中擰出滿盆的露水（士師記 6:36-8）。

基甸發現他的羊毛上衣浸滿了露水，但周遭的地上都是乾的。他在祈求一個神兆嗎？還是他了解露水，早已預見了結果？下次再來討論這件事，但基甸的羊毛上衣幫助我們了解露水在地表是如何形成的。地面必須冷卻至露點溫度才能形成露水，但冷卻分成兩個部分，它不只是熱量如何快速散逸至天空，還有它多快會接收到來自地表底下的熱量。

在地面的尺度，熱量會向上散失，也從地下湧出。從地下到達地面的熱量，取決於地面的導熱能力如何。像土壤和沙地擁有良好的導熱能力。其他像是植物的葉子則遜色幾分。熱量從所有開放式的區域輻射出去，有些會因為來自地底的溫暖而能維持熱量，有些則不。土壤因輻射散失熱量而冷卻，但同時也得到從地下傳導上來的溫暖，使之維持在露水無法形成的溫度。綠葉散失許多熱量，並沒有接收到來自地下的熱量，因為綠葉無法順利傳導熱量，這使得葉子表面較附近的土壤還要冷。葉子的溫度降到露點以下使露水接連冒出，土壤則無法形成露水。

基甸的羊毛上衣和周遭的土地在一夜之間失去熱量。地表的熱量被來自地底的熱量取代，但羊毛上衣由羊毛製成，羊毛是大自然最偉大的隔熱物之一。我們特別用羊毛製成衣服，因為羊毛會保留來自身體的熱量，不會輕易地傳導出去，使我們感到溫暖。基甸的實驗裡，羊毛將熱量留在地表。露水在較冷的毛衣頂部形成且向下滲透，不斷地重複這個過程，直到整件上衣都被露水溼透了。

我的兒子們在花園玩耍時，會以他們的方式進行這個實驗，屢試不爽。他們遺忘了嬉戲時因為燥熱褪去的襯衫，隔天上午我們會在草地上撿到溼透的衣服，即便前一晚根本沒下雨。

浪漫的神話

有一個眾所皆知的神話提到，露水能夠儲存足夠的水來填滿池塘，如同雨水一般灌溉植物。但是最底層的空氣裡懸浮的水氣少到不足以證實這個神話。一些特殊有機體、沙漠植物、地衣和松樹，能因為露水而存活，但對溫帶的植物來說，露水較無舉足輕重的地位。

英國的南唐斯地區時常能見到「露水池塘」。農夫習慣挖洞，並用黏土排出一排水坑，如此一來就能在這些乾燥的白堊山丘上為綿羊製造飲水坑。綿羊飲用夜晚形成的露水是個浪漫的點子，可惜這是謬誤，露水不能填滿池塘，只有雨水可以。

溼潤與謀殺

有誰能不留痕跡地走過富含露水的草坪，給他一千塊！——這根本不可能！露水是大自然在犯罪現場撒下的粉末，用來採集指紋，嫌犯甚至不敢貿然踏進一步。

有些表面適合留下動物細緻的足跡紋理。雪能夠記住鳥起飛的地方，我最近愉快地花了十五分鐘來追蹤潮溼沙灘上的蒼鷺，將牠留下的足跡和牠可能的動作配對。總的來說，露水是另一頭野獸。它就像聖誕節喝了雪莉酒的阿姨，記得所有的事情，卻對細節感到曖昧模糊。一百萬個細小的水滴和明亮、低的太陽揭露了有些東西接觸到地面，但關於它們的資訊卻驚人地少。在露水裡的故事有時很引人入勝，有時是種戲弄，它們只有偶爾才會被用來解決謀殺案件。

在一九八六年八月的一個早晨，賓夕法尼亞州的警察接到一位焦慮男子打來報案的電話。當他們抵達沃爾西弗夫婦，格倫和貝帝的家時，貝蒂已經逝世，死因是在主臥室被毆打致死。格倫告訴警察有一位入侵者，他因入侵者從背後攻擊而受了傷。

警察在屋外找到一個梯子，格倫提說不知名的入侵者攀爬梯子而下，從一樓的窗戶進入家中。有幾個地方讓警察對格倫的說法感到可疑，而其中兩處與露水有關。那是一個寒冷、無雲的夜晚，露水在屋簷上累積，而入侵者應該要爬過屋簷抵達窗戶，但上面卻沒有任何足跡。除此之外，警察注意到私人車道上有兩輛車，分別為格倫和貝蒂所有，但只有一輛車被露水覆蓋。

警察知道貝蒂的車整晚都停在同一個地方，因為它被露水覆蓋。格倫聲稱他晚間外出，到隔天的凌晨兩點半才回來，之後就待在家裡，但他的車上並沒有露水。一位天氣學家協助警方還原事件發生時的天氣狀況，推論出格倫在清晨兩點半之後還在外頭，因為他的車上沒有露水。

格倫是外遇的慣犯，且他同時腳踏多條船，這使他的苦苦哀求一點用也沒有。他因謀殺被判有罪而入了監獄。這個真實的犯罪紀錄片叫《「露」出馬腳》（*Dew Process*）。

霜

霜冰・雨淞・白霜的地圖・白色等高線・化冰期

露水有一個冰冷的表親，叫做「霜」。我們所見的霜其形成方式大多和露水類似，但當空氣夠冷，水氣會直接結凍成冰晶，這種霜被叫作「白霜（hoar frost）」。

白霜是結冰的露水，關鍵在於它結冰的時刻。如果露水一形成就結冰，那麼就會有一層霜覆蓋著一片葉子或其他表面，形成常見的、一層厚厚的白色冰晶，當靠近仔細看時，這些冰晶是有尖刺的。然而，如果露水先形成，然後溫度下降讓露水結冰，會形成些微不同的圖樣。冰並沒有那麼白，且有時候很難看得到。這種較緩慢形成的霜就像美麗的蕨類植物，爬滿了窗戶和其他光滑的表面。

因為白霜和露水的形成方式相同，我們會在相似的情況下看到它們，在有晴朗天空和接近地表處吹的風，它會出現在無遮蔽物的環境中、導熱能力差的表面上；遮蔽物之下則無，例如樹下。從樹下往外走經過一塊裸地到一片草地，你會發現白色的部分愈來愈大片，從沒有霜的樹下，到裸地上零星幾個白點，再到草地上如毯子般的一層薄霜，然後是包裹著薊的霜厚外套。

霜冰

有一種常見的積冰類型常被叫做「霜」，但形成方式與霜不盡相同。霜冰發生在當空氣中非常冷的水滴被吹到一塊非常冷的表面，並在接觸時結冰。因為霜冰在風吹時形成，所以它塑造出的不對稱形狀能告訴我們某個祕密：在任何物體的迎風面，它會結出更厚重的冰。有時候會在迎風面結出精細的雕塑、匕首或羽毛狀的霜。它可以厚重到足以造成某些災害，如同自然學家霍奇金森（W.P. Hodgkinson）在一九四六年所記述的：「樹葉、草、樹枝被圓柱狀的冰包圍住，以至於微小的風晃動樹枝，發出如有許多玻璃水晶燈般的叮叮聲響。這個效應是令人讚嘆且難忘的。很多樹的頂端變得非常重，以至於樹枝負荷不住重量應聲斷裂。」

霜冰是由風所攜帶的空氣形成，空氣十分溼冷，此時通常也有霧。霜冰迎風面突出的部分可以用來辨認方位，因為在寬闊的區域裡，它們所指向的方向會是一致的。它們曾經在能見度較低的幾次散步中幫助過我，很重的樹枝、數以百計白晶般的手為我指引了道路。

雨淞

當水在路上結冰時，可能會形成一層半透明的冰，使它難以被發現。有時候雨淞會被稱為路上的「黑冰」，但此處的黑色是來自道路，而不是冰，冰是接近透明的。

白霜的地圖

霜冰可以如詩如畫，每一種霜都富含藝術之美，但接下來我們會著重在白霜（hoar frost），因為它是擁有最多趣味的天氣跡象。盛夏以外的季節，高壓系統帶來晴朗無雲的天空和穩定的大氣，有助於露水與霜形成。

白霜在地上畫出一幅我們熟悉的地圖。熱量未從地表快速散失才能產生白霜。某個二月的早晨，一場嚴酷的白霜襲來，當時我正在蘇格蘭的小鎮印威內斯（Inverness）散步。沿著尼斯河邁向小鎮邊界，穿越幾座運動場，只為清楚一睹從遠方工廠冒出的蒸汽。

蒸汽裊裊上升到空中，彷彿撞上一道玻璃天花板，而後沿著天花板綿延數百公尺便消失了。這是典型的逆溫現象。夜晚，龐大的熱量從地表輻射出來，靠近地表的空氣比高處的空氣冷上幾分。假如你在晴朗、涼爽的早晨體驗到類似情況，可以試著將手伸向地面，感受地表的空氣，接著立刻向上伸展，這段距離間的溫差可能有攝氏好幾度！

意外的是，時常發生嚴霜的季節裡，逆溫現象也較持久，因此有些果農將逆溫當成溫室的屋頂使用。他們在果樹之間放置小電暖器，使逆溫層與地表間的氣溫持續上升。在寒冷的時節，逆溫層距離地表僅約十公尺。當熱量被困在地表與逆溫層之間，就能避免水果受凍。

一間長照之家前的人行道轉角，地面的鵝卵石之間長滿了綠草與苔蘚。植物結滿了霜，傳導地下熱量的石子卻乾燥又潔淨。

我散步經過一個近期發生火災的現場，它位於幾座運動場中央，大概是一座非法的建築物。可以很清楚地看到有一堆樹木被火燒過，剩下一堆燒焦的木頭和被燻黑的金屬扣件。我花了一些時間試圖拼起一些廢棄物和灰燼中的物件，但我拙劣的還原技術使我失敗。那是一段很有意義的時光：一道謎題使我駐足，也讓我注意到鋪在草地上的霜透露了許多訊息。

土壤底下的熱量容易向上散失，因此裸露的深色土壤上不見霜的蹤影。樹葉與碎木頭表面都被裹了一層冰，靠近地面的背面卻沒有。即使是白臘樹的翅果（有時被稱為直升機種子）頂部也結了霜。而大部分的金屬都乾淨無霜。先前的大火讓我專心，無論我看向火場何方，都能觀察到一個個因果關係。比如說，附近有一片捲曲的棕色榛葉，頂端結著白霜，但葉片下是看起來相當溫暖、沒有霜的青青草地，樹葉是這張草地小床的保溫毛毯。

一旦我們注意到它們，這些昨天看不見的現象，在今天變得顯而易見。當然，當我們在每一處發現原本毫無覺察的現象時，也會意識到自己也是「開了眼界」的觀察者行列，許多成員已在觀察的路上遊歷許久。博物學家吉爾伯特．懷特在他經典的《塞爾伯恩的博物誌》（*The National History of Selborne*）裡寫道：

> 年長者向我保證，在冬天的早上，他們在沼澤中發現了這些樹，樹上有白霜，而這些霜維持得比周圍其他沼澤的霜還久。這似乎不是天馬行空的想法，和科學原理一致。

黑爾斯博士（Dr. Hales）曾說：「地表下一定深度的溫度能使冰融化，且讓天寒地凍的天氣往融冰發展。接下來的觀察能讓你理解這一切。一七三一年十一月二十九日，夜晚下了一些雪，翌日上午十一點，土壤表面上的雪大多都已融化，除了布西公園（Bushy Park）內的某些地方。公園內有被泥土覆蓋的排水溝，無論水溝裡充滿水還是乾燥，排水溝上頭的雪都還在。地下埋著榆木水管的地表也有相同的現象。明顯的證據顯示，排水溝攔截了地表更深處土壤的溫度，因為排水溝與最上方之間的雪隔著一．二公尺厚的土壤。茅草、磁磚與牆上的雪也沒融化。」少拿這個現象來找尋家裡被遺忘的老舊水管與井，但在羅馬車站與露營地，或許能藉此找到人行道、浴場、墓園與其他隱藏起來的古代遺跡也說不定。

太陽底下沒什麼新鮮事，但很少有人願意花時間去觀察這些既存已久的事物。每一種地形裡的霜都有不同的特色。草地會比裸地更冰冷，但荒野、乾燥的蘆葦灘和乾涸的泥炭沼以一夜之間的超低溫而惡名昭彰，在這些地形，短距離內大於攝氏五度的降溫並不是非常稀奇。

如果停下來去尋找，你會注意到霜對於高度是多麼敏感。這是顯而易見的：植物高於地面幾公尺的任何部位是不會結霜的，而最低的基生葉（莖極短，像是從根上長出來的葉子）卻有著白色的寬大霜外套。兩種狀況之間的關鍵在於角度。仔細瞧會發現，呈水平的葉片上會結霜，垂直的葉片卻不會，那是因為熱量更易從扁平的葉片向上散失。旭日東升，較高處的結霜葉片照射到清晨的陽光而融化，冰晶變成露水。較低處的葉片則保有霜，直到太陽爬得更高、普照大地。當你發現「霜造成的反彈」時，就能知道你已經了解了更多關於霜的細節：當冰在溫暖的光線中融化時，原先被冰的重量壓住的草葉會彈起。

白色等高線

小的天氣尺度內，露水與白霜熱愛出現在相同區域，但向後退一步，放大我們觀察的範圍，會發現霜有一套自己的遊戲。秋天裡布滿露水的地方，有些在進入冬季後會結成硬實的霜，附近的區域卻沒有霜。前述地區的天空都同樣開闊，也擁有類似的土壤與植物，但結不結霜卻出現了截然不同的答案。為什麼呢？答案藏在地形裡。

沒有一塊地形是完全平坦的，凹凸錯落的地勢造就不同的結霜結果。山丘這類凸起的地景對霜並不友善；山谷這種下陷的景觀則歡迎霜的到來。主要基於兩個原因：第一，山丘曝露在風中，風會吹乾地面，高處的暖空氣影響底下的冷空氣，所以霜難以形成。第二，也是最主要因素，冷空氣的密度比暖空氣高，彷彿向下流的糖漿，往山丘下移動。

想像一個繁星點點的寒冷夜晚，有一座山丘及鄰近的一座山谷。熱量從山丘、山谷輻射出去的方式雷同。有一層相當冷的空氣盤據在兩者上方，地心引力會將密度大的空氣拉下山丘，使山丘的冷空氣向下流動至山谷，但山谷裡的冷空氣無處可去，只能待在原地。兩個效應就此出現，暖空氣留在山頂；被拉向山谷的冷空氣覆蓋在原有的冷空氣上，使得有些區域出現嚴酷的霜，稱為霜袋（frost pockets）或霜坑（frost hollow）。也造就了一日之初、晴朗無雲的天空下，山頂通常比山谷還溫暖得多。令人驚訝的是，山谷底部的空氣甚至能比三千零五十公尺（一萬英尺）高的空氣還冷，在山上迷路或遇險的人應該把這點銘記於心。

如果生命未受威脅，可以在一個冷颼颼的晴朗夜晚之後，一邊感受溫度上升，緩緩地散步上山丘，享受悖離常理的狀況帶來的趣味。

我們從極端的例子中認識許多關於霜的知識。從不會結霜的地方開始吧。小島嶼及沿海地區甚少結霜，因為海洋帶來了溫暖的空氣。河流附近的無霜帶能一瞥與海洋相同、但尺度較小的現象。我在蘇格蘭北部印威內斯散步時，從距離尼斯河兩公尺左右的地方發現了露水充盈的青綠草地，它與四周閃爍著白色光澤的霜地形成強烈對比。

每一個地區都有最嚴酷的霜袋，破紀錄的低溫多從此處產生。無論世界何方，最低溫製造區都有類似的特色，通常居於內陸且在山谷底部。奇爾特恩丘陵（Chilterns）是著名的例子之一，位於倫敦西北部的小山丘，離倫敦約一小時車程的距離。奇爾特恩丘陵海拔最高峰不超過三百公尺，很難想像這座小山會出現極端的天氣現象，也是這種意料外的極端，使我們懂得更多。

奇爾特恩丘陵的霜坑位於里克曼斯沃斯（Rickmansworth），該地區處於英國倫敦西部的內陸地區，霜的小口袋就在山谷裡，即便這個山谷並非此地區的最低點。這裡有個奇妙之處，當冷空氣從山丘往凹陷的山谷流動，會受到霜坑另一側的鐵路堤岸阻擋。回想一下冷空氣像糖漿流動的概念，會更容易理解它是如何被阻礙擋下。

相同效應會出現在更小的天氣尺度裡。上午，霜覆蓋了大地，前往書寫本書的林地小屋途中，我停下腳步來研究霜。農田下陷處的霜比高處的霜還要多，但靠近我腳邊的地方有些細微的現象。大顆的薊上覆著一層厚厚的霜，我很享受看著眼前的多刺植物如何成為基甸的羊毛上衣。貼近地面的葉片阻擋土壤的熱量散失，因此葉片附近的土壤只見得著霜的小碎片。

小草坪上有些許的高度變化，霜避開了較高的地區，更喜歡貼近草坪邊緣地勢較低的草。草坪約二十公尺長（約六十五英尺），高度落差則不超過一公尺（三英尺），卻足

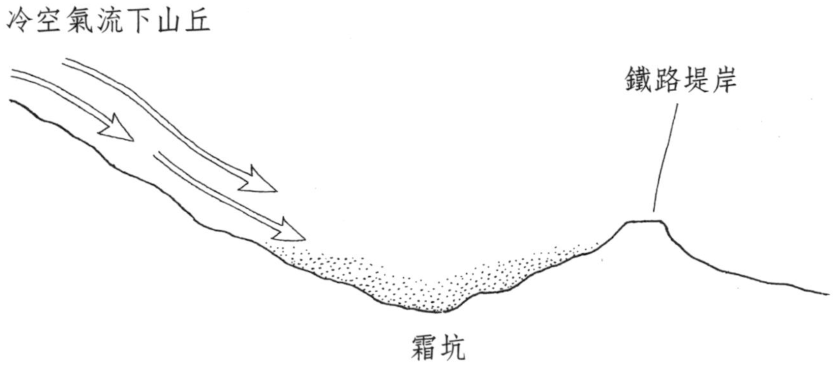

以展現出霜的偏好。草皮和小屋中間鋪著人行磚的地面並非完全平坦，稍早降下的雨水蓄積在一片地磚壓出的淺坑，且在一夜之間結凍。它通透到我一開始以為它是液態的水，也就是一個小水窪，直到靴子的腳尖踩上它打滑後，我才從固體、透明的元素知道它是黑色的冰，或雨淞。

如果你對於在這麼小的尺度裡看到變化感到存疑，堅持眼見為憑，我不怪你。但如果我們看一個人工實驗，可能會帶給你更多信心。科學實驗顯示，只要一公尺乘上一公尺（三英尺乘上三英尺）的保麗龍盒，就能夠創造出截然不同的微氣候。經過十個夜晚，盒內的溫度平均約比外面的空氣低攝氏七度。盒子扮演著迷你山谷和隔絕地面溫度的隔熱體。用季節的感覺來形容的話，在黎明時進入盒子，就像在幾公尺內體會從六月到十一月的溫度差異。我們可以知道為什麼天氣學家清楚表示天氣觀測裝置不能被放在山谷。它完全有道理，但卻也藏起了一部分在我們身邊的豐富天氣。

霜對植物具有毀滅性的影響，因此農夫們短時間內就摸出霜的習性。霜在某些區域可能會引發爭端。巴布亞紐幾內亞（Papua New Guinea）的沃拉人（Wola）偶爾會與鄰近的族群發生衝突，形成了激烈的競爭文化。對手的不幸是他們的快樂，比如敵人受霜袋影響被迫遷移時，沃拉人載歌載舞、大肆慶祝。這種幸災樂禍的行為就稱為「liywakay」。或許與我們的文化相差甚遠，又或許近在咫尺。可以想像英國村莊內一位獲獎的菜農，在聽到死對頭的作物被冰霜傑克（Jack Frost，是西方民間傳說裡的冬季精靈）搗毀，也會樂得手舞足蹈。

霜袋也說明了為什麼有些山頂的植物會比山下的植物更早冒出葉子。這似乎有點違反常規?但只要我們了解較高處能免於晚霜之害,那聽起來還挺合理的。天寒地凍的霜袋中,幼苗可能全都被凍死。當我們在寒冷、無雲的星空下露營時,捨棄山谷,移動到較高的地方睡一晚,就能避開最凍人的溫度。

化冰期

霜與光總是在一起。晴朗的夜空冷卻了大地,意味著太陽升起時會照亮白色的霜,我們可以在當中尋找一系列新的模式,其中包含了許多可預測、可信度高的現象,也存在一些不可靠的傢伙。霜會待在陰影裡,太陽照亮大部分土地時,位於山丘、樹、建築物西邊的霜能維持久一些,而北邊的霜甚至能保留一整天。

溫暖的陽光照射到不同地表,反射的方式與分量也有所不同。霜的反照率極高,造就了令人驚豔的日出景觀。深色的地表升溫較快,且融化地表上的霜。你我所見的天氣模式每一刻都有新變化。

與其去分析每一種可能的組合,我更鼓勵你找出霜最先融化的地方,以及霜停留最久的區域,再去研究霜在不同尺度的現象。霜會固執地待在山谷底部,但到傍晚,你會發現霜出現在樹、岩石北邊的地面，諸如此類稍微高一點的地方。將重點放在更小的範圍觀察霜，會發現每一片細微的霜，透露了海拔高度、太陽仰角及方向、風、等高線與該處地表顏色的資訊。

07

雨

雨鳥・形狀、模式和時間・不規則的雲底・雨鬼・毛毯或淋浴・地形雨・科技作弊・兩座山丘的雨・影子和焚風・陸地和海洋・季節性思考・雨滴的分析・小鎮、林地與懸崖陣雨：邁向更精美的藝術

雨通常不是書裡的英雄，但它也不是個反派角色。當我們知道要尋找什麼時，雨能夠引發我們的好奇心，讓我們不禁搖頭晃腦地猜想。我們可以搜尋到很多小小的、隱晦的雨的特質，以及兩個大的、明顯的特質。一旦我們準備好了，就能夠感受到這些雨。

我們所看到的雨滴是一趟長途旅程的終點，很多雨始於我們頭上的雪或冰。水會在下降的過程中與微粒結合，而這賦予它們一種標誌性的味道；但不是所有雨的味道都相同。泰奧弗拉斯托斯（Theophrastus），一位古希臘哲學家，他記錄下希臘沿海的雨嘗起來是鹹的，特別是當這個

雨來自於南風的時候。悲傷的是，一個在科羅拉多州洛磯山脈所做的研究指出，百分之九十的雨水樣本包含了塑膠微粒，連在高山上都能找到這個小小的汙染物。經過漫長的乾燥後，雨水混合了地上的油和土壤裡的細菌，會產生一種令我們熟悉且特別的味道——潮土油（petrichor），意為初雨的氣息，或是下雨時泥土的芬芳。

當雨打在地面時，自然地形會改變雨的聲音。雨落在苔蘚的聲音和雨落在岩石上的聲音不同，而兩者都比落在水坑裡的雨滴來得安靜。軟石（如白堊）聽起來比硬石（如花崗岩）還要柔軟。坡度也會形塑雨聲，坡度愈陡，雨聲愈柔和，直到小溪流形成，使音量變大。聲音會隨著雨繼續落下而變化。仔細聆聽，你可以聽到滂沱大雨下在乾燥土地的雨聲，幾分鐘內就會改變。

每個樹種在雨中聽起來都不同，而這也會隨著時間改變。想當然爾，闊葉樹在四季聽起來都非常不同，但特別的是，在陣雨的開始和結束也是如此。針葉樹在任何雨的開始都是較為安靜的，而闊葉樹的聲音則較大。

我最喜歡的雨聲地圖是在孤立的樹木附近找到的。我喜歡站在一棵寬闊、厚實的針葉樹下，那應該是一棵紫杉，然後在開始下雨時傾聽。樹提供了一把雨聲傘，它讓雨打在附近土地的啪嗒啪嗒聲響更容易被聽到。樹保護我們的耳朵，使其免於聽到雨落在我們肩膀或衣服上的聲音。在靠近我家的森林地上，棕色、死去的葉子形成一片地毯，而綠色的歐洲蕨、刺藤以及常春藤葉交錯其中。乾燥的、枯萎的葉子被巨大的雨滴打到時，發出最大的噪音，有如打擊樂器的樂聲。歐洲蕨則是低聲細語。

葉子的傾斜度，如山坡地般形塑雨聲。歐洲蕨的葉子朝下，並且柔軟地懸掛著，其反映在它們所發出的微弱聲響——藉由吹氣將嘴唇分開所能製造出的，最微弱的噪音。如地毯般鋪滿林地的常春藤葉比較接近水平線，還擁有較堅硬的質地和支撐力，似乎讓它介於死去的山毛櫸葉和歐洲蕨之間。雨滴落在乾燥死去的山毛櫸葉上，發出猶如手上拿著一支鉛筆，邊讀著報紙（報紙有皺褶，非全新平整的）邊用筆尖劃過所發出的震顫聲。而落在森林地面的常春藤葉雨聲，就如同指尖落在一張平滑有光澤的封面頁上。

我的習慣是去尋找一片混合的區域，雖然實際的組成每次都會改變。在那裡閉眼聆聽，接著張開眼，直到我的耳朵和眼睛理解到相同的事情。之後我持續走，直到我找到另一棵針葉樹雨聲傘，並重複這個練習。這一次，我快速地閉上眼睛，然後讓我的耳朵告訴眼睛，在我張開眼睛時它們會找到什麼。

雨鳥

當我們在雨後穿過樹林，總會遇到二次陣雨，因為有些雨水積存在樹冠層上，被風一搖就再次落下。我們可以感受到微風吹過，正是因為它搖晃了樹梢。還有其他的二次陣雨，聽起來和感覺起來不同，引發我們往上探索。

當雨停時，在上層樹枝累積的水處於一個不穩定的平衡。葉子在那一刻承載了完美的水量，有些雨滴在葉子表面，其他則是懸掛在葉尖。水會留在那裡直到乾掉，或者被打擾而打破平衡，只要稍稍的擾動就會讓水傾瀉。

我第一次注意到起飛的鳥所造成的陣雨，是當我把大聲振翅的斑尾林鳩，和落在我頭上的斗大雨珠聯想在一起的時候。自從我看到由吵鬧、精力旺盛的鳥所造成的陣雨之後，我學到去感受這種如蓮蓬頭落下的水，它們非常局部、狹窄、輕盈，不是微風可以造就的。往後只要有相似情況，一往上看，我就會看到啄木鳥、烏鴉，甚至是小小的鳴禽正降落或起飛。

形狀、模式和時間

當你經過一棵闊葉樹時，請看看葉子的尖端。你知道當葉尖愈尖，表示那個區域愈多雨嗎？擁有獨特葉尖的葉子演化出中央脊，使得水能夠更有效率地順著葉脈分流。

熱帶雨林裡的樹木長滿了尖尖的葉子。雨水打在了柔軟的地面上，在泥土、沙子、淤泥或雪地上留下了令人熟悉的小坑洞。它們透露了雨的特質：硬或軟、短或長。間隙愈大，雨愈短暫。在柔軟的泥地和沙地上，試著去觀察、比較規律且較淺的雨痕和較深且不常見的第二次陣雨，兩者之間的差異。這些不完美、較粗的雨滴痕跡，告訴我們究竟是微風還是鳥兒搖下了雨滴。一個小時之前，一隻烏鴉在離我們的小徑十五公尺處的樹枝上起飛，而被雨所寫下的故事，在我們的腳下依舊鮮活。

在其他的故事裡，雨的痕跡可以作為時間的標記。如果我們對最近下雨的紀錄保持敏感的話，便可以將它作為動物或人類的出勤卡。在下陣雨之前，雨的足跡便已經覆蓋行經的動物腳印上，並被雨後經過的動物抹去。

我們很容易忽略動物的足跡，認為線索就此打住，只記得自己站在一個茂密的樹冠層下。藉由聰明的猜測，我們可以尋找動物可能從雨傘下冒出來的地方，並且在樹林邊緣較軟、充滿小點的泥地找到牠們再次出現的足跡。

雨的故事很多是轉瞬即逝的，其中有一個讓我回想起來，仿佛沉醉於炫目的時光旅行中。這個感受來自於什羅浦夏郡的什魯斯伯里博物館（Shrewsbury Museum），該館展出的石頭裡有小的化石，上面有一個個如岩石般堅硬的小坑洞，這顯示了二十億年前落雨的痕跡。我將那個小坑洞與數分鐘前提到的故事連結起來，雨的坑洞訴說著來自好幾百萬年前的故事，這讓我興奮愉快地轉一圈。

不規則的雲底

會下雨嗎？這是很常被提起的問題。長期預報的關鍵在於雲和鋒面（前面的章節），而我們常常會發現自己盯著一朵雲，思考它是不是即將把我們淋溼。

雨很少會從小積雲落下，尤其積雲的寬度大於它們自己的高度，那更不可能產生雨。但我們可以藉由研究雲的底部來更科學地探討這件事。如我們所知的，所有雲的底部都標示著高度，在這個高度，若是氣溫夠低的話，就能讓大氣中的水氣凝結，意即「露點」。因為這個高度似乎是一致的，生成了平坦底部的雲。同時也意味有著不規則底部的雲，正試圖想要告訴我們什麼。

我們都習慣雲會給予雨水這個概念，雨生成雲是鮮為人知的。當雨降下來，它會冷卻雲下面的空氣，導致更多的凝結，並在主雲的正下方形成鋸齒狀的新雲區域，這使底部呈現出一種帶褶邊的粗糙外觀。因此，積雲有平滑的底部代表沒有降雨，而有著不規則底部的表示正在下雨。這些不平整的雲碎塊，有個為人所知官方名稱——碎片雲（pannus），並被形容為附屬雲（accessory clouds）。它們是雲的足跡，並且可以在所有下雨的雲底下找到。

不論雲顯得多麼暗，只要有平整水平的底部和良好的能見度，就表示雨不可能降下來。

雨鬼

偶爾你會看到雲的底部掛著絲縷狀懸垂物：雨旛（virga）。這是在落地前就蒸發的雨——也就是我們有時候能看見，但不曾感受到的雨。雨旛由雨滴或冰晶形成，它們只大到足夠掉下來，但不足以通過下方的乾燥空氣到達地面。如果雲層有強風吹拂，可以看到落在雲後面的絲縷狀懸垂物，這是因為它們被吹落至下方較慢的風中而形成的景象。這個情況在熱且乾燥地區最常見，但在其他地方也能看見懸垂在雲底的雨旛。雨旛是一個介於兩者之間的跡象，條件幾乎符合降雨情況，但空氣中還沒有足夠的水分。如同許多天氣跡象，雨旛在注意天氣趨勢上最為受用。滂沱大雨後時常能看見雨旛，且是天氣狀況變好的跡象。但是當雨旛出現在晴朗的天空後，代表即將下雨。

雨旛拖掛在母雲身後的方式，讓我想起飄在地面的卡通鬼，它們的下半身也會這樣拖掛在後。結合雨旛雲同時代表下雨和不下雨，使我將它們想像成是「雨鬼」。

毛毯或淋浴

毛毛雨、細雨、蘇格蘭的薄霧，有很多關於雨的詞語，但它們主要是指雨滴尺寸的微小差異或能見度。有些人將毛毛雨定義為小於〇．五一毫米的雨滴，並且可依據能見度被分類為小、中或大毛毛雨。

如果你在寫專業報告或喜愛玩弄一些晦澀難懂的字彙，這些定義可能會派得上用場，但它們不會改變我們所看到的東西或是背後的意涵。身為跡象解讀者，我們想要避免被名字所困擾，並且將事物單純化。我們會專注在關鍵事實：只有兩個類型的雨，毛毯雨和陣雨。這兩個詞聽起來都不準確，但它們有很重要的差別：毛毯雨是寬廣的且持續相對較長的時間；陣雨是短暫的。

這兩個字都和雨有多大無關。「陣雨」通俗來說指的是小雨，而實際上這個意思滿準確的。陣雨可以是傾盆大雨，或流在擋風玻璃上輕輕的雨點，但在所有的狀況裡，它們都是短暫的。你不可能遇到持續一個小時的陣雨。

為什麼毛毯雨和陣雨的差異如此重要？你會回憶起如毛毯般的雲（層雲家族）和鼓鼓的對流雲（積雲家族）。而當知道這兩種雲與我們經歷的兩種類型的雨有關時，你不會感到驚訝。一旦確認它的類型和母雲，可以知道很多關於那個雨的形成和歷史，促使我們能立刻推論、預測很多事情。

只是簡單地將雨分為毛毯雨和陣雨，就等同去了解和辨認兩個不同的物種。是一個公平的比喻。如果某個人不熟悉我家當地樹林的鹿，他可能在看見棕色的四腳動物在一段距離外跳開後，會說：「看！是一隻鹿。不知道我們是否會看到更多。」但當知道這片樹林裡，你只會看到麞鹿（roe deer）或黇鹿（fallow deer），並且學會一些小技巧去辨認牠們，我們可以說「看，是黇鹿。

其他的黇鹿在哪裡？牠們一定會在附近的某個地方。」一旦我們知道黇鹿是群居的，且很少會找到落單的，光憑看到的一個現場，很快就能用來預測其他的事情。同樣的方法適用於雨雲。

當我們看到、感受到、懷疑或知道雨即將到來，我們只需要確認它是毛毯雨或陣雨。如果是前者，它會下很久，大約是小到中的強度。如果是後者，會是短暫的，但強度會是從小到非常大。如果我們看到層雲，會傾向推測為毛毯雨；如果看到鼓起堆高的雲和一塊塊的藍天，可以預期會有陣雨。在兩種情況，雲的深度和顏色會提供更多細節。

如果你懷疑陣雨即將在某個區域發生，請經常去確認積雲。它們的數量、形狀和尺寸會快速地變化，但一般來說，如果積雲多於藍天，就有可能會有陣雨。

說到層雲，當攜帶雨的雲層抵達時，高度會逐漸變低，然後擋著其他的雲，使其他雲消失在我們視線。在這個狀況下，你可以尋找那一層的顏色與質地的差異，同時需要持續關注風向、對鋒面的理解，才能有更廣泛的方式和進展。

前些日子，我和一個小型攝影組一起在山上。我們正在錄製一套線上課程，以便我在COVID-19疫情期間遠距上課。我已經觀察了逐漸疊高的積雲一整天，並且知道下午會發生什麼事。我毫不意外在靠近山頂的地方，會有一場傾盆大雨加入我們的行列。乾掉的水坑開始被填滿，雨聲每秒都在改變。

攝影師很擔心他的裝備，這是可以理解的。我們盡力地用雨傘將它遮住，但雨太過猛烈，並伴隨著陣風打在雨傘上。雨傘彎曲變形，攝影師的臉也扭曲了。每當我們發現身處在豪雨中，可以在心中提醒自己它的特性，這樣的想法可以幫助到你。

我提出了一個違反所有人本能的主意，讓攝影組跟著我走到小徑上，然後我們在一分鐘以內走出那場陣雨。透過陽光，我們可以看見大雨滲透進我們先前站著的土地。陣雨起點線非常地清楚，以至於我很確定我可以一手伸進雨裡，一手碰觸陽光。

地形雨

現在，我們很樂意將雨分作毛毯雨或陣雨，並且對這會為即將到來的雨其長度與密度給予一點提示感到開心。下一片我們要看的拼圖是，如何將之應用在我們的景觀上。

景觀對於降雨一個最大的影響是土地的形狀。當潮溼的空氣被往上推到一個高地，它會膨脹並且降溫，水氣凝結，形成水滴。當這個過程導致降雨，就會出現「地形雨」。

接近飽和的空氣只需要小小隆起的陸地就可以形成雲，而更乾燥的空氣可能需要一座山。但因為所有的空氣都包含水氣，所以高地有可能製造出攜帶雨的雲。

不論我們身處何處，物理學都未曾改變，你會在世界各地看到相似的模式。任何一座山的峰頂和迎風面，會比下風處的雨還要多。在蘇格蘭高地的部分地區，西側迎風面的雨量是東側背風面的六倍。

昨天下午，我度過了愉悅的一個小時，看著小積雲被風吹上薩塞克斯山丘，慢慢地鼓起和膨脹，然後在背風處逐漸消失。雲會持續成長，直到它們通過最高的地點，然後再次縮小。在幾分鐘內，我可以看到它們的形狀改變。在這種情況下，空氣不夠潮溼或地不夠高，將無法使它降雨，但距離降雨的條件並不遠。山丘再高個一百五十公尺或有更潮溼的空氣，可能就會降雨了。

科技作弊

有一種運用科技的詭祕方法，能幫助我們更加理解地形雨。在世界的許多地區，很容易找到線上天氣雷達。網站顯示很多天氣現象的動態地圖，包含降雨在內，大約每五分鐘會更新一次。雨水善於反射回雷達，會根據降雨密度以不同顏色出現在地圖上。

我使用的一個天氣雷達系統，雨量小於每小時〇．五毫米的時候，會顯示藍色小點；每小時二到八毫米時，會顯示黃色和橘色；大於十六到三十二毫米則會顯示洋紅色。當攜雨雲經過山丘地帶，你會在雲接近山脊時看到顏色改變，從小雨到大雨，然後再變回更小的雨。當你身處乾燥溫暖的地方學習雨的知識，會有種間接感受到的愉悅。當我寫下這句話時，沒有任何雨降在我的小屋上，但利用系統看完薩默塞特郡門迪普山的某個區域時，感覺像是好好的泡了一個雨水浴。

迎風的西南邊在雷達圖上呈現橘色，但東北邊只有幾個藍色小點。

如果你在幾個月的時間裡養成做這件事的習慣，你會開始去注意，有時候高地對降雨地圖的效果是顯著的，而在其他時候幾乎無法察覺。很明顯地，高山比平緩的山丘更有影響，但只要空氣夠溼潤，我們就可以在任何地方找到雨。

兩座山丘的雨

我們已經準備好將主要的拼圖拼在一起，我們需要回到雨的兩種類型：毛毯雨和陣雨。層雲和它們帶來的雨，是由廣大的大氣狀況和鋒面所形塑的，鋒面分布在非常寬廣的區域，通常是幾百公里。積雲是當地的現象，被短距離內的差異形塑，並反映出幾百公尺內的景觀變化。

毛毯雨橫掃過大地上空。幾百公尺高的土地對於這個巨大系統的影響是不多的。的確，在迎風面會有較多的雨，但通常會是很少量的，雨勢稍微大一些，持續時間更久一點，但並沒有很大的差別。

但是，如果我們預期是陣雨，高地的效應可能會更明顯也更關鍵。出現積雲，表示著空氣是不穩定的。大氣如果是不穩定的，只等著某個事物開啟先端。先前我們看到了局部加熱的差異會導致增高的雲，而往高地移動的空氣也會做同樣的把戲。

當高雲到達山丘，它們突然開始長得更高就有可能會在高地上出現傾盆大雨或是大雷雨。所有的景觀都對陣雨有很大的影響，但只有巨大的景觀，如山脈，會對毛毯雨有主要的影響。

如果你可以找到一個地方，足以讓你經常觀察雨雲經過相同的山脈，那麼很快就能體會到高地上的陣雨和毛毯雨的不同。

透過練習，你開始能夠注意平緩山丘上層雲的顏色變化，甚至是雲的質地和形狀變化。但在你欣賞它之前的好長一段時間，你應該觀察平緩山丘的迎風面以及山峰頂，陣雨是如何增長消短。仔細地觀察，你會發現雲底在靠近山峰頂的時候是最暗的，尤其是山頂有樹林的時候。這是尋找雲底跡象的時刻：不規則的底部，再來是碎片雲、雨旛雲，然後是雨。

影子和焚風

當山的迎風面收到遠大於背風面的雨，會產生副作用。這個對比創造了「雨影」，一個在背風面的區域，因為雨水遠少於迎風面，影響了那片區域的自然狀態。許多山脈的東側都有雨影，像是英國的本寧山脈、歐洲的阿爾卑斯山和北美洛磯山脈的一段，以及內華達山脈。

我們研究雨時，要知道有一種風和地形雨密不可分。雨降到山上後，空氣會在背風面往下沉，但它是更加乾燥的。它在下沉時，也因更高的大氣壓力被壓縮，變得更加溫暖。這個溫暖乾燥的空氣溢滿低地，創造出雨影。這道溫暖、乾燥、背風面的空氣叫作「焚風」。在焚風非常明顯的地區也會有當地的暱稱。在洛磯山脈的東部，稱此為奇努克風（Chinook）或「食雪者」；在利比亞的是吉卜力風（Ghibli）；安地斯山脈是宗達風（Zonda）。在英國坎布里亞郡的焚風則稱為山頭風（Helm wind），是英格蘭唯一有當地命名的風。

焚風的空氣遠比山丘迎風面的空氣乾燥許多，所以它能夠讓雲消失，即使是在一個多雲的日子。這導致山頂背風面的灰色天空裡有一道藍色的溝，叫作「焚風溝（foehn gap）」。如果條件對地形雨來說看似完美，但你卻沒有看到任何雨的話，請在上風處尋找任何的大山丘。如果你找到了，那麼溫暖、乾燥的焚風可能正在吹降到你所在的地區，這使得陣雨不可能出現，因為你身處於「焚風溝」中。

焚風效應聽起來很溫和，但卻令人印象深刻。它幫助了歐洲大陸的許多野火創造了條件，也是美國紀錄上在二十四小時內溫度變化最劇烈的幕後推手。在一九七二年一月十五日，蒙大拿州的溫度從攝氏負四十八度上升到攝氏九度！

陸地和海洋

兩個主要促成攜雨雲的原因是，太陽對一些地區的加熱大於其他地區，以及地面強迫溼潤的空氣上升。陸地總是被加熱地很快，且溫度高於海洋。這給予我們一個最大和最簡單的跡象：陸地的降雨多於海洋。

地中海的陣雨是很稀少的，但陣雨在環繞地中海的陸地相較下更常見。在薩塞克斯的當地海灘，我們常會看到陽光下的帆船，而陣雨則降在懷特島與海靈島，以及我們的烤肉上。

季節性思考

雨有季節性的因素。大部分地區冬季的降雨會多於夏天，但使某些人感到驚訝的是，我們在夏天有多於冬天的陣雨，因為陽光更強烈的加熱，以及冬天的空氣更冷——冷空氣保留較少水氣。冬天陣雨的雲是較淺的，含水量較少，而夏天陣雨雲就較深且高聳如塔。

在很多地方，陣雨和毛毯雨的差異在於雨的季節性特徵。這意味著當我們藉由一個地區的月降雨量，來判斷是否為「多雨性（raininess）」時，需要小心下結論。如果地點A在八月接收到地點B一半的雨量，我們可能會認為它是度假好選擇。但如果地點B雨天的天數只有地點A的一半呢？幾小時毛毛雨的雨量，等同於五分鐘的傾盆大雨。有些高原、有樹木的山丘或靠近海岸的城市，以看似永無止盡的毛毛雨而惡名昭彰，但總雨量圖可能會誤導大家。邁阿密接收到的雨多於西雅圖一半，但它同樣擁有多於西雅圖一半的陽光時數。

熱帶地區因這種反差而惡名昭彰，而在旅遊產業為人所知的是，在雨季末去旅行，相對來說是很划算的。如果你樂於在一天中有一或兩小時的潮溼天氣，剩下的則是熾熱的陽光，那麼就可以去嘗試討價還價。雨的統計數據可能很極端，但是經驗會完全不一樣。

雨滴的分析

在層雲和積雲中，雨愈大，雲層會愈深。在這些類型的雲中，雨以不同方式形成。在層雲，一個「暖雨」的程序正在運作，數百萬個小水滴彼此碰撞，形成漂亮的雨滴——這就是為什麼需要深色的雲來形成大水滴。在較高的積雲，如積雨雲，水滴結凍，然後「冷雨」形成：大量水滴快速地在冰微粒上凝結。

最大的雨在積雨雲。它們的高度足以達到水會結凍的程度，一旦冰形成，大雨滴會在冰微粒核的周圍形成，叫做「凝結核」。這就是為什麼最大的雨滴感覺驚人的冷，它們落雨前曾是冰。沒有高且結凍的雲，在熱帶地區以外是不可能有豪大雨的。

不論你在世界上的哪裡，雨滴都有最大的尺寸。科學家運用一個我們難以理解的、生活中不需要的複雜公式，證明了一旦雨滴大於約六．二毫米，它們會破裂。而我對雨滴尺寸比較不科學的定義是從「額頭上的汗水」到「鼻水」。

大雨的確用更多力量打在我們身上。一個物理的法則表示，當重量摩擦比增加，終端速度也會增加。換句話說，如果你從一個建築上丟下同樣大小的玻璃彈珠和海綿球，彈珠會持續加速至一個比海綿球還要快的速度。雨滴愈大，重量摩擦比愈高，能夠移動得更快。一滴兩倍大的雨滴會更快速地打到你。你感覺被更大和更重的東西打到，這感覺沒錯，但它的效果是混合的，因為它也移動得更快。較大的雨滴，在各個方面都更具衝擊力。

小鎮、林地與懸崖陣雨：邁向更精美的藝術

一旦你享受觀察兩種雨的類型，以及它們與高地之間的關係，表示你已經準備好去尋找更有趣的陣雨。與開闊的農村土地相比，在城鎮和林地的上風或下風處會出現更多的陣雨。

如果空氣是溼潤且不穩定的，那麼太陽在小鎮和林地加熱的地方差異，足以促進陣雨雲生成。如果風很少，雨會落在城市或林地，但微風會將雨推到下風處。

落在城市和出現在林地的陣雨，兩者既相似又有不同之處。城市的氣溫都比周邊地區來得高，是因為太陽加熱了城市裡的柏油路。這種影響會因生命產生的熱量而加劇，產生了「城市

熱島」，城市的溫度高於周遭郊外地區，光是依靠太陽加熱是無法做到的。相關事情，我們將會在第十七章「城市」來探討。

「方位」在城市和林地的陣雨之間扮演重要的角色。因為陣雨需要太陽引發的溫暖、上升的對流空氣，所以在下午時發生降雨的機會提高，特別是太陽充分地將土地加熱後的時段。因此，在丘陵地區，這個現象更有可能在南向西的土地發生，因為這些斜坡在下午處於充足的陽光下。在林地和城市，原本的雲逐漸消失，然後新雲在原處生成。

陣雨有時候在懸崖上形成。懸崖並不會像平緩的丘陵一樣，讓風溫柔地上升。它們使風絆倒，風被送到一道旋轉的垂直渦流。在這個循環的頂端，可能導致雲和陣雨的形成。風有時是漏斗狀的，然後被迫向上穿過懸崖或其他地形的縫隙，如煙囪和拱門。每一條海岸線都有自己獨特的形狀，並在某

太陽加熱了機場的停機坪，創造出強烈的上升熱氣流和積雲。低空的雲底表示潮溼的空氣，而雲的形狀顯示它相當不穩定。不久後就下雨了。

些點創造雲和陣雨。

使用上述的方法，可以觀察你未曾見過的景觀，並對陣雨做出有用的預測。有時候你會是對的，但是一些變因聚合時可能會產生誤差，其中某些因素，比如溼度，是我們無法完全感知。你可以利用時間觀察同樣的景觀，並注意事情的發展，您將讓自己提升到更高的預測水準。

如果你熱衷於培養這種藝術，或許可以找一個能定期造訪、較高的海拔地區。各個方位的視野愈好，這個練習帶來的成效愈高。霍爾納克風車給予我很好的視野，在大部分的方向能看到二十公里（十二英里）的範圍，越過山丘、小鎮、樹林、島嶼和海岸線。我從這個地點學習到更多關於雲和陣雨的形成，多於其他地方加總起來的量。

考慮陸地的形狀和特質、風、溫度、空氣的感覺，做出你的預測，然後享受實際會發生什麼。你會發現，每次從某個地方吹來一陣悶熱的微風時，都會出現陣雨。也有更稀少且更變幻莫測的地點。你會發現有告密的陣雨：如果它們在某些地方發展，也幾乎可以保證它們同時也在其他地方形成壯大著。

08

樹林裡的獵犬

荒野真理之家・樹冠微風・獵犬・煙的六種形狀

我在山腳下遇到追蹤專家約翰・萊德（John Rhyder）。他向我搭話，因為他想做一份比較風在林地怎麼吹的筆記，他心中有道未解之謎。

我們並肩走進南唐斯一片小山重重的林地，約翰會在此處上追蹤課。他向我解說著，倘若有兩道山脊，有個妙招可以得知黇鹿（fallow deer）將會躺在哪邊休憩。約翰明白黇鹿喜歡山脊上哪個區域，但他仍想找出小鹿每次挑選床位的邏輯，且確信風在當中參了一腳。

陰鬱的灰色層雲如地毯般鋪滿整片天空，風很輕微。被陰暗的天空籠罩的林地，搭配細微的風為世界任何地方的自然導航帶來難題，迫使我們將注意力轉向更細緻的線索。我停下腳步確認自己的確切位置。樹的顏色分布是天然的指南針，我們站在一片年紀尚輕、年約五十歲的山毛櫸樹林，有足夠的光線透進來，使得我們觀察南北側時，顏色的對比清晰可見。

看看南邊，樹顯得更翠綠，瞧瞧北邊，樹看起來更「乾淨」。因為在正午時，從南邊照射而來的陽光被樹幹擋住，樹的北側保持一點溼潤，藻類藉此蓬勃生長。藻類妝點了樹的北側，南側則較乾淨，只有零星的藻類*。

有了相當可靠的指南針，我立刻找一道樹蔭的開口，抬頭看向雲。在我們專心觀察天空之前，那兒只是一片一成不變的灰毯。顏色總有些許差異，像色調差異性、一條線隔開了兩種不同的灰或低處的雲與高一點的雲擁有不同顏色。這些現象足以透露雲正朝何方移動。

我注意到雲的邊緣十分崎嶇，代表雲的底部破碎不均，待會可能會下一點雨，一整片的灰毯暗示著即將到來的是毛毛雨。我試著去推測雲的高度，此一舉動或許能為我們提供一些天氣的趨勢，但在樹林裡監測天氣變化相對困難。在冒險深入樹林之前，我看到雲的底部正好在遠處山丘的緩坡之上。

一條小徑引領我們深入樹林，手腳並用地爬過被風暴颳落、擋在路中間的樹幹。它在最近一

---

*讀起來有點矛盾，因為當我們向南看時，會瞧見樹木的北側，反之亦然。

場大風吹拂下倒地，是個強力指南針。與這個區域傾倒的樹無異，它們都由西南指向東北，與英國多數風暴颳過的風向相同。小徑蜿蜒且分岔，我經常回頭瞧瞧。走在七彎八拐的道路上，往後看是好點子，賦予了我們看向路線的第二種視角，且有助於大腦彙整資訊。我不清楚是否存在能解釋這個現象的科學原理，但我能說這個習慣似乎能讓大腦完全不同的區塊去記錄所發生的事情。或許前方的路是未來，後方的路是過去，大腦會將它們分開處理。智者的教誨說，人生的旅途上，當下與未來比過去更為重要；但在自然導航的領域，懷抱著過去才能邁向更美好的未來。

荒野真理之家

拋棄了林間小徑，爬上一段陡峭的山坡，不久後，我們與「荒野真理之家」相遇，我總是笑著如此稱呼它。我的視線往四面八方飄忽不定，最後落在了樹枝的形狀上。仔細地注視山毛櫸的樹枝，我用比較的方式發現上部的枝枒向南彎曲，下半部則沒有此一現象。我沉浸在大地塑造光線的示範中，令人愉悅。我們位於高地較為陡峭、被巨碩的樹木包圍的北側。樹冠向來自南方的光線敞開，樹枝的形狀反應了一切，它們朝著樹的南邊水平向下彎曲。不過，同一棵樹較低處的樹枝受到樹蔭的遮蔽，就沒有這個趨勢。

好一陣子，我的視線在高處的樹之間來回逡巡，就像隻紅毛猩猩。約翰將目光鎖定在接近腳邊的位置。他指著某處，一隻獾正撥開樹葉，往泥地裡尋找食物。在這個略顯粗魯的跡象附近有個可愛的線索。彎下腰，約翰指向一塊顏色有細微不同的森林地表。枯萎的山毛櫸樹葉呈現一片淺棕色，在那之間有一塊小於一顆李子大小的深褐色。那是鹿的足跡，這些相近的深色點點指出了鹿下山的途徑。

如同許多跡象，現在看來如此明顯的線索，卻可能在經過時被我忽略，因為我將目光放在高處的樹枝與雲朵。柔軟泥濘中的鹿蹤跡呼喚著我，無需傾注過多的注意力就能發現它的位置。然而約翰跟我說了一件我未曾在意過的事情。像鹿這種沉重、腿部纖細的動物踩到樹葉時，樹葉會朝上彎曲，在路上留下一條指向天空的樹葉小徑，這是悖離地心引力的異常排列。一片落葉永遠不會以葉端落下。跡象如此多，箇中邏輯簡單又可靠，現在，跡象在我周圍的落葉中閃爍著光輝。或許小鹿曾走過粉色溼顏料。

幾分鐘過去，約翰與我專注在各自偏好的跡象上，他帶來的情報用處多，卻又顯得十分不同。我與其他專業領域的專家散步時也經常迸出這種火花，並帶出令人激動的複雜情感。何其快樂，何其可怕！到處充滿能讓我感受且尋找意義的線索，但同時意味著我曾錯過多少東西！

我創造了一種稱為「荒野真理之家」的思考實驗，以兼容兩種情感。荒野的智慧與真理被放在一棟大房子裡的巨大桌子上。沒人能進到建築物裡，只能站在外頭試圖去窺探桌子上擺著什麼。我們悄然湊近房屋找一扇窗向內偷看，桌子雖然遠，卻能讓人辨識出桌上的物品。後退幾步，在房屋四周走動，找下一扇窗再往裡瞧。從另一個角度，我們依然能看見前一扇窗瞥見的東西，參雜著一些新發現。沒有任何一扇窗能展現桌子的全貌，但可以從每一個視角獲得一些資訊，漸漸拼湊出桌上彼此相關的每一個角落。這是一個巨大的立體拼圖，幸運的話，我們能找到足夠的拼圖碎片，將它們結合在一起，建構起概念的全貌。

光線、風、雲、樹的形狀、樹葉的角度、貛和鹿的行為……這只不過是我們從幾扇窗戶獲得的線索罷了。

樹冠微風

在我們去感受微風那若有似無的跡象前，位於山丘底部、高地的背風面曾有片刻的寧靜。空氣不是靜止的，只是我們無法覺察到那道風。科學一點，我們可以模仿熱帶草原的追跡者，從塵埃觀察最微小的氣流運動。它揭示了一個既定的事實：空氣恆常流動。

往山丘上走，行經暗處，老杉樹擺出恐嚇架式，倏忽間我察覺到那道輕微的風。佇立在樹林間，厚厚的雲層下持續撫過的輕柔微風，彷彿一隻友善的手，輕輕搭上自然導航者的肩膀略作休息。倘若我們停下腳步，聚氣凝神感受它，會有另一隻友好手臂伸來，修長的手指指向前方的道路。

我問約翰是否也感受到這陣微風，他說有。我們都是對風敏銳的人，它是我們繪製個人地圖的重要部分。我在山丘上下來回走動，測量微風的方向、特性與強度，直到我理解它從何而來。

愈往高處走，風面臨的摩擦力愈小，照理來說風會更強勁，然而這道風卻不是如此，讓我確信有除了海拔高度以外的事物影響了它。這道線索就藏在景觀裡。尋找微風突然冒出來的確切地點，我向外看，它創造的地圖映入眼簾。我們的所在地比主要的樹林還要高，望向風吹來的東北方，雖然我們仍被杉木與山毛櫸包圍，但的確爬升至比底下樹林的樹冠還高的位置。事情的發生總有原因，這道微風就是個強烈的跡象，表示我們已經到達新的風域。

不久前，我們遇見鹿——一大群鹿。就在

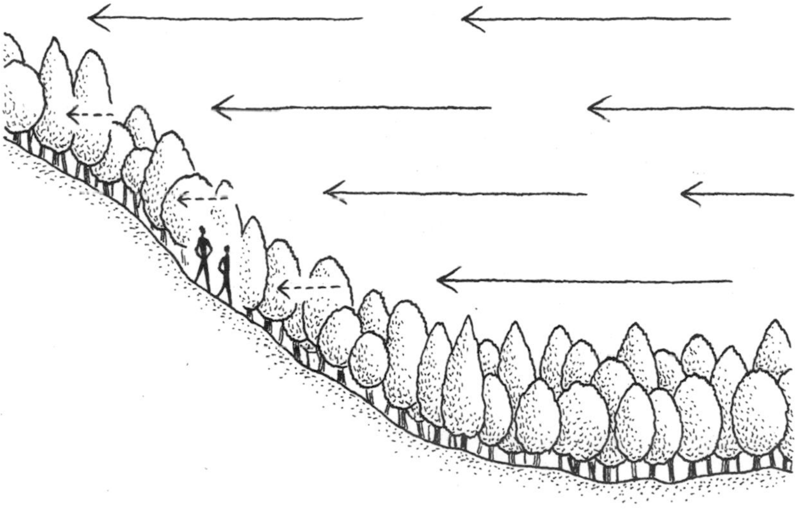

樹冠微風

我們接近牠們、聽到牠們從灌木叢逃跑時蹄子踩上樹枝發出的喀擦聲響前，數十隻黇鹿早已佇立在我們上方。一頭巨大的雄鹿在自己的地盤警戒著，朝我們的方向睥睨幾分鐘，直到我們放鬆如雕像般的僵硬姿勢，牠的身影也隨之消失在杉木林。

我們走到鹿群原先在吃草的地方，找尋牠們選擇停留在山脊此處的小線索。當時牠們在熱愛的荊棘灌木叢（bramble）上吃草，到處都是被嚙咬過的痕跡。荊棘灌木叢在陽光照射到的空地蓬勃生長，其中還有幾十株阿爾泰鐵角蕨（hart's tongue fern），是這個區域唯一的單蕨葉蕨類；其他蕨類，如歐洲蕨（bracken），擁有數以百計的分支蕨葉。能在山毛櫸樹林環繞的白堊岩山丘上看見阿爾泰鐵角蕨甚是怪異，它偏好潮溼的土壤，也是高齡林地的代表植物。這個地點並不符合上述條件。成因是謎，但我思索在該如何將它應用在自然導航。阿爾泰鐵角蕨在陰暗處呈暗色，曝露在明媚的陽光下會呈現淡黃綠色。向北坡顏色較暗，向南坡則較明亮。

又一道樹枝的喀擦聲，我們看見六隻黇鹿站在空地另一邊，我們似乎破壞了鹿群的和諧，使牠們兵分兩路。鹿群肯定會繞過我們，與牠們的兄弟會合。唯一的問題是，要走哪條路？最後牠們奔向了風。

我們站在蕨類和荊棘灌木叢之間，將鹿群選擇此處的原因拼湊在一起。主要的構件都有了，樹叢環繞的山丘空地有豐沛的食物來源。但這點約翰在我們出發前就很清楚了。但為什麼是這個山丘，而不選另一個山丘呢？我唯一想到的邏輯是，我們在停車場的下風處，意味著此處是人類與狗活躍的地區，風將這道氣味帶到空地的高度。鹿站在高處，從氣味描繪出最接近的威脅地圖：人類和狗。但這是否為真正的原因，我們不得而知。有更多扇窗待我們去窺視。

獵犬

前文說到人類與狗的氣味如何翻山越嶺飄到鹿的鼻子裡，我與約翰也因此開啟新話題，與搜救員、氣味追蹤犬所使用的技巧有關。約翰提及了某個聽起來熟悉卻又怪異的東西。狗狗的反應與天氣跡象有許多交集。

搜救犬訓練專家必須留意最細微的風與天氣跡象，雲與微風的解讀裡乘載了某個人的生命。在你花時間思考動物們必定遵循的足跡後，對於微風、炊煙的看法也會有所改變。

搜救犬訓練專家解讀景觀的方式，大多建立在我們探討過的輻射、加熱、逆溫、層流、亂流、上升熱氣流和渦流當中。狗狗的靈敏度與技巧遠比我們傑出，跟隨著牠們的追蹤或許會讓人自嘆弗如，但讓我們從基本技巧做起，嗅覺駑鈍的人類也能透過一些條件達到搜救犬的追蹤技巧。

試想一下，有一位傷患在半山腰失去意識。風穩穩地吹，搜救犬就能在傷患的下風處嗅到氣味。但究竟在哪兒？無論搜救犬或訓練專家都無法得知確切地點，他們該怎麼找到傷患？順風走的幫助不大，逆風而行也沒比較好，這都僅代表人犬朝味道平行移動，並非實際靠近。唯一合理的方法是追蹤風，朝與風向垂直的方向前進。

沙漠是乾燥、渺無生氣的環境，意味著氣味的基線很低。任何強烈的味道都會更加突出，即便人類也聞得出來。倘若你在沙漠裡跨風而行一段時間，最後會聞到炊煙的味道。面對風，順著氣味走，你會找到圍繞篝火坐著的人們。

講到這都還挺簡單易懂。不過，有時搜救犬剛好在一個正確的地點，輕易易舉地嗅出傷患的味道，有時則沒這麼幸運。人類每分鐘散發出四千個極細小的微粒（這很迷人，我懂），有些會下沉到地面，但更多的是懸浮在空氣中。如果你有搜救犬的嗅覺，會發現微粒散發出難聞的味道。那是相當獨特的氣味，嗅覺靈敏至極的狗狗甚至可以靠它辨別看起來毫無二致的雙胞胎，也能在病患覺察到自己的症狀前，就嗅到疾病的存在。

挾帶著氣味微粒的空氣飄過搜救犬的鼻孔，是牠大展身手的時候了。氣味微粒開啟了狗狗大腦裡的霓虹標示，指向傷患的位置。但如果搜救犬錯過了這團空氣，牠便毫無線索。所以搜救犬必須在風中持續追蹤，直到牠嗅出味道。

我們忘了另一層面，味道有時會循著地面飄過狗狗鼻前，但其他時候味道會向上飄，與狗狗擦肩而過。搜救犬或許能嗅到氣味並確實追蹤到方向，但卻陷入了氣味一再消失又出現的迴圈裡。訓練專家必須預測上述哪些狀況會發生，原因是什麼，再決定帶領搜救犬前往哪個方向。

答案在於太陽、大地、雲與風的解讀，是一種只能用藝術性來形容的方式。對人類來說，理解搜救犬追蹤的方式且要效仿牠，就必須跳脫狗鼻子，派出我們最強而有力的感官：視覺。幸運的是，煙就像空氣中的微粒，如人類的皮膚，化身為視覺標記，讓我們能用眼睛去追蹤空氣中最細緻的移動。

煙的六種形狀

讓我們從最簡單也最直觀的現象開始。風很輕微，大氣沒有特別顯著的變化。煙會往下風處飄，擴散範圍愈來愈廣，這個現象稱為「錐形擴展（coning）」，當我們看到錐形的煙出現代表什麼意思？錐形擴展的煙只會在平穩的大氣中出現，我們知道穩定的大氣裡沒有上升熱氣流，意思是低處的溫度並未上升，夜晚也沒有明顯的輻射降溫。雲朵鋪滿天空時最容易看到錐形擴展的煙，無論白天夜晚。這對搜救犬來說是一大助力。

想像一下此刻雲開見日。我們都知道接下來會怎麼發展：這個地區會愈來愈熱，上升熱氣流出現，大氣趨漸不穩定。某些部分的空氣上升，附近的空氣則開始下沉。煙被送上一列雲霄飛車，製造出一個名為「環狀擴散（looping）」的效應。

大氣相當平穩的時候，有時會出現逆溫現象，也就是暖空氣坐落在冷空氣之上。這使得煙無法上升也無從下降，從而擴展成一個三角形，就像錐狀的水平切片。此現象叫做「扇形擴展

（fanning）」，最有可能出現在一夜晴朗無雲後的早晨。沿著扇形擴展蔓延的氣味會與位置低於氣味來源的狗狗錯身而過。

一天之初，逆溫的現象稍縱即逝。當陽光溫暖大地，產生對流，形成了風，層層相疊之下通常會出現環狀擴散的煙。但旭日東升之後，扇形與環狀之間會迸發出有趣的現象。當太陽仰角較低，加熱地表的程度較微弱，在靠近地表的地方製造出一點不穩定性，影響不到大氣高層的部分。它輕輕攪動了底層大氣的局部地區，煙無法上升，卻能在靠近地表的地方下沉、混合。煙被夾在「玻璃天花板」、逆溫層頂部與地面之間，下沉的煙均勻地向地表擴散，這就是「燻蒸（fumigating）」效應。這種擴散方式使搜救犬能輕易地嗅到味道，卻難以找到氣味來源，因為氣味微粒已經被混合、擴散開來。

萬里無雲的晴天，太陽下山後，地表熱量被輻射出去，在靠近地面的地方製造出寒冷、穩定的氣層，但上方溫暖的上升氣流仍舊存在，「伸展型（lofting）」的煙就此而生，這是燻蒸的相反型態。煙會向上飄升並向四周擴散，卻不會衝破玻璃天花板到達下層。搜救犬只有在較高處才能嗅到氣味去追蹤方向。

雲朵稀疏的一天，太陽使上升熱氣流的作用更為旺盛，空氣由穩定走向混亂是可預見的變化。千變萬化的煙反映了大氣的改變：先是扇形擴散，然後燻蒸、環狀擴散，最後，垂直伸展。

倘若幾乎沒有風吹，煙能下沉到當地景觀的最低處，會出現「匯集（pooling）」效應。這

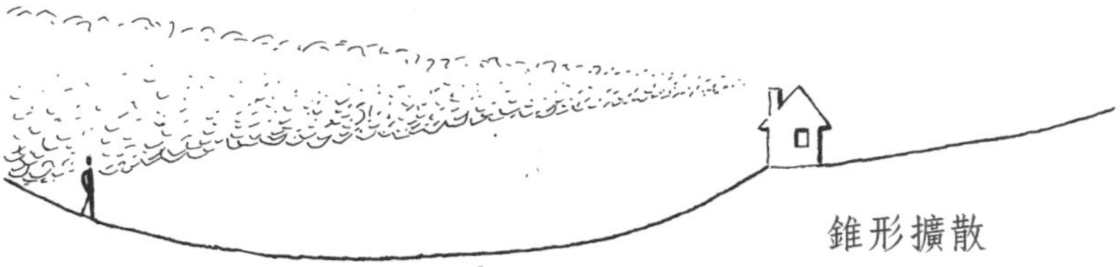

錐形擴散

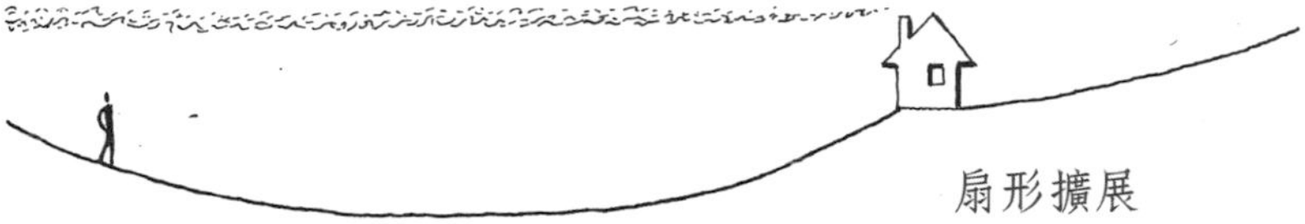

扇形擴展

燻蒸

環狀擴散

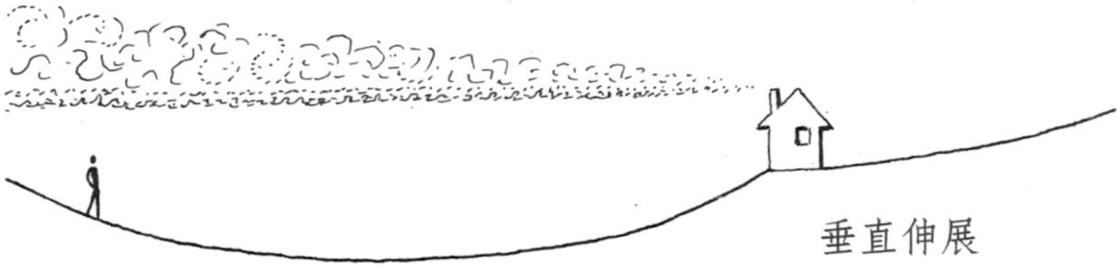

垂直伸展

匯集

對氣味追蹤來說是種阻礙，搜救犬可能會找到水池，但沒有風，氣味與來源之間斷了連結。

除了一般的大氣效應，當然不乏局部的大氣效應。如果風通過任何阻礙，煙看起來會像旋渦一樣，它會上升通過阻礙，像是樹或建築，如果它碰到任何強烈的上升熱氣流則會驟升。

我們漫步在樹林當天的條件形成了錐形擴散，因此鹿輕易地就聞到了我們的氣味，這可以解釋牠們選擇停車場下風處的山脊作為休憩點。我們也能享受牠們難以嗅到我們的日子，即便我們位於鹿群的上風處，仍可以與牠們來一場近距離接觸。

我們讓風吹撫右邊臉頰，走下山丘到我們停車的地方。從這裡開始，讓他方的味道或煙帶出你心中的獵犬。

09 冰雹和雪

狂風和經過・藍天下的雪・雪花・保證・溫暖的跡象・積雪法則・叛逆的雪丘・雪線

不管雨、雪、冰霰或冰雹何時從天而降，它們都在試圖告訴我們一個故事，冰雹說得最清楚：所有的冰雹都來自積雨雲，也就是風暴雲。如果我們看到或感覺到冰雹，那麼風暴雲就在你頭頂上了，大氣層非常的不穩定，也有可能會出現閃電。

水滴在上升過程中持續降溫，冰雹就會形成。隨著小冰粒的形成、變得夠重時，就會隨著地心引力向下墜落，如果沒有遇到任何障礙，它們會繼續落下，然後在抵達地面前的緩慢旅程中融化成水。但在積雨雲中，冰在下降的旅程受上升氣流阻撓並被送回高處，在那裡與更多的冰結合成更大的冰粒，一個小小的、年輕的冰雹就此誕生，它比先前更重了些，再度隨著地心引力而落下。根據上升氣流的強度，它要不是像個微小的冰雹一樣落下，不然就是再次上升，與其他冰粒結合後再次成長，循環這個過程。

因此，冰雹的大小是這個故事很重要的一個環節，冰雹的體積愈大，積雨雲裡的上升氣流就愈強，空氣愈不穩定，雷雨降臨的可能性更高，最大的冰雹（重量可能重達一公斤或直徑接近二十公分）是毀滅性風暴雲的跡象，或許冰雹沒大到讓你想找掩護躲避，但接踵而來的暴風雨會讓你心生此念。

冰雹裡的顏色有著它們自己的故事。冰雹在積雨雲裡像搭乘手扶梯般上上下下的旅程，代表著它們從頂層極為寒冷的地方，下降到接近底層溫暖的區域，然後再次上升。在靠近雲層頂部的地方，冰將空氣包圍在冰雹周圍的小口袋裡，賦予它們一層不透明的白色，在接近雲層底部的地方，水在冰雹周圍形成，迅速結成冰，結成冰的水有著不同的外觀，更接近透明。水和冰的外衣交替堆積，就像洋蔥皮般層層堆疊，這些層次記錄著冰雹的旅程。

大部分冰雹長得都差不多，但是看看地面上那些聚集的冰雹，你會發現一些非常奇怪的形狀，更仔細地研究它們，你會看到兩個或多個冰雹是如何融合在一起，塑造出新穎的、有時更超乎尋常的形狀。

狂風和經過

最近我協助籌劃了一場「男孩和爸爸們」之間的板球比賽（cricket）：我的小兒子和他的朋友們對抗我和其他父親們。那是在八月下旬，天氣預報非常糟糕，以至於許多人認為我們必須取消比賽，但相反地，我們改變了計畫，決定到沙灘上比賽，而不是在原先預訂的球場。

我們在寒冷的陣風和驟降的冰雹中打了三個小時的板球，每當冰雹從沙灘上彈起時，孩子和父親們都會左顧右盼、四處張望，似乎覺得有人會發出中止比賽的信號，但我每次都會說「冰雹不會持續太久」。

我有點擔心閃電，這讓我一直保持警覺，但我相當確信，冰雹持續的時間短到我們還來不及逃離就結束了。

令人高興的是，我們邊留意冰雹邊完成了比賽，有趣的一天沒有被冰雹毀掉。更重要的是，男孩們已經十三歲了，爸爸們都明白，這是最後一場在板球比賽擊敗孩子們的回憶。

我們都曉得冰雹源自積雨雲，而積雨雲是孤立獨行的，意思是冰雹不會下太久，所以地面未曾被冰雹覆蓋。你會發現，才剛看著從地面反彈的冰粒訝然不已時，冰雹就落幕了。可能還會有更多的冰雹雨，但我們需要等待下一片積雨雲。如果你正安全地躲在遮蔽物底下，思考著是否該衝進冰雹，或等待幾分鐘看狀況，等待會是個好計畫。

每當下冰雹時，積雨雲之間的間隙會造就瞬息萬變的情況。高聳的烏雲從我們頭上飄過，天空晦暗一片，風變得很強，能見度驟然降低。二十分鐘後，我們周圍的地板上點綴著許多冰球，但我們已站在陽光下，看著孤獨的黑暗巨獸順著風將冰球運送往他方。冰雹的旅程很戲劇化。

當我們欣賞完雨雲離去的樣子，往反方向觀看會是個好主意。若大氣條件能夠生成一個含冰雹的積雨雲，那大概也會產生更多的雲，我們能從雲的間隙洞察接下來會發生的狀況。條件允許的話，兩片高聳的雲之間的間歇時間是觀察景觀的好時機，也是獲得警告的機會：另一隻野獸正在前來途中。

藍天下的雪

你是否曾因藍天白雪感到費解？抬頭仔細端詳，天空中有幾朵雲，但雲朵都不在我們頭頂上，周圍的地面上卻遍布雪花。

大雨滴比小雨滴落下的速度更快，大的水滴較小的水滴擁有更良好的終端速度，因為大水滴的重量與摩擦力的比值較大，雪花的比值卻糟透了，它的重量很輕，摩擦力卻很高。雪花彷彿降落的羽毛，在抵達地面前的旅程十分漫長，漫長到它們的母雲已順風飄向其他地方，雪花才飄落到我們面前。

風也能載著雪花遠離雲朵，在吹著強風的山區，風能挾著雪吹好幾公里。造就雪的雲可能在雪接觸到地面前消散殆盡。藍天從不降白雪，但雪可以在藍天下飄到我們身上，那時雲早已遠走高飛。

雪花

像雨一樣，雪從層雲中穩定地飄落，或者從積狀雲中像陣雨般落下。在後者的情況裡，雪幾乎來自積雨雲。如陣雨般的降雪，強度可能很大，卻在晴空中間歇發生。

雪花的大小是溫度的線索，大略的規則是雪花愈大，空氣愈溫暖，物理原理易於理解：在非常冷的時候形成的雪花完全由冰晶構成，冰晶不是很黏，有著一層液態水的冰晶更黏，如果溫度足以讓水以液態的形式存在於雪花的邊緣，晶體會被覆蓋黏著，並允許更多冰晶層相互貼附，冰的薄片會愈疊愈大。

雪花變小是氣溫下降的跡象，不斷增大的雪花象徵著溫度變暖，並且暗示著雪就快停了。這適用於大多數的雪毯，但有一個例外就是要留意陣雪。從單個積雨雲中落下的雪花，在下降途中被重力排序，並且像雨一樣，比較大的雪花重量與摩擦力比值較佳，落下的速度更快。在陣雪中，看著雪花變小直到雪停一點也不奇怪。

肉眼很難辨認雪花的確切形狀，但有一種秩序之美，我將在這裡簡要地提及，因為在所有尺度上找到模式和意義能使人感到寬慰，即使是微乎其微的。

雪花的形狀非常精確地受到空氣中的溫度和溼度所控制。如果溫度或是溼度發生變化，晶體形成的方式也會發生變化，隨之而來的雪花就會看起來有所不同。例如，如果溫度保持不變但溼度增加，晶體將從六角柱變為空心柱，然後再變成針狀結晶。或是溼度維持不變但溫度下降，針狀結晶就會變成樹枝狀結晶。

最複雜、最精細且最美麗的晶體，僅在狹窄的溼度、溫度帶中形成。但通常雪花在雲的一部分中形成一個簡單的形狀，然後這個晶體移動到雲另一個條件相異的位置，晶體被添加了新的形狀，如柱狀體細緻的兩端都被戴上寬「帽子」。理論上，我們可以在寒冷的房間裡，藉助一台好的顯微鏡來研究雪花中相異的晶體，並且寫下它們圍繞著那朵雲旅行的故事。

保證

冬天比夏天更可能下雪，這點無庸置疑。但許多地方早春的降雪機率比隆冬時節更高，原因有二：第一，比起冬至，冬末至初春的海洋與陸地顯得更冷；其次，雪與季節深受氣團的影響，早春時節在各地紛至沓來的是旅經寒冷大陸後的空氣。冷氣團可以使天空降下六月雪，但一年中的任何時候，溫暖的氣團都不會帶來降雪。

預測會不會下雪以及何時下雪是種挑戰。我們集齊了下雨的所有條件，卻少不了特定的溫度。雪對溫度真的很挑剔，幾度的溫差就會改變雪的可能性、數量和形態。這意味著幾百公尺的高度會完全顛覆一切。老實說，有時我們能做的就是找出積雪和陣雪之間的區別。如你所料，積雪可能已持續了數小時，陣雪則是斷斷續續地下，無論何者都會被它們經過山的方式強烈地影響，和雨的狀況非常相似。

還有另一種觀察雪對溫度敏感度的方式，在許多鄉村，很難預測雪會落哪個確切的位置，因為它的溫度可能太溫暖或太冷。但在山上，我們可以扭轉局勢。走上山脈，溫度隨著海拔高度產生變化，如果你所在的地方對雪來說過於溫暖，降下來的就會是雨，但再高個幾百公尺的地方就會下雪，反之亦然。在地勢低的地方，我們得再三確認是否所有天氣條件都指向下雪。但到了山區，一旦我們斷定會有降雨，那肯定就會有雪，這只是海拔高度的問題。

溫暖的跡象

最寒冷的日子不會與降雪同時到來。前文提過，最低溫會發生在晴朗的天氣，通常是高壓系統籠罩的夜間。萬里無雲的天空不會下雪。

冬季，寒流通過後氣溫爬升更可能帶來降雪，這就是古老諺語背後的故事：「冰冷的風趨暖時，暴風雪即將來襲。」乍聽之下有點違背直覺，但卻進一步帶出這個原理：當雲層覆蓋大地，溫度會升高；雲層取代晴朗的天空是鋒面的訊號，鋒面會帶來雨水，為寒冷的冬季增加的下雪的機會。與所有鋒面無異，觀測雲發展成什麼類型與風的變化能讓天氣型態更加明朗。

積雪法則

雪堆積起來，開啟了它的新生活，一個充滿天氣現象的世界待我們挖寶。為什麼雪會在那裡聚集，而不是這裡？地面必須夠冷才能留住雪，先前我們也說過，有許多種方式能溫暖大地，主要從地底與地表。雪對溫度的敏感度與霜雷同，但它有一些自己的習慣。

比起土壤，雪更容易積聚在草地上。土壤是良好的導熱體，從底下吸收許多地球的熱能。人行道的導熱能力更為優異，所以對雪更不友善。你或許注意過橋梁或高架道路會比附近低地積雪更快，因為橋梁懸在空中，阻隔了來自地面的熱量，所以易降雪的地區常見「橋比路面先結冰」（Bridge Freezes Before Road）的交通告示牌。高架道路的積雪往往比河流上方的橋梁嚴重，原因在於河道上的空氣會被河水加熱，並上升到橋上。

深色的道路比草地或土壤接受更多來自太陽的輻射熱（即便是多雲的天氣），汽車進一步添加更多的熱量，這正是車道積雪之前，淺色人行道會更早蓋上雪毯的原因。總的來說，不同區域會按照順序開始積雪，當車道開始積雪時，兩側的路面早已覆蓋了厚厚一層雪。

雪花的尺寸會左右它們落地後的表現。大片雪花的黏性較強（邊緣被液態水包覆），它們會與地上其他雪花互相連結，只要地表夠冷，雪花就會緊貼在地面。小片雪花較乾燥，也不會互相連結，落地後被風吹走的機率較高。你可能看過形似保麗龍碎片的雪花，隨著風陣陣吹、亂亂飛。

叛逆的雪丘

颳風的日子配上乾燥的雪，景觀裡會冒出新的現象。風攜帶著乾燥的雪四處紛飛，倘若被障礙物攔下腳步，它們會逐漸聚積成雪堆。

閱讀雪堆是一門藝術，當你學會要去尋找哪些形狀，就更容易鑑賞雪堆藝術了。讀過我早期著作的讀者會特別熟悉其中一種形狀，風在波浪、沙丘與雪中雕塑出相似的形狀。無論是上述的哪一種情況，風都會創造出一邊平緩、一邊陡峭的小丘。風吹來的方向會出現平緩的坡度，背風面則出現陡峭的下坡。沙地或雪地裡可以找到數以千計個沙丘或雪丘，高度從幾公分到幾百公尺都有。

當你留意到一些雪丘出現，可以繼續尋找另一個不太知名的型態，我稱它為「叛逆的雪丘」，它藏身在阻擋風吹、較矮的垂直屏障，像是籬笆或樹籬。

風在整片景觀裡吹撫而過，創造出遵循規則的雪丘，迎風面平緩，背風面陡峭。接著風撞上籬笆或其他阻礙，倏地被絆住，並往下吹，垂直屏障的下風處形成漩渦，風向下捲，開始往「錯誤」的方向吹，逆著主風吹回屏障上。這道反叛的風捲起一些鬆散的雪，開始建造自己的雪丘——方向與普通雪丘相反的叛逆雪丘。在你懂得去尋找叛逆的雪丘時，會先把目光放在規模較大的例子，隨著你愈來愈熟稔，就能追蹤到規模更小的案例。我就曾在小石頭、犁溝，甚至是結冰馬糞的下風處看過這種現象。

在山上，雪總在移動。山脈和谷地在陡峭的斜坡上形成空曠與具有遮蔽物的混合環境。風在空曠處捲起雪，帶往有遮蔽物的地方放下，且通常是由山上往山下移動。即使雪融化後再度結成冰，攀附在谷地形成冰河，它仍在移動。

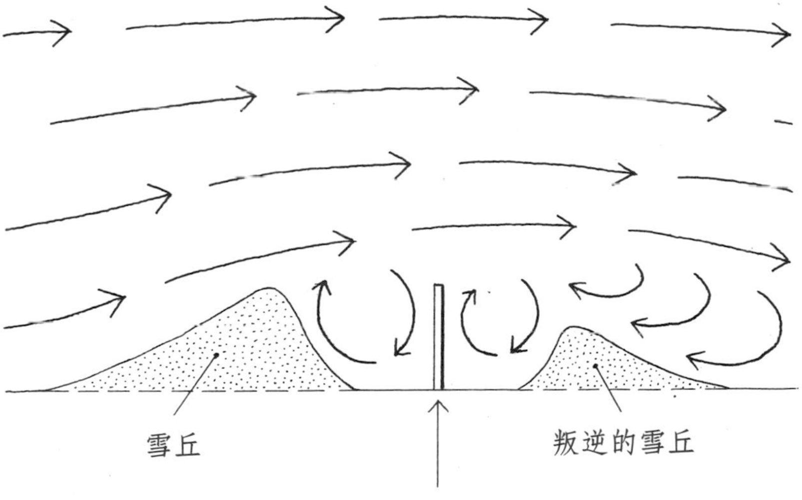

冬季時，空曠山區的雪會堆積在岩石、岩礁和灌木叢的背風面。春天來臨後，雪接連融化，潮溼了地面。在許多乾燥的山區，這些溼潤的地方是春季花卉與其他植物的庇護所，少了雪的澆灌，它們只得苦苦求生。

雪線

雪線，意思是積雪停止後，劃分出乾淨無雪的地區與積雪區的分界線。雪線受坡向、季節與氣候影響，向南坡的雪線較高，熱帶地區的雪線也比溫帶地區高出數百公尺以上。你能在南極的海上踏到雪，在熱帶地區卻得爬高好幾天才能瞧見它。雪線會隨著微氣候產生變化，暖和的地方風在高地上空匯集，一邊吹一邊吞噬積雪，使地表重見天日，雪線也隨之抬升。

生長在雪中或易受氣候影響的樹木，如拉普蘭地區（Lapland）的松樹，有著不同的樹枝樣式，其中透露了樹與雪之間的關係。樹枝被冬季的雪所覆蓋，會比雪上的樹枝更好，因為裸露的樹枝被冬季冷風與風挾帶的冰晶蹂躪，使樹木出現不同層次，夏季時分，堅韌、健康的低層樹枝揭露了雪在冬季積得多深。

在很多地區，生物在樹皮和岩石上塗上冬雪高度的線索。幾個世紀以來，山區居民觀察到一些地衣是如何在雪線以上的樹幹上生長，但在它們遇到最上層的冬雪時倏然停止。生長在山樺樹樹皮上的橄欖綠梅衣（parmelia olivacea）是最為人所知的測雪地衣。從科學家發現它並用來測量雪深將近一個世紀之久，但山區居民的使用歷史更為久遠。

許多山區植物仰賴雪織成的毯子，雪毯將熱量包覆在地表附近，免於輻射散失。也同俄羅斯人所說：「玉米蓋著雪毯，就像老人披著毛皮斗篷一般舒適。」位於波蘭、巨大的比亞沃維耶扎原始森林（Białowieza）中，樹幹上的常春藤標示出雪到達的平均高點。動物，如松雞和野兔以及一些勇敢的人類，也利用雪提供的溫暖毯子來求生存。

雪毯導致一種令人驚訝且具有潛在危險的情況。如果你在池塘或湖泊上發現厚到足以行走的冰，請提防任何積雪的區塊，冰會在雪的覆蓋下迅速融化，比周圍裸露的冰還危險。

每一種植物都是專家。在山上，每一種植物都反映了與雪的不同關係。在最低的斜坡上，多一點點積雪都將導致植物死亡；再高一點的地方，有些苔蘚能活過一年只有三個星期沒有雪的艱困處境。而一些不可思議、非常耐寒的植物，比如冰川毛茛（glacier buttercup），已經演化到可以在雪地中奮力生長。

在沒有屏障遮掩的區域，可以從每種植物身上讀到雪季長度的線索，因為每種植物都需要一定程度的無雪期。比方說，矮柳的出現代表每年至少有兩個月不會積雪。

10

霧

靈敏度，近和遠・兩種霧・尋找露水・水地圖・霧是一種預報・平流霧・上坡霧・蒸汽霧・霾・鋒面和能見度

一九九〇年十二月十一日，一位高速公路巡警在田納西州卡爾霍恩縣附近，沿著七十五號州際公路行駛。這一段公路因濃霧問題而為人所知，但巡警當時沒有碰上起霧，所以就沒有打開閃光燈警示駕駛們要注意糟糕的能見度。

一個多小時後，發生了車輛相撞事故。一輛車因為濃霧而減速，但後方車輛未能及時減速而撞了上去。令人驚訝的是，當時兩位駕駛都沒有受傷，能夠自行下車查看車輛，評估車輛的損壞狀況。但就在幾秒鐘之後，又一輛車撞了上來，接著爆發熊熊烈火，三輛車子被大火吞噬。

在對向車道，一輛車也駛進濃霧之中，駕駛急忙減速，然而後車並沒有反應過來，因而追撞前車。接下來的三輛車子外加拖吊卡車，全部撞成一團。

田納西州的那個早上，總共有九十九輛車彼此相撞。造成十二人死亡，五十個人受傷。在這個可怕的事故中，值得慶幸的一點是，傷亡數字促使當局積極調查真相。當權者為了避免再有此類事故的發生，就必須追根究柢，查出為什麼那麼多人在那一天發生事故死亡。

調查人員知道霧是這個謎團的中心。那條路上經常起霧，但是之前卻從未起過這樣的濃霧。有人懷疑，附近的造紙廠可能需要負部分的責任，因為該工廠有一個廢水池橫跨了事故發生的那條高速公路。

霧的變化因素錯綜複雜，如同所有的天氣一樣令人費解。事故報告中，有幾個明確的事證。那條州際公路經常起霧，曾經在一九七四年和一九七九年，發生了六件嚴重事故，造成三人死亡。而這七個事故裡都有一些共同點，發生時間都是平靜寒冷的早上，一個大量有水的地區，在經過了溫暖的白天和晴朗的夜晚，就會在日出後的短暫時間內形成霧氣。也是我們所熟悉的組成：空氣、水和熱量，以一種特定的方式混合。

靈敏度，近和遠

我們可以知道自己身處於濃霧之中，但在清晰可見的部分和白矇天之間有很多陰影是難以辨別的。這部分可以通過學習定期尋找相同的已知特徵，以改善自己的靈敏度，有些特徵在附近，有些則在遠處。

如果你幸運地擁有絕佳視野，試著在不同的範圍裡，挑出一系列的地標，然後在心裡記下它們清楚、淡出和隱去的時候。在城市中，高樓和橋樑中心點可以取得良好的視野，但如果很難找到，就試著去專注在距離不遠不近、擁有很多細節的物件。當人們位於一條長長的街道盡頭，你可以看清楚他們的臉，或是看見他們衣服的顏色嗎？答案會因為能見度而改變。

再一次提醒，也歡迎作個小抄：下一次當你知道晴朗好天氣即將變壞，記得留意遠方的地標，觀察那些若隱若現的現象。

兩種霧

當空氣無法再容納水氣，就達到了飽和。如果再加更多的水，或是溫度降低，使得水氣凝結成小水滴懸浮在空氣中。小水滴會散射光線，使得能見度降低，讓空氣看起來是白色的。這樣帶有白色調，並使能見度降低的現象，就是我們熟悉的兩個名稱：薄霧（mist）和霧（fog）。

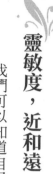

薄霧和霧是同樣的現象，只是霧更為極端。換句話說，薄霧是種無精打采的霧。從這裡開始，我會將兩者都稱為霧，因為我不想對它表現出高人一等的姿態。

如同降水，霧有很多名字，以及很多差別細微的名詞，和各地名稱的差異。但我們可以透過辨認兩個主要角色來理解大部分情況，也就是輻射霧和平流霧。最簡單的說法，輻射霧在陸地形成，平流霧在海上形成。另一個易於判斷的資訊：當你一早看見，可以懷疑那是輻射霧。當主要嫌疑犯出現在眼前，就可以進一步觀察它如何與場景結合，得出其他有用的結論。

尋找露水

你最有可能看見輻射霧，不僅是因為它最常見，還因為它好發於陸地，而人類在陸地上待最多時間，所以碰見的機會大。它形成的條件和方式與露水相似，我們一開始就可以先從這點著手尋找。

輻射霧總是伴隨著露水。如同露水的形成，輻射霧也是在熱量輻射散出陸地時出現，因為接觸陸地的那層空氣降溫，溫度降至露點溫度以下，就凝結出輻射霧。主要發生在晴朗、微風或無風的夜間——也是典型的高壓系統狀況。秋天時最為常見。到目前為止，輻射霧的形成與露水相同，但霧在空氣中需要比露水更多的水分，也就是需要非常溼潤的空氣。所以在看到霧的時候，我們可以試著提出第一個疑問，為什麼空氣這麼溼？

溼氣只會來自兩個地方，被風從其他地方帶來，或來自地面。但我們已經假設這是輻射霧，所以空氣是穩定的，就可以排除「風」這個成因，推測出溼氣是來自「地面」。

水地圖

當地面異常潮溼時，特別是在豪雨之後，整片地溼漉漉就容易出現輻射霧。經過幾小時的鋒面雨之後，晴空萬里的一夜奠定了完美的舞臺。但當我們無法把矛頭指向被雨浸溼的陸地時，情況變得有趣了。因為這表示水來自其他地方。輻射霧可以為我們畫出河流、湖泊和氾濫平原的地圖，幫助我們判定這些特徵。例如：如果乾燥的天氣維持了一段日子，而你在某個早晨正要穿越一個荒原，此時遇見霧，表示你可能非常靠近一大片水域。

我經常搭的一輛火車，將我從阿倫德爾的薩塞克斯鎮載到倫敦。如同大多數的鐵路，它必須有個平衡機制。它不能夠越過高地，只能設置在谷地，但也不能將自己曝露於河川洪水的危險之中。金屬軌道沿著堤岸蜿蜒而行，有時候幾乎要碰觸到河流。在有輻射霧的早上，河流像映照出一條肥肥的霧蛇，曝露出底下有水。我很喜歡在火車進出蜿蜒的霧堤時，看著眼前的白色霧簾升起和落下。

霧是一種預報

輻射霧看起來和感覺起來是溼潤的，所以會直覺認為它的出現代表了壞天氣的跡象。但它是在無雲的天空下形成，所以反倒是昭示著好天氣即將到來的跡象。我們的老朋友，希臘哲學家泰奧弗拉斯托斯寫道：「當有霧的時候，表示少雨或無雨。」

當我們走進晨霧，很難想像太陽是溫暖明亮地掛在我們頭上，而幾十公尺上的天空還可能是無雲的。一直以來，太陽都在燃燒水。霧由外往內萎縮，如同一張紙從邊緣開始燃燒。霧堤同樣也在太陽升起時縮小，所以你得抬頭往上看。

第一個要說明的霧的跡象是，你抬頭可見整片藍天。下次你往山谷看，若是看見那裡有濃霧，花一點時間想像你身處其中。感受陽光照在臉和脖子上的溫暖。現在，與山谷裡的人們分擔一點擔憂，他們因為濃霧阻礙了視線，而不斷地跌倒。

一年當中的時間對於輻射霧的表現有很大的影響。因為太陽會驅除霧氣，霧在夏天會很快地消散；在冬天則會徘徊地久一點，因太陽較低且微弱。因此有兩句古諺語：「夏天的霧代表好天氣。」以及更休閒和有趣的，「冬天的霧會凍結一隻狗。」

一旦太陽使霧變得稀薄，更多光線會投射在陸地，進而開始加熱地表。在地面上方的空氣開始變得溫暖、膨脹和上升，同時帶著薄霧升起。上升的薄霧是一個好的跡象：過不了多久，你就能感受到完整的陽光熱量。

你可能曾聽到人們提起「山谷霧」，它是輻射霧的特別類型之一。回想霜坑的產生條件：冷空氣下沉至谷地，使露水、霜和霧形成的條件成熟。

每當你看見晨霧，我鼓勵你將它看成是一個雙重的跡象：近期會有好天氣！回想起先前夜晚無雲的天空，可以期待當天晚一點會有好天氣。再來看你能不能找到造成霧的水。最近有沒有豪雨？如果沒有，試著去找出附近的水體。

平流霧

如果你看到的霧是在一天之中形成，還能感受到風的話，那麼頭號嫌疑犯就是平流霧（平流是指熱量的水平運動）。如同輻射霧，平流霧也是空氣溫度降至露點溫度時形成，但不像空氣靜止的輻射霧，平流霧是非常溼潤的空氣被吹至冷表面時形成。

想像兩道洋流相遇的地方，一道很溫暖，另一道很寒冷。如果風從第一道洋流吹向第二道，那麼溫暖、非常溼潤的空氣會被攜帶到第二道冰冷的洋流表面上。這時水氣會凝結，然後形成巨大的、密集的霧堤。在日本，寒冷的親潮洋流與溫暖的黑潮洋流相遇的東海岸，以及溫暖的墨西哥灣流和寒冷的拉布拉多洋流碰撞的紐芬蘭附近，都經常會出現濃霧。

如果沿海的暖空氣團被吹到寒冷的水面上，那麼一模一樣的過程就會發生。我在靠近法國海岸的海峽群島，發現自己身處於這個狀況。一個正常、溫暖溼潤的八月氣團被海洋冷卻，當時的我們正試圖在強風和濃霧中航行。在測試條件的時候，我朋友的印章戒指掉進深海裡，失去蹤影。我那時候太忙，沒有多想這件事，只是稍微安慰了朋友。在幾年後回想起來，我想知道是否是天氣之神在要求貢品，以及祂們是否有收到。我們在凶險的岩石附近航行，和快速的洋流、強風和糟透的能見度奮鬥。簡單地說，有許多潛在的危險。如果當時戒指沒有交出去，我們會付出什麼代價呢？

如果有向岸風，海上的霧會被吹往陸地，此類型的霧在世界的很多地區聲名遠播，像是英格蘭東北或美國太平洋沿岸的哈霧。霧並不會深入內陸，但它們帶來一些乾燥海岸地區迫切需要的溼氣，維繫了這些乾旱帶的物種。在一些極端的例子，非常溼潤的空氣和非常乾燥的土地相遇，會創造出獨特的生態系統，稱作「雲霧沙漠」。像是納米比沙漠、阿塔卡瑪沙漠、索諾拉沙漠都包含雲霧沙漠。

即使是在溫帶地區，霧也可以為土地加入許多水氣，而你可能有聽說過這個過程——「霧滴」，這是一種從樹葉聚集水氣再掉落至森林地面的水滴。

樹會改變霧。森林就如同霧的捕捉者，所以會被種植在一些因海霧而帶來不便的地區，如日本。如上述所提，霧會捕獲一些水，但同時也捕捉到促進霧凝結的微小空氣顆粒。如果有合適的微風，你可能會在林地的下風處找到沒有霧的地方。但如果沒有風，霧可能會徘徊在涼爽的林地，久久不散。

上坡霧

如果風攜帶溼潤的空氣到山上，它會凝結並形成霧。當條件合適時，它會在所有山脈的迎風面形成，經常在潮溼、陽光明媚的日子裡，以為世界上似乎沒有危險時猛然出現，讓山上的步行者感到驚訝。然後，就像一些童話般的怪物，不知從何而來的霧氣爬上山坡，將你吞噬。

它的過程和雲如何在山頂的迎風面形成幾乎完全一樣，差別在於角度。如果你在山的高處，風把你裹在水氣之中，如同白色的毯子裡，這時你可能會稱它為霧。如果你在毯子底下，你可能會稱它為雲。如果你在毯子之上，叫它雲或霧都行。

如果你正前往山上，持續關注所有能看到的跡象，包含雲的七種黃金模式。如果雲變低，溼度上升，霧形成的風險也會增加。遠在高處的雲下降到你的所在地時，你可能就會先被霧氣從下吞噬。

蒸汽霧

當非常冷的乾燥空氣覆蓋在溫暖的海洋上，水氣從海洋蒸發，和上方較冷的空氣混合，然後立刻凝結為水蒸氣。它蜿蜒向上的樣子更像是煙，因此它的暱稱是「北極蒸汽霧」。如果冷空氣是溼潤的、非乾燥的狀態，就會形成平流霧，反之，空氣是乾燥的話，霧會很快地消散。

當你發現自己在船上漂浮，而周圍的海看起來就像在悶燒一樣地騰起水氣，不禁會讓人感到毛骨悚然。不過，你不需要親自到去海上見證這個場景，可以從池塘、湖泊和河流看見升起蒸汽蛇，特別是在秋天，空氣比水還要快失去熱量的時候。這和在寒冷的日子，馬克杯裡的熱茶冒出蒸汽是同樣的現象。

霾

「霾」的意思是霧濛濛的。它對不同的人們有不同的意思，最常見的意思是：視野被空氣中懸浮的乾燥微粒遮住了。這些微粒可能來自煙、收割時產生的粉塵、樹或許多其他來源。霾模糊和改變了景觀中的顏色，常帶給空氣棕色、藍色或黃色的色調。實際效果視自然中的微粒、背景，還有你相對於太陽的位置而定。霾通常是夏天的現象，在溫暖和有微風的日子出現，並且可能會發生逆溫的跡象。

階段	能見度
當暖鋒接近	一開始良好，但會逐漸惡化
在暖鋒裡	很差
在暖區裡	很差並且霧濛濛的
在冷鋒裡	很差
在冷鋒過境後	很棒

鋒面和能見度

隨著暖鋒接近，雲的底部穩定下降，底下的空氣便降下了雨水。空氣可能會變得飽和，這樣的狀態將會帶來雨、霧和風。即使在鋒面到達前沒有霧，但每一道鋒面都有可能為能見度帶來劇烈改變，如同雲霄飛車般的起伏。標準的進程看起來像這樣：

冷鋒過後，清澈的空氣提振了人們的心情，讓我們有機會欣賞威武的、如塔一般的雷雨雲，它們的逼近威脅著下風處的土地。

任何時候下的雨都會減少能見度，但能見度常常在降雨之後得到改善。雨水清除了空氣中的灰塵、汙染物以及其他微粒。這個效果在暮夏溫暖悶熱的日子裡最為顯著，大陣雨打破熱浪並刷洗著空氣。但如果能見度在雨後仍然很差，表示還有更多將至的天氣狀況。

很多霧是由於上述過程的混搭而形成的。在山谷形成的輻射霧可能被微風往上吹，出現在山脊上。在薩塞克斯的郊區，這些漫遊、向上爬的霧曾經被稱作「電話男孩*」，但我將它們暱稱為「X光霧」。在我所居住的山丘，它們像標誌一樣冒出，指向高地另一邊的山谷。

下次你看見霧，試著去認出主要形成的原因是輻射、平流，抑或是鋒面。然後仔細的思考季節、任何風、陸地的形狀以及自己身處的海拔高度，這些將與你的經驗連結，告訴你接下來可能會出現什麼天氣變化。

你對任何霧的感覺都和你移動得多快有關。如果你靜靜地站著，那霧就會像友善的拼圖，等著你用上述的方法解謎。如果你正走上山，或坐車旅行，霧的跡象就是在呼籲著小心謹慎。每一種霧都是停下來的好藉口，隨時保持感官敏銳，然後解開謎團吧！

*電話男孩（call boy），通過電話安排與客戶約會的男性性工作者。

11

雲的祕密

看見卷雲‧逗號卷雲‧馬尾雲‧噴射氣流繩索‧交叉影線‧冷鋒卷雲‧大破綻‧卷雲和朋友們‧飛機雲‧消散尾‧雨幡洞雲‧雨條鯖魚‧雲街‧莢狀雲‧滾軸雲‧旗狀雲‧湯上浮雲‧堆積如山的毯子：層積雲

二〇一九年六月，我有幸被帶去參觀了位於諾丁漢郡東利克新成立的國防暨國家康復中心（Defence and National Rehabilitation Centre），這個康復中心非比尋常，配備完整的虛擬實境模擬器和最新的高科技設備，用來幫助受傷的軍事人員康復。

從外面看，巨大的紅磚建築讓人心生畏懼。路克‧威格曼帶著我參觀這個地方，他是位英國皇家空軍軍人，五年前在阿富汗踩到應急爆炸裝置（improvised explosive device，土製炸彈）後失去了一條腿。說實話，我發現創傷故事、康復和技術的組合讓人有點不知所措，我毫不懷疑這個康復中心的輝煌或是中心裡、人們的勇氣和奉獻精神，但我對醫療機構感到糾結，對於作為醫院的訪客我感到相當侷促不安。

我們走到外面，離開小徑走到剛整理過的草地上，我問了路克，寬闊的綠植空間是否有助於心理健康和復原？我很想知道，同時也很開心能夠在庭園裡走走，回到跟我有共鳴的領域。我聽著路克解釋鄉村環境的好處，然後看著遠方的一片雲，它讓我感到放鬆並且讓我微笑，我問路克雲的方向有沒有城鎮？

「拉夫堡在那邊。」他看起來有些困惑，我解釋道：一片孤立的巨大積雲一直在相同的地方盤旋，並且不會跟著其他較小的雲隨風飄移，這意味著它的下方有一股強大的熱源。這是夏天剛過中午的時候，我們在地球上一個人口稠密的地區，被綠色田野所包圍，原因不難理解。

路克彬彬有禮，對話題表現出興趣，但我沒料到他會在意，我不在乎他是否在意：我只是想在外面多待一會兒，而談論關於雲的事是我唯一能想到的方式。

看見卷雲

我們現在熟悉雲的形狀了，有三種主要的方式來描述它們。它們是堆積的（積雲家族），有層次的（層雲家族）或輕薄的（卷雲家族），所有的雲都符合這些類別之一或這些類別的組合。

層雲家族中攜帶著跡象，但其覆蓋整個天空的性質，意味著它們挾帶著近乎相同的訊息接踵而至，或者天氣的變化猶如冰河的步伐緩慢前進。

深入了解積雲和卷雲家族，能讓你在雲中發掘跡象時獲得樂趣。到目前為止，積雲的特徵很明顯，我們會一直遇見它們，但在這個章節裡，我們將與卷雲家族一起度過大部分的時光。

想像有三個人散完步回到家中，他們都沿著相同的路徑，但卻有著不同的經歷。第一個人恣意地享受沿著蜿蜒河邊散步的時光；第二個人在陽光下，看見洶湧的急流突然在深潭中平穩下來，並在心裡暗暗記住，在天氣炎熱時要回來這裡游泳。

第三個人感覺到有雲飄過太陽前方，他知道這意味著昆蟲會從空中降落到了水面。他們看著水流湍急地沖過岩石，流向池塘附近時速度趨緩下來，以恰到好處的流速繞著突出的岩石蜿蜒而行。這裡有許多泡泡聚集，也是昆蟲降落之處，同時也是鱒魚浮出水面覓食的地方——對，就是這裡！魚的嘴奪走了昆蟲的「吻」，產生了微小的圓形漣漪，這是相遇和相戀。

我們都會抬頭望天空。一些人會注意到劃過天際的纖細雲層。我們將會成為第三個人，卷雲是鱒魚在藍天上的吻，錯綜複雜的痕跡揭開了更豐富的故事。

逗號卷雲

卷雲（Cirrus clouds）像是水面上的漣漪，充滿許多迷人的形狀與圖案，人們卻很容易將這些圖像視為沒有規則的視覺噪音（visual noise）。但並非如此：每條線和形狀的背後都有邏輯。

如同大部分的雲，陸地較海面上更常看見卷雲。以邏輯而言，這僅能代表飄浮在約六公里（兩萬英尺）、細如髮絲的雲，是自然景觀以某種方式形塑而成的產物。不過，有別於低處的積雲，我們難以將每一朵卷雲與特定的景觀連結在一起。卷雲常見於山區，但試圖用卷雲標示出陸地的位置是一項艱鉅的工程，轉換一下重點，把時間拿來利用高雲梳理出溼度與風速的線索會更有效率。為此，雲的一絲一縷皆為一行台詞，我們得去理解箇中含意。學習閱讀雲的劇本就從一個簡單的形狀開始——逗號。

卷雲由冰晶組成，它們太高且太冷，難以讓水以液態的形式存在。它們的生命從「頭」開始，「頭」是數以百萬計冰晶形成的地方，亦是雲的出生地。一旦冰晶形成，會開始墜落並留下痕跡。頭和痕跡結合起來，看起來有點像在天上畫出一個細白的「，」。雲並不在乎自身形狀是否符合正式標點符號，它可以是被壓扁、扭曲或顛倒的逗號。

逗號雲的正式拉丁名稱是「Cirrus uncinus」，意思是「鉤狀」卷雲。辨認它的關鍵是，一朵又厚且密的雲朵，細髮般的雲絲從頂部傾瀉而下。上過幾星期研究雲的課程，你絕對可以找到並認出屬於自己的逗號。當你明白該怎麼尋找後，會發現它們很常見，且不會認錯。

當我們看見半空中的逗號，就能去尋找藏在其中跡象了。冰晶掉落至「頭」下的空氣裡，遠在地表之前就被蒸發，但在冰晶消失之前，會留下你我所見的台詞，也就是被稱為「雨幡」（fallstreaks）的白色痕跡。

倘若逗號「頭」下方的空氣移動的速度與方式都與卷雲裡的冰晶相同，就會造就完美垂直的雨幡線。可惜這很少見。風速和風向都會隨高度改變，因此雨幡線描繪的是雲的最高處（頭部）與下方空氣之間的風速、風向差異。

下一次當你看見逗號卷雲，去尋找上述現象，會發現雲有頭部和雨幡兩個主要部分，這回你已經有能力破解箇中妙趣了。

逗號顯示出高空風的風向，這在某些層面上能提供幫助。高處的風可以用來導航，雖然不是那麼精確，但在某些能看見高空雲卻見不

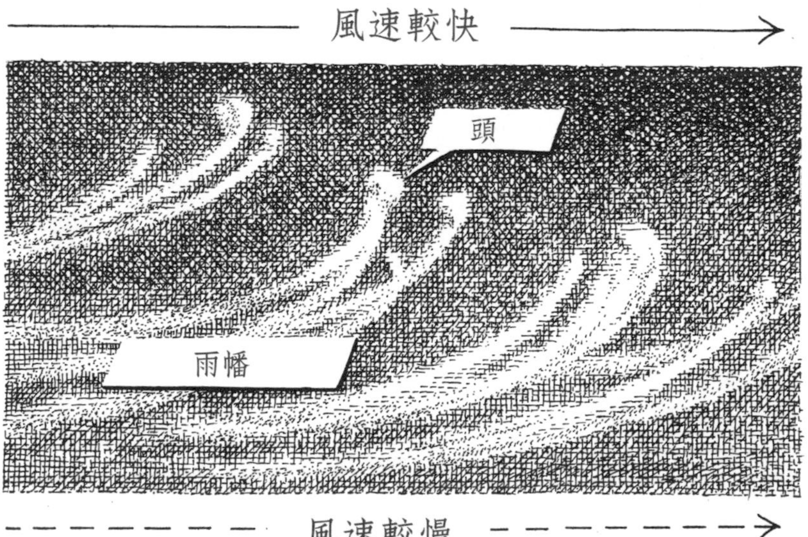

著太陽或其他指標的地方卻能派上用場，例如山谷的林間深處。逗號卷雲不是精準的指南針，維持動向的時間卻遠比低空的風、雲要長得多。早晨飄來朵朵由西向東移動的高空雲，或許在一天結束之際，它們仍會保持相同的的行動軌跡。

馬尾雲

逗號卷雲提供非常簡單的預報方法。如我們見過的，雨幡愈接近垂直，風速和風向隨高度的改變就愈溫和。如果雨幡與逗號頭移動的方向相同，且有一點彎曲，是好天氣將會持續的跡象。反過來說，逗號曲線急遽改變，意味著頭下方的風速和風向變化劇烈。如此突然的改變是風切（wind shear）的警告，也是一個壞天氣即將到來的強烈跡象。這些急遽彎曲的卷雲被暱稱為「母馬的尾巴」，而這個傳統信仰背後的邏輯是，母馬的尾巴是天氣惡化的不祥之兆。

我們也能利用逗號去比較卷雲與低層大氣的風向。如果高空的風和低空的主風風向一致，好天氣會持續下去；高空的風和低空的主風風向相異，天氣變化即將來臨。

一個逗號無法表明地方風以外的任何情況，但如果我們看見數個扭曲的逗號，且隨著時間增多，此時應有風切現象，高空的大氣溼度也升高，意味著低壓系統正逐漸靠近，未來十六小時內將出現壞天氣。

噴射氣流繩索

一九四七年八月，那個時代仍會為客機取名，一架叫做「星塵（Star Dust）」的客機在阿根廷布宜諾斯艾利斯起飛，前往智利的聖地牙哥。這條航線在下降至智利那一側的山脊前，需要先向上翻越安地斯山脈。

在全球定位系統（GPS）問世以前的時代，一種稱為航位推測法（dead reckoning）的航海技術對於步行者、航行者以及飛行員的導航至關重要。它的原理很簡單，如果你知道旅行中的速度、方向和時間，就可以計算出相對於起點的位置。簡而言之，如果你從你家出發，以每小時三英里的速度向北走，一小時後，你將會出現在住家以北三英里處。

一千多年以來，在沒有地標的地形中，這種簡單的方法一直是導航基礎。以五節的速度從愛爾蘭向西方航行三個星期，你將會非常靠近美洲。有了起點、航向、速度和時間，還能出什麼問題？有一件看似很微不足道的事情可能會讓你偏離航道，那就是被忽略的洋流。僅向南流動一節流速的洋流，會使你偏離航道十度以上，以橫越大西洋來說，你最後會到達距離預定目標偏南約八百公里（五百英里）處。

同樣的原理也適用於航空領域，但在這裡我們稱洋流為「風」。星塵的飛行員經驗豐富，三位飛行員都在二次大戰期間執行過戰鬥任務，他們做了所有專業的飛行員在起飛前都會做的事情，他們計畫好了航向、速度和時間，將預報的風考慮在內，然後出發。

幾小時之後，客機突然消失，幾十年來音訊全無。陰謀論者得到各式各樣的樂趣，它們稱這場神祕的消失背後顯然有股邪惡勢力在作祟。

一九九八年，在飛機起飛超過半世紀後，兩名阿根廷登山者在安地斯山脈四千五百公尺（一萬五千英尺）高的冰川上，注意到一塊從冰川中突出的飛機引擎碎片。他們發現了星塵的殘骸。陰謀論者不輕易放棄，繼續圍繞著安地斯山峰推測飛機失事的原因。但現在，人們對於一九四七年那天發生的事情有了共識，這個航班注定要被一種機組人員知之甚少的氣流給毀滅——噴射氣流（jet stream）。

當星塵起飛時，與噴射氣流相關的科學研究也才剛起步，飛行員們還未能將它納入考量範圍。他們飛進比他們推測更強勁的逆風中，無法在雲層籠罩中判斷自己確切的所在位置，這很稀鬆平常，鑒於之前數百次相同的經驗，他們使用航位推算法來推算當下的位置。計算結果告訴他們已經安全地飛越安地斯山脈，他們便開始朝向聖地牙哥降落。不幸的是，強勁的逆風意味著他們離推測出的地點相距甚遠，他們尚未飛越山峰，星塵就此墜入了阿根廷一側的山脈中。

噴射氣流是蜿蜒高速的高空風，大體來說，它們從西方吹向東方，就像湍急的空中之河：寬闊、淺薄，中間的流速比邊緣更快，會在非常寒冷和溫暖的氣團邊界處形成。北半球有兩種噴射氣流：副熱帶噴射氣流（subtropical jet）和極地噴射氣流（polar jet）。

噴射氣流的確切結構和行為是複雜的，沒有必要為了解讀噴流創造出的跡象而去研讀這門學問。事實上，這門科學還很年輕，氣象學家們還在繼續爭論其中錯綜複雜的問題。月亮是否有很大的影響？也許。但將這些問題留給氣象學家去爭辯，因為基本原理現在已經很好理解了，這就是我們所需要的。

噴射氣流的位置是向北或向南浮動的，氣流從西往東移動的過程中會蜿蜒蛇行。可能是從南南東流向北北東，或南南西流向北北東，主要的趨勢是由西到東。

噴射氣流的位置會揭示出我們在北溫帶地區即將經歷的天氣。可以將噴射氣流想像成兩個天氣區塊間的一條線，當這條線在我們上空，我們定然處於兩個區塊的交界處，天氣不會是穩定的。因此看見噴射氣流是種初期線索，預告著低壓系統與其挾帶的惡劣天氣即將到來。實際上，噴射氣流是最早期的天氣跡象之一。

噴射氣流從我們上方數公里吹過，如同所有的風，它是看不見的，但我們能從高空雲發現它確確實實留下的痕跡。噴流創造出獨樹一格的卷雲。單獨的卷雲挾帶著風向的資訊，不僅如此，正如我們從逗號卷雲看見的，卷雲亦可顯現局部風速和風向的變化。然而，當噴射氣流從我們頭頂吹過，卷雲的外觀有了戲劇性的改變，天空中出現了長長的線性狀卷雲，我稱之為「噴射氣流繩索（jet-stream ropes）」。當你想在空中找到它的影子，它相當易尋，卻也容易錯過。卷雲又高又薄，即便覆蓋了大部分天空，也未曾遮蔽陽光或是落下雲影。

倘若你發現卷雲捲成一條長長的線，橫跨整片天空，通常從一個地平線延伸到另一端的地平線，那正是噴射氣流。這種雲的主線上能再疊加各式各樣的圖案，最受歡迎的是以噴射氣流繩索雲作為脊骨，其他雲片像魚骨般從兩旁延伸出去的圖樣。偶爾是條粗壯寬廣的雲脊，有時是數條厚實的帶子，或甚是一綑細線。無論疊加的圖案長哪樣，主要的指標是穿越大片天空的繩索。

雲在頭上形成，它們看起來也會像被大大拉伸的逗號，但覆蓋天空的面積更為廣大。一朵逗號卷雲不會比一個伸出的拳頭大多少（大約十度），但噴射氣流繩索會占據一半以上的天空。繩索之間無須平行，它們都被同樣高度、速度的風拉動，因此一定會明顯朝向某個方向流動。大致上是由西向東而去，但如同風自身一樣，它們可以沿著這個方向移動到亙遠的地方。

另一個要留意的點是雲飄過的速度。所有的卷雲看起來似乎都移動得相當緩慢，但這是高度造成的假象。如果一輛車以時速一百公里的速度行駛在遠方的山坡道路上，它的移動速度看起來就很慢。卷雲會隨著大氣層高處的強風風速移動，但風速會有所變動，且當城鎮上空出現噴射氣流時，它們的移動速度會更快。

僅透過肉眼觀察雲層很難判斷卷雲的速度，我們需要一些靜止的東西來做比較。卷雲近乎透明，所以可以使用前方和背後的景物，任何一個都可以，只要它看起來是靜止的。月亮或星星都很好，太陽的話就太亮了。找一個突出、位於高處的樹枝（最好夠粗，樹葉和枝枒不會隨風搖曳）、電纜，甚至是城市角落的高樓。最重要的是將注意力放在雲的正確部分，儘量不要測量一大片雲的整體動態，而是挑一個特徵並追蹤它，這是唯一精確的方式。

使用這種方式觀察，大部分的卷雲（像逗號卷雲）看起來都是緩緩地往一個恆定的方向移動。一旦你習慣卷雲普遍的慢速，馬上就會注意到噴射氣流繩索不會在原地逗留或磨磨蹭蹭，它們會是你所見過移動速度最迅速的雲種之一，即便把它們假想成遠處山間的汽車，還是可以在它經過比較的參考點時，感受到噴流引擎的咆哮。

噴射氣流繩索出現意味著什麼？它們代表噴射氣流幾乎在頭頂上，這表示風力有可能會在接下來十二小時內增強，一個低氣壓系統和相關的鋒面將緊跟其後。預計二十四小時內會有暖鋒，如果繩索的排列方向是從西北到東南，這個跡象會特別地強烈。

交叉影線

花點時間觀察卷雲的移動並測量它們的速度後，不消多久，你將會找到兩層截然不同的卷雲交織而成的天際景觀。這是一份禮物，一個在兩種卷雲上描繪風向圖的黃金時機。

我們可以利用上述方法測量每一層卷雲的每一片雲，這會使你更加了解它們的移動情況；也可以從你眼裡所見的形狀中獲得即時快照。這些線是平行還是交叉的？我們的眼睛會迅速地辨識出交叉的線，這是兩層雲之間的風向發生重大變化的立即線索。如果該處存在著顯著的差異，呈現出來的效果會像畫中表現不同光線明暗的交叉影線（crosshatching）。

這個跡象只是逗號卷雲一個明顯易暸的版本，如果雲層之間的風向一致，代表好天氣會持續下去；出現顯著的差異，天氣可能會惡化，所以看到交叉影線，請儘快關閉門窗。

冷鋒卷雲

風暴雲的頂端是冰。厚實的積雨雲形成後會趨漸衰弱，此時頂部的冰會破碎，變成獨立的卷雲結構。這些卷雲比大部分卷雲更加密集、更像棉花糖，可能還比風暴雲更頑強。它們喜歡在母雲消散後繼續逗留一段時間，因此能看見它們從暴雨的下風處綿延很長一段距離。

冷鋒因其動盪、不穩定的特性惡名昭彰。就算風暴沒發生，冷鋒的條件仍有利於形成高處的雲，雲愈高，愈有可能結冰，因此冷鋒過境之後，看見卷雲是很稀鬆平常的事。

值得注意的是，卷雲會跟在冷鋒和風暴的尾流，許多人會誤以為它們是天氣即將改變的預兆。然而，當你認出它們只是一片更大、更老的雲留下的遺跡，就會理解這只是某個天氣現象過去的跡象，而不是更多風暴即將到來的預警。其實，若你已經知道它是冷鋒過境的標誌，那麼它是在告訴你，準備迎接晴朗、涼爽的天氣。

大破綻

在許多遊戲中，我們很樂意流露出我們的真實想法，特別是當我們玩得正順時——想想飯店新老闆在大富翁地圖上，放置紅色塑膠建築時那洋洋得意的樣子。但在撲克牌中，有經驗的玩家會試圖隱藏一手好牌，只有當他們誘騙對手相信他們手牌很普通時，才能誘使對手跟注。即使是最厲害的撲克玩家也是人，所有的人都在努力隱藏強烈的情緒，無論我們如何努力嘗試，強烈的感覺都會被無意識行為、面部細微的表情和習慣性動作給出賣。撲克專家能理解一般玩家微妙的表情變化，過於隨意扔出籌碼意味著這一手最好不要下注。被發現強忍在臉部表情之下的真實情緒，就稱為「破綻（Tell）」。

雨層雲（Nimbostratus）是覆蓋整片天空的雨雲，會在幾小時內帶來穩定的雨。我們很少在藍天下看到雨層雲，因為它喜歡跟在其他雲的隊伍後面。但是，一旦你發現它正在接近，且注意到一縷白色的卷雲出現在深灰色的雲毯之上，要小心！高大、不穩定的風暴雲藏在這片毯子裡。雨層雲向你承諾，只會有穩定的降雨，不會參雜著劇烈的天氣現象，但出現在雲頂的卷雲拆穿了它的真面目。你至少能預料到狂風驟雨，雷暴與冰雹也不無可能。這就是卷雲露出的大破綻。

卷雲和朋友們

我們在卷雲裡看到的形狀和現象並不是完整的預報，但它們布置了一個場景，為下一步提供強而有力的線索。它們是預兆。逗號卷雲或噴流卷雲使我們懷疑一個低壓系統正在接近，並鼓勵我們拿出鑑識精神去看待接下來數小時內出現的新雲種和風的變化。如同我們早先看到的，卷雲跟隨著卷層雲而來，這就意味著我們可以期待一個暖鋒的到來。

在看到任何新類型的雲之前，卷雲本身就有一些趨勢。像大多數其他的雲一樣，卷雲會覆蓋大部分的天空，如果壞天氣即將來臨，卷雲會變厚。卷雲或許會降低，但因為他們存在於對流層之上的範圍內，因此高度的變化不如大小或形狀一般明顯。

飛機雲

飛機與我們看見的卷雲在相同高度的對流層裡飛行。從它們引擎排出來的廢氣包含大量的水氣，也含有一些可以充當核心幫助蒸氣凝結的微粒。這是構成雲的理想成分組合。

看高處的噴射機從你的上方飛過，你會注意到有時它們會在飛機身後留下又長又直的白線，有時則不會。這些長長的白線是噴射機製造的雲，稱作「飛機雲」。

飛機雲（Contrail）是英文「condensation trail（水珠凝結的軌跡）」的縮寫，名字裡藏著要給我們的線索。飛機航行在易於產生飛機雲的高度，所以飛機雲出現與否，透露了此一大氣高度的溼度與風速。

看待飛機雲的最佳方法不是思索它們會不會出現，而是它能持續多久。最好的方式是去假設每一架飛機後頭都會出現飛機雲，看它會立刻消失，還是維持很長一段時間。存在的時間很長，表示空氣潮溼，稍縱即逝則意味著空氣乾燥。從藍天裡沒半朵飛機雲，直到數條白線從你頭頂延展開來，顯然是大氣溼度上升的現象。我們知道這是暖鋒正在靠近的跡象之一，和暖鋒來臨前卷雲密布空中的原理相同。噴射機的廢氣則扮演了催化劑、推動力的角色。

如果條件都很完美，飛機雲能在空中穩穩地待上半小時，而且不僅能持續很長時間，面積似乎會變長、變寬且擴散開來，表示大氣溼度達到一定飽和度，是天氣變潮溼的強力線索。因此，當你看到數條飛機雲橫跨整片天空，記得留意任何自然生成卷雲的動向。或許空中已經有些卷雲了，你能預測它們會愈長愈多，多到幾乎能覆蓋整片天空，直到天際被卷層雲薄透的白色面紗占領。雨也不遠了。

很多人用二分法來看待飛機雲的線索：它有沒有出現在藍天裡？我鼓勵你更仔細地去觀察。去留意飛機後面是不是有短短的飛機雲，並停下來測量它的長度。伸出你的拳頭，如果在一小時之內，飛機雲的長度從一個拳頭增長到三個拳頭，那麼在其他人發現那條傲慢的白線出現之前，你就已經掌握了大氣變化的線索了。

肥厚的飛機雲會在鋒面抵達前一天給予警告，時常注意飛機雲的長度變化有助於提高你對空氣溼度的敏銳度，從而將警告提前至三十六個小時前。

研究一下飛機雲的形狀，不會有兩朵相同的雲。飛機雲生成之初會以兩道白線的形式出現，這並不是因為飛機有兩個引擎，而是氣流通過飛機的兩端機翼，留下了旋轉的渦流。渦流將飛機雲拉成二道分開的線，但轉眼間就合而為一了。

起初，飛機雲是井然有序且對稱的線，如同拿白色的筆沿著尺畫在藍色的紙上，但很快地，它們失去了規矩。剛形成時是一條筆直的雲帶來的好處，便是我們的雙眼能輕易辨識出雲流些微的偏差。即便它們仍保有直線的特性，飛機雲依然能反映出高空中每道輕微的亂流。渦流是機翼的附加產品，替直線添加了皺褶的樣貌，就像城牆上的垛口。

軍機設計師跟飛機雲勢不兩立。當他們在測試最先進的雷達、熱系統、人造衛星、隱形技術或者奇妙的設備，好躲過敵軍時，他們斥資數十億美元的噴射機卻在天空畫出一條白色的粗線條，實在令人沮喪。

消散尾

雲是很脆弱的。雲必須在適當條件下才會形成，當然也需合適的環境才能生存下去。每當噴射機穿過任何一種雲，它們周遭的一切會立刻陷入混亂。一團快速、猛烈的空氣渦流和來自引擎的大量熱能注入。大部分的雲能擺脫這個窘境，但高空雲太薄脆，無法甩開這種混亂從而破碎。這樣的情況在天空中以「反凝結軌跡（anticontrail）」的姿態呈現，也被稱為「消散尾（distrail）」，是一條藍天被雲所包裹的細線。和飛機雲一樣，消散尾通常會出現在飛機航行的路徑上。

如果飛機在穩定的高度飛行，消散尾可以延伸到與被它擾亂的雲層一樣長，另一種可能性也不小：飛機在爬升時穿越了該雲層並融化出一個洞。有時它又被稱為打洞機，像是被香菸燙出一個洞的絲綢。

雨幡洞雲

偶爾，當雲被打穿一個洞，破碎的雲片會重新組合成一片新的雲。當飛機穿過由水組成的雲層（比如接近冰點的高積雲），可以使雲凝結成冰晶並從雲層中落下，留下一個洞，一個美麗的現象就此而生：雲層中冒出一個藍天窟窿，裡頭是一幅羽毛狀的卷雲圖樣。

兩條鯖魚

「空中魚鱗天，不雨也風顛。」這條俗諺無疑是一場賭注。一個跡象應該告訴我們天氣是否轉好，如果失去這個作用，它還有任何價值嗎？

我們將弄清楚魚鱗天的真相，但這個跡象有兩個層次參與其中。首先是基礎的、用不著害怕、如同我們先前說的，假如你看到高空中有雲層，怎麼看都像是鯖魚的鱗片，那天氣或許即將發生變化。

然後是繫上安全帶、知道要尋找什麼和它代表著什麼徵兆。這一切都與兩個完全分離的雲層構造有關，看起來像何種鯖魚，取決於鯖魚在你心中是哪種形象，因為每一片雲都是單獨的類型，並且都有著不同的含義。

「魚鱗天」在人們的腦海中勾勒出兩種不同的形象。有些人想像一系列幾乎平行的實線，像斑馬一樣在天空中蕩漾；另一些人則看到了點繪效果。這兩者都是正確的，鯖魚的種類繁多，魚鱗樣式也更豐富。只要我們學會區分上述兩者，就能夠自信地閱讀魚鱗天。

卷積雲（Cirrocumulus）是卷雲家族（cirro-）的一員，它是由許多小而蓬鬆的對流雲（-cumulus）所組成。每一朵雲看起來都比指尖還要小，這就是為什麼天空會出現點畫的原因。如同卷雲，卷積雲位於較低的雲層上面，不會引起我們的注意；我們必須尋找它，而且它像卷雲一樣有許多種圖案，但我們感興趣的是波浪狀。總而言之，得去尋找覆蓋整個天空、呈現波浪狀、點狀的高空雲，當看到這種類型的卷積雲時，代表鋒面即將在大約十二小時內到來。

在壞天氣來臨前，卷積雲可以形成令人驚嘆的日出和日落。

有時我們也能在堅實的雲裡看到波浪狀的圖案，它可能是高積雲（altocumulus），形成白藍相間的條紋，它們會被暱稱為鯖魚的斑紋。高積雲的魚鱗天與卷積雲的版本全然不同，要區分兩者得看雲的大小和型態。高積雲相當厚實，是更大片、更堅固、看起來更密集的雲。可以從影子裡看出端倪，倘若你發現波浪狀的雲，問問自己，雲是否投射出實際的影子？換個問法，如果雲從太陽前方飄過，會使天空倏然變暗然後再度轉亮嗎？如果答案是「不會」，那這片雲就是卷積雲。答案為「會」的話，那這片雲多半是高積雲。

高積雲中的波浪意味著那裡存在著風切，這始終是天氣變化的訊號，但是它既可能是轉好也可能是惡化，這種雲本身無法告訴你事情會往那個方向發展，要能辨別好壞，我們必須爭取其它雲的幫助（還有沒有卷雲能幫忙？），同時監測風。

雲街

魚鱗天與長且平行的積雲線不同，當積雲描繪出條紋狀的天空時，雲層是很低的，所以應該不至於混淆，如果你有所懷疑，請記住，這條雲街（cloud streets）會與風向平行，而上述兩種魚鱗天的波浪紋就像海浪一樣，會與風向垂直。

創造出團團積雲的上升暖空氣，以非常規律的方式與下降的冷空氣結合，就會形成雲的街道。如果下風處是溫暖的區域，暖空氣吹去的地方會出現清晰的雲線雲朵，如果下風處是涼爽的區域，冷空氣吹向的地方則有清澈的藍天。雲層的陰影落在較冷的地區時，看到雲街的可能性最高，因為此時冷暖表面的差異愈強。

倘若你看到雲街出現，請細想它們從哪裡來，在相同高度下，風向會與雲街的動向相同。雲線會延伸到海岸線或同一個方向上的熱源。

雲街之間的寬度大約是雲層高度的二到三倍。

莢狀雲

我無心欣賞建築物，彷彿它們不存在一樣。我和家人到西班牙南部探親，並決定去探索以風聞名的沿海城鎮塔里法（Tarifa）。風箏衝浪玩家從世界各地慕名而來，各種色彩繽紛的風箏點綴著天空。衝浪玩家倚靠的風吹到我臉頰上，我們待會再來探究它的成因，但先來談談每當我回憶塔里法，總會想起的那片雲。沿著海灘漫步，我轉過身，看到渡假村那淺棕色的建築物上方有一片富含層次與曲線、精雕細琢的雲。就像看見老朋友一樣，我立刻就認出它來了。當下，建築物彷彿消失了，我能穿透建築物感受到它背後有座山丘。

每當風吹過高處時，都會有一段顛簸的旅程。它可以縱身躍過山頂、在周圍繞道而行或是傾瀉到山谷之中。每當空氣逐漸攀越山峰，再從另一側往下降，它就會在風中創造出一種雲霄飛車效應（roller-coaster effect），稱之為山岳波（mountain wave）。山岳波當然是看不見的，但每當空氣被迫上升時，這股氣流就會變冷，形成雲的可能性就愈高。

山岳波雲霄飛車的頂端是降溫最多的地方，也是最有可能形成莢狀雲（Altocumulus lenticularis）的位置。通常莢狀雲長得就像透鏡，但有時會以小碟子或飛碟的模樣呈現在你眼前。無論我們怎麼稱呼它，莢狀雲必定是光滑、有圓頂蓋的形狀。它是一個顯著的標誌，指向塑造出它們的高地。我個人熱愛莢狀雲的三個理由分別是：容易辨別、是顯著且清晰的跡象，而且又很漂亮。

莢狀雲在它們出生的山峰背風面形成。它們是風的產物，但不會隨風飄動，因為創造出它們的山岳波是一種駐波（standing wave）。空氣從山頂疾行而過，但風塑造的雲並不會移動，這是自然界中相當普遍的特性，值得我們繞點小路去探索它。

來觀察一條淺淺的小溪，溪水流過鵝卵石，會在石頭的下游處產生小波紋，水流穩定時，小波紋的位置與形狀不會有所變化，而水會向下游繼續它們的旅程。

想像一下你雙腳橫跨小溪流，並注視著其中一個守在原處的小波紋，然後在波紋的上游處滴

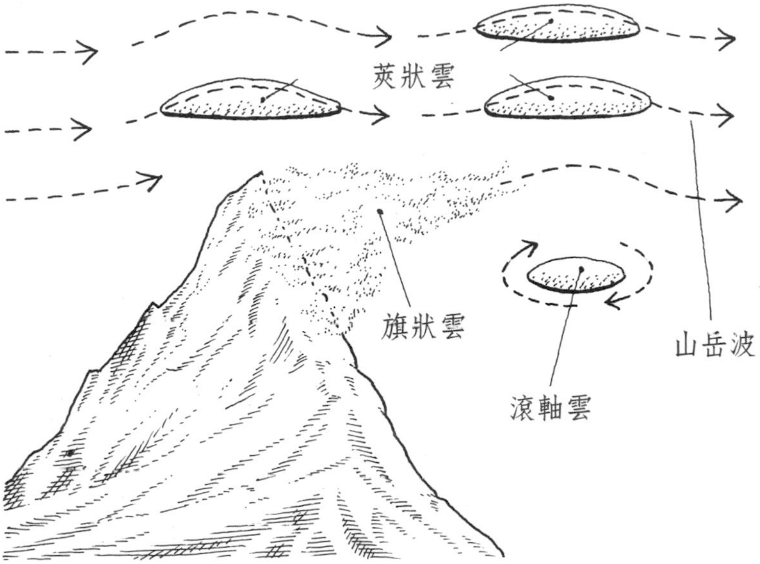

入幾滴紅色食用色素。紅色的水越過鵝卵石，流進你盯著看的波紋裡，之後再繼續向下游而去。即便波紋不曾移動，但這股紅流穿越了波紋，持續在流動。

但是，如果你拿一塊大石頭丟到鵝卵石與波紋的上游，水流將會減緩，波紋也會在轉瞬間消失。你擾亂了水流，是水的流動創造了駐波。為什麼這個觀察有助於理解莢狀雲？這就像氣流和雲的關係，些微氣流的變化都會使雲產生改變。氣流不改變，就不會有顯著的天氣變化，這也意味著莢狀雲必然有所變動或者消失。

一排莢狀雲的出現表示有連綿的山峰，但也不全然如此，因為一個獨立的高山也可以自行創造出波動的風，所以每座山上都有雲也不奇怪。

看到莢狀雲垂直層層堆疊在一起並不稀奇，不過這不代表山堆疊在一起。一堆莢狀雲是一種跡象，表示乾燥與潮溼的空氣層在大氣中交錯。潮溼的空氣塑造出第一片莢狀雲，在它上方的乾燥層則留下一絲間隙，依此類推上去；雖然機率渺茫，但還是有機會看到六片堆疊在一起的盤子，在法語圈，這個現象有個簡潔的名字——一堆盤子（pile d'assiettes）。

莢狀雲只有在大氣穩定、強風不斷的情況下才會出現。山上可能會颳風，但你能預期天氣不錯。最大的莢狀雲可能會挾帶著細雪或雨，但早在任何糟糕至極的壞天氣抵達之前，莢狀雲會發生顯著的改變或者消失。

若條件允許，莢狀雲會在世界任何一處的山頂現蹤。

滾軸雲

每當流體通過障礙物時，就會出現紊流（turbulence，亦稱亂流）。當樹枝伸入溪流、蒸汽從水壺竄升，或者雲在山的下風處形成時都能看到紊流。回顧第九章，雪地形成的叛逆雪丘也能看到紊流。

紊流出現使得部分的風吹回山上時，會形成滾軸雲（rotor cloud）。顧名思義，這種雲會出現在高山的下風處，是一種可見的旋轉渦流。滾軸雲有超乎尋常的形狀排列和結構，通常是扭曲的積雲，主要取決於紊流的哪一部分冷到足以凝結而定。

當你在山區看到奇形怪狀的雲，從雲看風吹的方向，應該能找到創造出旋轉風的山頂。飛行員都該認得這些雲，畢竟滾軸雲是風不利飛機飛行的跡象。

旗狀雲

在坐擁群山的國家裡，你可能也遇過只從山頂一側流瀉而出的雲——旗狀雲（banner cloud）。我第一次看到旗狀雲是在阿爾卑斯山，大腦說我看到的根本不是山頂和雲，而是一輛岩石蒸汽火車。

當潮溼的空氣被吹向山頂並撞上山壁時，無法立刻逃脫，只能暫時停止前進的步伐，但後方仍有源源不絕的空氣隨風而來，造成空氣被壓縮使氣壓上升，而壓縮空氣將使它變的溫暖。

這也一定表示這座山的下風處有一塊區域，風持續流走，但後方的風速度太慢，慢到沒辦法填補風流走的部分，導致低壓與膨脹，進而使空氣冷卻。現在，山頂的迎風面有變暖的空氣，背風面則有較冷的空氣。雲更容易在較冷的下風處成形，而風拉著這朵雲前進，使它們出現流線型的樣貌，也是旗狀雲的名稱由來。

山峰愈宏偉，愈有可能產生旗狀雲。著名的例子像是瑞士的馬特洪峰（Matterhorn），還有……聖母峰（Mount Everest），不意外吧。不過，連綿的山巒下風處不會出現旗狀雲。

旗狀雲顯示在那個高度的空氣接近飽和狀態，但旗狀雲的主要工作是懸掛一面旗幟，為人們指引方向，是朵涵義簡單的雲。

湯上浮雲

地球會因吸收太陽輻射而升溫，而大氣的底層是受此影響最強烈的區域。其中影響最劇的部分就是地表。此處的運作與大氣層高處不同。較低的部分被稱為行星邊界層（planetary boundary layer，PBL），它是一個每天都會經歷巨大的溫度、溼度和地方風波動的區域。

想像一鍋放在瓦斯爐上的湯，任何人攪拌它之前，鍋底的湯會出現混亂的變化，即便湯的表面相當穩定，但底下的溫度不斷竄升，出現蒸汽泡泡、紊流。太陽就像瓦斯爐加熱地表，底層的湯被猛烈翻騰，然而對流層高層中幾乎沒被攪拌。最底層的地表在夜晚透過輻射失去熱能，經歷了最極端的冷卻。延伸一下這個比喻，就像每天晚上把鍋子從瓦斯爐拿下來，放到冰塊上。

知道這件事有什麼好處？每一個日夜，靠近地表的行星邊界層會遵循自己的規則。最低層大氣的溫度、溼度和風與稍高的層不同。這個氣層會隨著時間推移變厚，並在一天結束時再次收縮。經歷寒冷的夜晚，它可能會縮小到約一百公尺（三百二十五英尺），但經過炎熱的一天之後，長到二公里（一．二五英里）厚。在愈溫暖的地區，行星邊界層也愈厚，熱帶地區可達二公里（一．二五英里），但北極則只有五十公尺（一百六十英尺）左右。我們看不到它的邊界，但卻能透過某些特徵描繪出來。低雲的底部通常是行星邊界層的頂部。當你看到低層的積雲有著圓弧形的蓋子和平坦底部在空中移動，那平坦的底線就是行星邊界層的邊線。

在邊界層（Boundary layer），溫度常會出現階梯式的變化，空氣變得更暖和。正如我們所見，暖空氣在冷空氣上方代表著穩定，在這種情況下會產生一種稱為冠蓋逆溫（capping inversion）的效應，這會導致煙霧、灰塵和溼氣被困在底層。如果你曾經從高處往下看，看到很明顯的一層塵土、煙霧或霧氣覆蓋著陸地，代表你正在凝視行星邊界層。進入這一層，以天氣術語來說，它會感覺像是另一個區域。冠蓋逆溫最常見於一天的開始，當熱氣從地表發散出來，空氣的最低層觸碰到地面急速冷卻。

倘若有機會，建議你養成習慣，留意低雲層底部或霧氣、煙霧、塵土頂端的空氣，這是一鍋湯的水面，且在它上下方的天氣會有截然不同的表現。從這一層中仰望最低的雲層，你會發現雲層的動向與你在地面上感受到的風相似，卻略有不同。

堆積如山的毯子：層積雲

我們將在本章中遇見最後一種雲——層積雲（stratocumulus）。它是天空中最常見的雲，為什麼我們現在才來說它？因為它有點單調，也是一個相當乏味的跡象。

層積雲是由大量白色和灰色團塊組成的低層雲，如名所示，它是由部分積雲組成的毯狀雲。當層雲毯解體或是積雲大量湧現，且遇到非常穩定的氣層時，就會形成層積雲。雲層們向上移動的旅途中，會在相同高度被攔下來，通常這個高度是更為乾燥的氣層或逆溫層。層積雲大多覆蓋大半邊天空，且常見於海上。

它們是有點不聽話的雲，拒絕整齊排列成毯子狀或積雲家族的模樣。它們之所以常見，也不過是因為層積雲為廣泛的標籤，可以被應用在各種相似的形狀。大氣最底層的是空氣最不穩定的一層，但此時卻被穩定的空氣所覆蓋。跡象顯而易懂，層積雲的毯子表示天象穩定，好天氣即將來臨，接下來的十二小時內不會出現劇烈變化，不可能下雨，風也徐徐地吹。

想馴服這些雲就得記住：任何東西都能構成這條毯子，即便被捲成毛球狀，它仍是條毯子。層積雲的毯子就代表天氣不會有突如其來的變化。

所有的毯狀雲對溫度的影響都很顯著，它能像羊毛毯一樣，在夜晚或冬天保持溫暖，也可以在夏日阻隔熱量。層積雲是鬆軟的雲，作為許多嚴重事態的緩衝材。當毯狀的雲籠罩天空，霜降與熱浪不太會可能降臨。

如果有人站在被層積雲覆蓋的天空下，問你天氣如何，答案會是「無聊到不想回答」。

12

渴求跡象：插曲

二〇一九年五月，我躲避著陣風與刺痛臉頰的沙。藏身在阿拉伯聯合大公國沙迦沙漠（Sharjah Desert）岩石蔭蔽處之間的我，朝陡峭的岩石坡往下偷看。距離這裡三十公尺之處有一台配備著空調的 Land Cruiser（一款豐田的越野車），我朋友的朋友，阿卜杜勒相當明智地坐在裡頭，與外頭的沙暴隔絕。我努力再往岩石縫隙裡退幾步，不是為了遮風，而是不讓阿卜杜勒發現我。

阿卜杜勒看不見我著實令人高興，我趕緊拿出水瓶牛飲了幾口。此時是穆斯林的齋戒月，阿卜杜勒從黎明到黃昏都不會進食或喝水。出於同理心，食物不是我們白天同行的夥伴，這在炙熱的沙漠裡也出奇自然；但水就另當別論了，我不能沒有水。

說到齋戒月，一天當中有好幾段休息時間相當合理。沒有進食與飲水，最好也別過度勞累。阿卜杜勒熱心助人，親切地載我四處東奔西跑，但為了避免他過度流失水分，得讓他節省體力並遠離太熱的地方。他並沒有提出要求或抱怨什麼，但我想這都是很基本又能感同身受的事。

若沒多費一點心思，就無法在這片沙漠裡完成我的工作。我們的合作方式有了一個節奏：我們先在車裡舒適地吹著空調，看見需要調查的東西時就請阿卜杜勒停車。接著我踏入酷熱之中，進行一段冒險。當我走到看不見阿卜杜勒的距離，就會拿出水瓶大口大口地喝水，再拿出筆記本做紀錄。

在這樣的情況下，一些非比尋常的現象從岩石表面映入我的眼簾。黑色的石頭上點綴著白色的紋理。這很常見，白色的紋理與鑲嵌物在沙漠中閃耀著光芒和活力，吸引著我的目光。再靠近點看，它們更加光彩奪人。它們就像傑克遜．波洛克（Jackson Pollock）在他喝下當天第一杯美酒前的畫作——亂中有序，總是美麗。我拍下照片，畫了些素描，再灌入更多的水，等待風平靜下來。

或許波洛克是頗具價值的類比。大多數人第一次觀賞波洛克的畫作時，找不到結構或意象，會評斷它是不值得深究的作品。我亦如此。我仍然對高遠的讚揚保持懷疑的態度，直到得知他的作品是種碎形藝術（fractal），我的認知也倏然改變。擷取波洛克畫作的任一部分，且大且小，將它放大檢視，你能從中找到相同的圖樣，這就是碎行藝術。我曾在紐約現代藝術博物館（Museum of Modern Art in New York）的人群中擠出一條路，以便近距離觀賞波洛克的一幅畫作，我無法說自己能證實或推翻這個理論，但如果這個想法無誤，這些相同的圖樣不僅暗示作品中的秩序和意義，且內化至他所有作品貫穿始終。我們也常在大自然中發現這個現象。一棵樹在風中搖曳，剛開始看起來就像個雜亂無章的形狀（綠色的噪點），但靠近一點觀察就會發現其中的規律。一開始是樹冠的形狀，接著是盤根錯節的樹狀圖，然後是小樹枝、樹葉、鋸齒狀的葉緣、紋理、顏色，或甚是聲音。

我對岩石上的圖樣興味盎然，決心要破解箇中意涵。同一時間，我對下方的阿卜杜勒抱有罪惡感，我經常感受到一股矛盾，使我內心極為不舒坦：就因為我想研究這些事情，卻得讓某個人忍受口乾舌燥？

接著，我在富吉拉酋長國（Emirate of Fujairah）群山綿延的東邊看到很不一樣的現象。這個現象出現在空中，是我心之嚮往的跡象，卻在我預料之外。

爬下岩石，我回到沙丘上，以不雅的姿勢跑回車上。擠進車廂，試圖不讓揚塵飛起的沙粒跟我一起搭車。然後我看向阿卜杜勒。

「好，是時候了，我們走吧。」

「要去哪？」

「追雨去囉！」

我的目的地是一年僅下雨五天，且幾乎不曾在五月天降甘霖的某處。但我自信滿滿，有些跡象令人難以抗拒。

前些日子，當我還在杜拜工作的時候，有傳言說會下雨。我從城市裡的隔熱窗凝視外頭，看見海岸上方的雲正在長高，雲的頂端向陸地彎曲，符合溼潤的氣團從海洋上陸的預兆。我詢問周遭的人，想打探看看有誰知道哪裡下過雨，但只有冷漠回應我的問題。我有我的理論，但我對當地的知識匱乏，可能會讓結果在徒勞的搜索與中大獎之間產生差異。我想跟了解這片土地與天空的人聊聊天。

我時常被問道：「你是怎麼接觸到當地人的智慧？」很多人喜歡這個主意，但卻對尋找教科書裡不會寫、網路上也查不到的事物感到茫然。這是一塊敲門磚。六度分隔理論（six degrees of separation）主張透過社交圈的六位中間人，就能與所有人維繫在一起。此處的維繫是指人們確實認識彼此，而不僅是在網路上為別人按「心」。在任何地區與仍然知道這個舊方式的人交流與結識，這條規則都是通用的。

也許第一位和你交談的人不明白你在追求什麼，或者不知道這個問題的性質，但他們能夠介紹理解這道問題的人給你。這些人不知道答案，但認識一位可能知道解答的人；或許下個人仍不知道解答，但依然能提供下下一位情報者的訊息給你，以此類推。透過這種迂迴但效果優異的過程，我安排了一場沙漠會面，對象是名為穆罕默德的貝都因長者。這是個含糊的計畫。我會到沙漠去尋找雨，無論成功或失敗，這一天都會以和穆罕默德的會面告終。阿卜杜勒欣然同意為這個粗略的計畫盡一份力。

越野車裡的溫度計顯示車外氣溫為攝氏三十五度，當我們駛離城市，看著山離我們愈來愈近，時間還很早。阿卜杜勒說海岸和內陸有極端的溫差，不亞於高度的溫度差異。爬上位於阿曼蘇丹國（Oman）邊界的杰貝爾哈菲特山（Jebel Hafeet，空空的山），山頂溫度可能會比山下低攝氏二十五度。他口中那座山海拔高度約一千二百公尺（約四千多英尺），被太陽烤過的陸地加熱了近地表的空氣，這能拿來解釋山上山下的極端溫差。

少數有水的沙漠地區會為微氣候帶來的深厚的影響。水比沙子涼，因此水體上方與周圍的空氣也較為涼爽。水灌溉了植物，植物也比沙子涼爽。水、植物、較涼爽的空氣引來動物。沙漠裡的一點點水分都會使溫度和生命產生級聯效應（cascading effect）。杜拜市建成區的沙漠那一側挖了兩座湖泊，當地人陸續向湖邊涼爽的空氣聚集。典型的杜拜時尚沉穩內斂，湖的外觀被塑造成愛心形狀，得名「愛之湖（Love Lakes）」。

我們飛速駛過駱駝醫院和賽馬場。阿卜杜勒說駱駝的速度最快可達時速六十五公里（四十英里），易手價格達百萬美元。我不知道有哪一個文化不會用跑得快或強壯的動物來賭博，而此地賽駱駝更勝於賽馬。約莫十年前，我參觀了阿吉曼酋長國（Emirate of Ajman）蓋在沙漠中的賽馬訓練設施，裡頭附設馬的游泳池，是相當超現實也很現代的阿拉伯文化。

轉眼間，我們已沿著路進入沙漠。路的兩旁是一整排的灌木叢，灌木叢兩旁的沙子顏色不同。阿卜杜勒證實了我的猜想，這些灌木叢是刻意種來當防風林的，全年灌溉無休。在高緯度地區，道路受雪堆的影響很大，雪堆如同這堵防風牆。像加拿大地區，位置是一門藝術、科學兼具的學問：將防風牆放在錯誤的地點，會使背風面出現在不對的地點而使情況更糟，導致雪在路上生產叛逆的雪丘或其他種類的雪堆。很高興能在沙漠裡找到相同的藝術形式，我透過這些翠綠植物的縫隙瞄了叛逆沙丘一眼。

路邊的灌木叢攪亂了氣流（防風林的工作），促使沙子的顏色出現變化。顏色較深、偏紅的沙子留在灌木叢的迎風面；重量較輕、顏色較淡的沙子則出現在灌木林的背風面。全世界任何地方，只要風吹著沙跑都能看到一樣的情況，絕非沙漠獨有。我曾在非洲、亞洲、美洲、澳洲的道路兩側及薩塞克斯的沙灘見過相同的景致。顏色較淺的沙子重量也比較輕，因此會落在障礙物的背風面。

溫度上升到攝氏三十六度時，阿卜杜勒提及今天是伊斯蘭曆的滿月，這讓我深感狐疑。滿月早在兩天前就高掛夜空了，但我不會去爭論這種事。坐在我旁邊的男人可是為了我的利益，在不吃不喝的狀態下陪我到沙漠。他說什麼時候滿月，就什麼時候滿月。車速在經過一座村落時緩了下來，等待步履蹣跚的人過馬路。消瘦的男人手拿一片棕櫚葉，我以為他要拿來當涼扇或遮擋陽光，他卻高舉葉子去碰樹。阿卜杜勒解釋說他正為道路兩旁的棕櫚樹施肥。

在我的要求下，阿卜杜勒停下車，讓我能去探索一塊小小的高原地。我下車步行到那塊岩石遍布的土地上，環顧四周。能見度不錯，能看到遠處的阿拉伯聯合大公國和東南方的阿曼蘇丹國。這意味著空氣依然十分乾燥，這對追雨而言並沒有好處。

太陽已高掛在天際，日照相當強烈——黑色封面的筆記本已燙到我拿不住。我拿一根棍子插到地上，記錄影子的末端。這是一個古老又富含意義的習慣，能讓我們發現細長影子以外的事物。我停下腳步端詳著地面，眼睛獲得調適的時間，地面的顏色從一片白茫茫漸漸顯露出不同色調。一朵花映入眼簾。沿著它的綠色鬚鬚觀察，我猛然發現自己站在一小片綠草黃花之上。我拾起一條嫩枝，興奮地跑回車上，急於和阿卜杜勒分享他的看法，省下他的勞累。

「這裡曾下過雨。」他說。

「真的假的！什麼時候？」我幾乎無法掩飾我的驚喜。

阿卜杜勒走到附近一片相同的、剛才被我錯過的花地毯，低頭仔細瞧，然後說道：「就在幾天前。」

我現在興奮到快要跳起來——畢竟阿卜杜勒也蹦蹦跳跳一會了。阿卜杜勒不用先辨認花朵，就直接看到了跡象，這真的很難得。對我來說更常見的情況是，當看到異常、不對稱或奇異的現象時，得深入去探尋它的意涵，然後設想更多問題並繼續做研究。

「那是什麼花？你知道它的名字嗎？」我抑制著澎湃的喜悅，反向調查了起來。

「它有很多名字，我知道的是賓迪花（Bindii flower）。」

之後，我能確定它就是「蒺藜（*Tribulus terrestris*）」，它會在乾季後的第一場雨來臨時開花，是世界上乾燥區域的著名花卉。感覺空氣較稍早時更為潮溼，或許是花的出現使我有了這樣的想法，但我不認為是自己多心了。

我們回到車上繼續前進。我們現在身處沙漠之中，並且放棄任何收集沙子的嘗試。前方有個警告標語，以阿拉伯語和英文寫著：路上有移動沙丘。我們在坐落於綠洲邊界的一個村莊加滿油。這裡有綠樹和再別數小時的鳥鳴聲。村莊裡的店標示了水、生活用品和水果，其中一家賣蜂蜜和蜜蜂。此時地面上的影子很短，氣溫約攝氏三十七度。

我又再一次要求阿卜杜勒停車，爬上較高且視野較好的地方。令人開心的是，所有方向的能見度都很糟糕。天空布滿了各式種類的積雲，空氣悶熱，感覺溼氣頗重且塵土飛揚。北方的群山被淡化了，色彩不像我們早先看到的那般鮮明。我記下山脊的走向是北北西至南南東，與岩石的傾角，是西北向西南傾斜。我標記了另一道陰影，並拍下形似尾巴的沙子圖。看我對岩石興致勃勃，阿卜杜勒解釋說岩石地帶常感覺到規律的地震，但周圍的地區卻感受不到，因為震波被沙子吸收了。

我們駕車橫越沙漠，往更高、更顛簸的高處行駛，接著向下開到一塊沙丘，我們停下車子幫輪胎洩氣，與地面的摩擦力變大有助於提高行駛在沙地裡的通過性。我徒步走進沙丘約莫一個鐘頭，水分快速地流失，繞了一圈回到原處，用一塊特徵顯眼的岩石作為易辨認的地標。我感覺自己圍繞這個視覺錨點擺動。豐富的沙羅盤圖案擺在我面前，每一個都是由風以它自己私人的規模形塑而成。整座十五公尺（五十英尺）的沙丘上留下了波浪，在上面留下了漣漪，散落的小岩石周圍還有沙尾。難過且可預測的是，一條蒼白的沙尾從塑膠瓶頸延伸出來。

樹上出現了一道整齊劃一卻又詭異的水平線，我意識到這一定是駱駝線（camel browse line），也就是樹的下半部、駱駝抬嘴可及的位置被「修剪」出的水平線。在到達最後一個沙丘前，我藏起水瓶。回到車上，我向阿卜杜勒詢問那些樹叢是什麼。

「沙漠雪松，這種樹的汁液有毒，不過和沙子混合之後，能拿來當作治療駱駝傷口的消毒劑。」

我回到越野車時，氣溫來到攝氏三十九度。車子繼續前行，我的目光落在挾著白色紋理的黑色岩石。

遠處的積雲不斷地向上翻騰，每秒都在改變外型。我早先躲在有紋理的岩石後方好躲避攜帶著沙塵的陣風，眼前的雲就是那道風的始作俑者。這段距離已讓我看清事情是如何發展開來的。溫暖溼潤的空氣飄過海洋，並通過沙漠平原。只要一路上保持低緩平坦，這道空氣只能造成悶熱潮溼的感覺，以及能見度變低。

稍早的午後，陽光持續加熱地表，導致局部的對流和不穩定的大氣，這使得一團團積雲滿布沙漠上空。如果這些條件都沒變化，天氣也不會改變，但更戲劇化情況已然成熟。空氣已準備好隨時展現它蓄積滿檔的能量。當地稍微增溫，天空中就會長出大小適宜的積雲，要讓積雲成長成高聳的雨雲，需要更大的觸發條件——山。

山脈迫使不穩定的空氣上升，使之膨脹、冷卻，水氣凝結後釋放更多熱量。在一切恢復平靜之前，曬過太陽的沙子釋放出適度熱量，造成些微的熱對流——蓬鬆的積雲。但山的出現改變了一切。每顆炸彈都需要一個

積雲的高度大於寬度，表示空氣溼潤，有上升熱氣流和不穩定的氣象。

引爆器，也就是一個足以引發連鎖效應的小範圍爆炸，而山坡的傾斜面就是這個引爆器。我利用太陽找到了雲和山的方位。

「可以載我去這裡嗎？」我把地圖攤在車子的引擎蓋上，手指劃過我的所在區域，最後落到了杰貝爾山迎風面的一處。

「沒問題。」

我們在即將離開沙丘區域時停車，重新為輪胎充氣，接著朝我推測從海岸吹來的氣流會撞上山的地點全速前進。我們駛上山，進入拉斯海瑪（Ras Al Khaimah）南邊，那是個截然不同的酋長國，希望它別阻攔我們前進，我對政治上的界線興趣缺缺。

轉眼間我們抵達海拔高度約三百公尺（一千英尺）的高處，路的兩旁有很多樹木，這是一個好的跡象，代表水曾到過此處，無論是從天上來，還是飄向空中的水氣；坐在車上的我無從分辨。天空倏然風雲變色。我請阿卜杜勒停車，接著徒步從道路向下走到岩石區。我們被山巒環繞，我想找個更好的視野看天空。

一陣涼爽的風吹來，這是我在戶外數天來感受到的第一抹沁涼。從寬闊又平緩的山壑向上看，雲的變化快到我無法追蹤，亮度逐漸下降。我聽見乾枯的樹葉在岩石間沙沙作響，其中一片飛入空中，被往上吹。作筆記的時候，手背感受到第一滴雨。我摘下帽子，抬頭向上看，下一滴雨就這樣打在我臉上。一分鐘後，大雨傾盆而下，雷聲從山上轟隆隆地傳過來。雲的動向與低處的風截然不同，風猛然向上吹，又突然退回來。在我把筆記本收進背包時，鼻水從我的鼻孔流出來。一股冰涼的細流沿著背脊向下流，使我不禁打了個冷顫。

我對著天空揮舞帽子以示慶祝，接著跑回車道站在較高處，但也不算太高。當附近出現閃電時，站在山頂是很危險的，而且我也不想在下雨時待在乾燥國家的溪谷裡——有太多可怕的故事了。沙漠中，罕見的雨水沿著乾渴的河床、峽谷與溪流而過，水位在短短幾分鐘內迅速暴漲。當地人成長過程中都聽過暴洪的故事，知道要遠離；但觀光客從未想過沙漠裡的水會奪走他們的生命。伊莎貝爾·埃伯哈特（Isabelle Eberhardt）是瑞士的探險家，也是經驗豐富的沙漠旅者，一九〇四年，撒哈拉沙漠靠近阿爾及利亞的地方發生的一場暴洪吞沒了她的生命。

回到停車處時經過的樹木，光靠幾滴雨水是無法讓它們生存的，是洪暴來臨時滲透到根部裡的水灌溉了它們。回到車上，溫度計顯示氣溫下降了幾度，目前是攝氏三十一度。

我們往東行駛，在山區，每幾十公里就會看到溼漉漉的道路與乾燥的地面交錯出現，這反映著向前跑遠的紊亂大氣丟下了孤零零的傾盆大雨。靠近海岸，我能看見風暴雲在看起來無害但仍在成長的積雲中悄悄地誕生。

當天傍晚，我如期在沙漠的村莊裡與穆罕默德會面。我們從阿卜杜勒車上拿來墊子，將它鋪在沙地上充當坐墊。阿卜杜勒承諾說他會在幾個小時後回來，便開車揚長而去，輪胎繼續與柔軟的沙子奮鬥。夕陽西下，今天即將結束，我們啜飲著裝在膳魔師保溫杯裡的咖啡，吃著椰棗，在最後一道光線消失於天際時開始談話。

我向穆罕默德道謝，興沖沖地解釋我為什麼如此期待與他見面，話才說到一半，他便打斷我並告誡說，如果我計畫橫越魯卜哈利沙漠（Empty Quarter），需要準備比我預期還多兩倍的駱駝：「假設你預期自己需要十隻駱駝，記得準備二十隻，有些會死在路上。」他的手在紋絲不動的身體前揮了揮，繼續說，「以悠游在沙漠裡的魚為食吧，我指的就是蜥蜴。」

我試著解釋了幾次，他才理解我沒那麼大的野心。我循序漸進地向他說明，首先是指著星星，將我幫它們取的名字以及繁星之於導航者的意義解釋給他聽。穆罕默德懂了，他的表情出現變化，跟我說他同樣也為那些星宿取了名字，以及貝都因人利用星星確認方向的方式。他提到的方法令人熟悉——全世界都通用，名字不一樣罷了！接著我將話題引導至天氣諺語，拿了「夜晚的紅色天空是牧羊人的喜悅」來當例子。我不覺得他會在天氣的學問上與我產生共鳴，但將諺語、牧羊人、天氣與智慧連結起來或許會讓他心有戚戚焉。令人開心的是，這招的確奏效了。

「大哉問！」他搖了搖手指，「南風吹四天，遠離乾河床，大雨馬上來！」

目的達成了，穆罕默德一定能看見我難掩的興奮。他詳細地說明下去，幾個小時前的南風只是前奏曲，如果持續吹了四天，暴雨會隨之而來。無論誰待在乾渴的河床都不再安全，河床乾了數個月，直到暴雨帶來洪水淹沒它們。話題持續下去，當他說到這個現象與貝都因人的信仰之間的關聯性，我興致頓失，畢竟你怎會去相信你連他的信仰之父是誰都不認識的人。他大概在提醒我風是天氣的爸爸吧。

我鼓勵他繼續說，穆罕默德轉而談論北風。他的英文非常好，只是挾帶著很重的口音，通常我聽不懂的部分是風的阿拉伯名字，這對我來說很新穎。我們指著星星當作方向的標籤，繁星是我們之間優秀的翻譯官。北風代表冬季將至，也是準備戴上口罩的跡象。穆罕默德解釋著，北風出現，疾病的腳步也不遠了*。

我在最近幾天感受到的東風，吹來了雲，有時帶來雨。穆罕默德解釋著貝都因信仰裡，東風是怎麼和短暫的雨產生連結，有別於帶來較長雨季的南風，我聽著，感受到此刻的美好。他話裡的現象從科學的角度來看淺顯易懂：東風帶來溫暖、潮溼的空氣以及強烈的對流雨；南風則是季節性的氣團轉換，隨之而來的是鋒面雨。

「山能吸引雨，所以山的某些部分是綠色的，那是雨到過的地方。」穆罕默德愈講愈投入，我很喜歡富含詩意的比喻。山能「吸引」雨的話，還需要地形雨嗎？

我問他動物和天氣的關係，他告訴我一種蜘蛛（確切來說不是蜘蛛，像同屬動物）在快下雨時會由黑轉紅。我努力記下牠的名字，**khumfasir**。為了知道更多細節，我試著描繪牠的樣貌，

*這是在第一則COVID-19的新聞出現的前幾個月，但我多次想，我們是否很快地會重現這個傳統：冬天的風會在政治人物或科學家將它變成義務之前，促使我們戴上口罩。

我不認為穆罕默德認識這種動物，之後也沒能找到參考或辨認牠的依據。這是個仍在持續的搜尋工作。

咖啡和椰棗填滿我們的胃，賦予了能量。今天的工作已經完成了，我們天南地北愈聊愈廣。我們笑了起來，因為穆罕默德跟我說駱駝奶能讓男人在夜晚嚇嚇叫。

越野車的車燈隱隱出現在沙丘的頂部。這是一場偶然的相遇，而且談論的話題順序相反也是個奇特的體驗，通常當地的知識能幫我尋找目標的事物，但我今天是何等幸運，穆罕默德給我的資訊都與我稍早前的經歷不謀而合。

白天到夜晚，體會到天氣跡象，然後聆聽當地人的智慧，兩者都很幸運。無論何者先來，旅行者們都該欣然地接受它們自己決定的順序。

我很感謝穆罕默德願意花時間跟我分享他博大的智慧。我請阿卜杜勒明天早上在相同的地點跟我見面，之後，他們都離開了，只有我獨自一人。看不見他們的身影後，我從背包拿出一些麵包，大口大口幹掉它。我有些靜不下來，距離那杯星空下的咖啡已過了數小時。之後我躺在床墊上看著小小的雲朵逐漸萎縮，沉沉進入夢鄉。

13

地方風

間隙風・通道風・分裂風・叛逆的風・山頂風・山岳波・海風・陸風・山風、谷風、湖泊風・聯手出擊・有名字的風・側風規則

這一章，我們將在旅途中尋找各地的風，並認識各種風的特徵。有兩個主要的家族：由陸地形塑的風以及由溫度差異而形成的風。

本章登場的角色都是風的原型（每個原型都能說明一個核心的原則），認識原型風也有助於我們理解將會遇見的次級風。此概念對於理解風而言相當重要，因此我將耗費一些篇幅，以同步、並行的方式重點解說，並說明我如何將之運用在該領域的想法與方法。

幾十年以來，我好奇太平洋的島嶼領航員們是如何學會在小島和數百公里的海洋之間走出自

己的路。他們運用了很多方法，其中一個和我們切身相關。海浪撞上一座島後會反彈回來，彎曲，然後呈扇形散開，分別代表了反射，折射和衍射。水波順應自然法則，在水裡創造可靠的自然現象。島嶼領航員透過獨木舟的移動，感受到海浪裡異常的現象：海浪的波動暗示陸地就在不遠處，也指引出陸地的方向。

我在薩塞克斯家附近的池塘裡看見同一現象，驚喜之餘也驅使我寫下《水的導讀》（*How to Read Water*）一書。我猛然理解這些法則適用於全球，與我原本預設的規模截然不同。這些現象並不侷限在太平洋或甚至是海洋，全世界的池塘中漾起的小漣漪也能見到。

這個發現不僅推動了《水的導讀》問世，也為我如何處理本書的一些概念提供靈感，在我試著解說風時證明了它無與倫比的可靠性。與風有關的現象可能與水中的現象不同，但水中的現象能再一次證明風的法則也是全球通用，且在不同的尺度裡也說得通。

只要我們能認出它們，我們就能在每一片陸地、每一種尺度找出它們。黎凡特風（Levanter）是地中海西部很有名的風（和我們先前看到的利凡風有關）。它吹過幾千公里，並影響數以百萬計的人們，但就如同我們將會看到的，它與兩棟建築之間感受到的風是近親。

每一種景觀都和風息息相關。景觀造就風，同時也被風形塑。景觀透過物理上的外觀（地形）以及獨特的指紋來影響風。

首先登場的角色可能是地形風，它們是氣壓系統驅動的區域主風遇到特定地形時產生的地方風。只要堅持三個簡單的真理，就能讓風說明一切：

1 空氣不曾完美地靜止

2 事出必有因

3 我們可以感受並理解這些成因

牢記這些真理，就能開始在風最小的跡象裡找到意義。

間隙風

二〇〇七年，我獨自揚帆橫渡大西洋。有幾個原因讓我不常寫下甚至是談論這個旅程，主要原因在於這段旅程大部分都按照計畫走。最大的挑戰是航行前的準備工作，然後是旅程中的炎熱、無聊和孤獨，沒有任何一項是精彩冒險故事的基本要素。如果整個旅程是一場災難，而我倖存下來，就有更多素材讓我振筆疾書。而在我心目中，這趟旅程只有三個動人的層面，且都與我個人有關。

首先，它是多年研究、訓練、準備和努力的集大成者，而它在我立志成為傳統導航專家的道路上象徵著一個里程碑，這也致使我全心投入自然導航。

再者，我以非凡的方式完成這次的航行。你可能聽說過一人獨自橫越大西洋的旅途，相信這不是什麼稀奇事；但旅程的絕妙之處在於它是真實的孤獨。大部分長距離的單人航行是比賽的一部分，或是其他被規劃好的活動。一個人上船，沒有任何組織協助或規劃，以一己之力橫越一片海洋，這是相當稀有的事。當我駛出加那利群島蘭薩羅特島（Lanzarote）的碼頭時，我想周圍一千六百多公里內沒有一個人知道我在幹嘛，包括我的家人。直到我在二十六天後接近加勒比海之前，情況皆是如此。

第三個有趣的層面是，旅途的前四十八小時簡直是地獄。基於一個情有可原但愚蠢又非常人性化的因素，我選擇從蘭薩羅特島出發——我對它瞭若指掌。之前我曾漫步、航行整個蘭薩羅特島，我的邏輯是，旅途之初有愈少的未知事物愈好。唯一的問題在於蘭薩羅特島位於非洲大陸東北邊的邊緣，而我往西南前進。在抵達大西洋的開放水域前，我必須先通過島鏈。

試圖通過島鏈的船下暗潮洶湧，潛藏著不計其數的風險，更何況是單人航行，我面臨一場考驗。海上航行著許多船隻，但我更怕其中的商業船（不是那些被忽略掉的漁船）。然而，在「加速區（acceleration zones）」之前這些問題都不算什麼。當風吹到了加那利群島，在島上的火山峰之間被擠壓、變形，轉瞬間從溫和的微風化為七八級的狂風，足以讓一艘滿帆的遊艇跳起危險的舞蹈。這個突然的改變讓人身心俱疲。它代表為了尋找風的足跡須不斷地研究水的表面，與周遭水面模樣不同的小區塊也許能在幾分鐘前提供預警。這在日間是很有挑戰性的，在晚間則近乎不可能。此刻，對間隙風（gap winds）的興趣已深深印入我的腦海中。

當風被迫吹進一道狹窄的縫隙裡，它會加速。任何流體、氣體和液體都一樣（這就是為什麼將姆指壓在水管開口，水會噴得更遠）。這也解釋了，當一條河流因為島嶼而一分為二，島嶼兩側較狹窄的水流會比匯聚後的水流流速更快。

幾千年前人們就發現狹窄縫隙裡的風會加速。我們前文談論過的古希臘學者泰奧弗拉斯托斯，在兩千三百年前寫下風的加速與水的相似之處：「因為穿過縫隙的風總是比水流更猛烈。集中使它產生更多的推力。這就是為什麼當別處風平浪靜時，風總是在狹窄的通道中颯然現身。」

在最後一句話中，泰奧弗拉斯托斯選擇了一種有趣的描寫，即間隙風就像風從無到有產生出來。如果一道風相當微弱，我們可

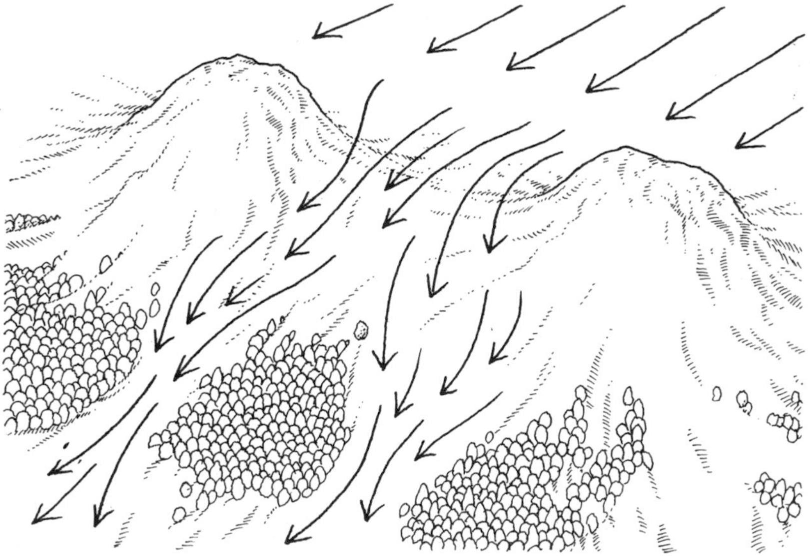

間隙風

能無法感受它的存在，引起人們注意力的往往是間隙風。

我們都會向行走的伙伴說「起風了」，從某種意義上說，我們是對的：風的確加速了。但如果我們提到「風又停了」，事實可能是：主風是一道微弱、持續的風，我們已經通過了某個上風處的間隙，卻沒有發現它玩的把戲。

密史脫拉風（mistral）是一道頗具名氣的間隙風，它的規模相當宏偉，從北方一路吹向近地中海的南法地區。密史脫拉風如同所有風一樣，由不同的氣壓驅動，通常是西北部比斯開灣的高壓系統和南部地中海的低壓系統，風必須穿過阿爾卑斯山和塞文山脈（Cévennes）。山脈之間的山谷如同被拇指壓住的水管口，風在此處加速至臭名昭彰的速度。古代的地理學家斯特拉波（Strabo）告訴我們，這道風將人們從戰車推落。從斯特拉波的時代以來，風並沒有什麼改變，近代的作家尼克．杭特（Nick Hunt）為了一睹密史脫拉風前來此地旅遊，對風獻上的見面禮相當滿意：

> 彷彿遭受攻擊一般，我以防守的姿勢過馬路，用冷冰冰的手遮住雙眼……市政大樓上的三色旗正盡力掙脫旗桿，人們彎腰四十五度行走，髮型歪向南邊。

如同大部分的間隙風，密史脫拉風常見於冬季，部分是因為氣壓系統的變化有季節性，也因為間隙風在空氣寒冷時最為強勁。冷空氣密度較高，受地心引力影響更大，被用力地擠壓在間隙裡。

間隙風的吹拂不分長短距離。如果一個地形逐漸變狹窄，形成一道間隙，風速會逐漸加快，在最狹窄的地方達到最快的速度。加州的聖塔安那風（Santa Ana）在高壓系統端生成時是微風，在它們擠過聖加百列（San Gabriel）與聖伯納丁諾（San Bernardino）的海岸山脈之間時，風速可達時速九十七公里（六十英里）以上。

間隙可以是一個高地的低點或平原的低窪地。視我們的觀點而定，間隙可以被叫做山口、山坳、鞍部、V形切口、峽谷或任何在冗長的名詞清單上的替代詞彙。關鍵點是，風依循著一條狹窄的路線吹越景觀時，速度會加快。

間隙風太有名，以至於在大規模時會很難被忽視，即當地居民知道風在直布羅陀海峽等地方的習性，但如果規模縮小，風會嘗試在無人知曉之下通過。我們必須謹記在心，風在景觀裡的兩個高點間會加速，不論它們是高的山峰、兩片樹林或甚至是兩棵樹之間。

我們先前所見、衝過西班牙小鎮塔里法（Tarifa）的那道喧囂是間隙風。塔里法是坐落於直布羅陀海峽上的島嶼，路過此地的風都得在歐洲、非洲大陸之間擠一擠。

通道風 Channel wind

一開始是間隙風的風，常會繼續沿著較低的路線，並在距離間隙很遠的山谷處形成讓我們感受到呼嘯而過的狂風。當一陣風，尤其是寒冷的風下沉到一座山谷，山谷的走向與影響風的壓力梯度方向相同，風就會沿著山谷吹。山谷圈住了風，讓它們沿著山谷的軸向吹：換言之，山谷將風引入谷內。

我永遠不會忘記在約克郡谷地（Yorkshire Dales）探索的那幾天，連綿不絕的山谷沿著本寧山南北向的山脊由西向東延伸而去。

天氣總是烏雲密布，我用被風雕塑的樹作為主要的指路工具。在第一天早早偏離航線後，我意識到得重新校準我的「指南針」。這些樹梢都沒遵循著整齊、可靠的在地趨勢由西南向東北彎曲，佇立在山谷裡的樹都由西朝東彎曲，表示山谷的走向是由西向東，所以風和樹梢也會順著相同的方向。

當山谷延伸到海岸，該處有一道離岸風，通道風引發的效應會將強勁的風帶往更遠的海域，岸邊則是風平浪靜。風在風帶中輕輕散開，它們在水中留下的圖案清晰可見，尤其是從高地觀看風平浪靜的海面時。尋找從沿海任何低點延伸到海面上、較暗且正在加寬的風帶。在有懸崖高低差的地方，效果可以是很漂亮的，而看見畫在海面上的土地形狀令人興奮。

分裂風 Split wind

很多古代的作家都是熱衷於大自然的學生，他們將富有想像力的敘述編織在一個觀察入微的現實之上。荷馬（Homer）的作品裡有豐富的奇妙生物與現象，並且以海洋、陸地和天空為背景，用現代科學家也能辨認的方式敘述。古希臘詩人阿波羅尼奧斯（Apollonius of Rhodes），在描述《伊阿宋與阿爾戈英雄》（*Jason's Argonauts*）的神話時，還特別抽空講說：「赫利克對面有一片叫做卡蘭比斯的前陸，四面都很陡峭，向大海呈現出一個高聳的尖峰，將來自北方的氣流一分為二。」

當風遇上島嶼，會在特定地點加速，行進的方向也有所改變。風受島嶼阻隔無法直接穿越時，必須從上方吹過，或者繞過島嶼。當我們想到從平坦的海洋凸出來的島嶼時，是很明顯的，但我們也能日常風景中體驗到它。

在我最常散步的其中一條路線上有一個天然休憩區，位於放牧場的邊緣，我喜愛在晴空下坐在凸起的草肩上，夏天會待上一個小時，冬天就沒辦法這麼愜意享受了。坐在這兒總是能幫助我釐清出門散步是計畫之中的事，還是我內心的不安所驅使，無論是哪種想法，我背包裡的保溫瓶總會裝著茶，還有一些零食。

無論從哪個方向望去都有絕佳的景觀，美景一路延伸至南邊的海。西南邊有一座我再熟悉不過的小山丘，我從不同角度拜訪它不下數百次。它為我帶來的體悟甚多，以至於我在書中常提及

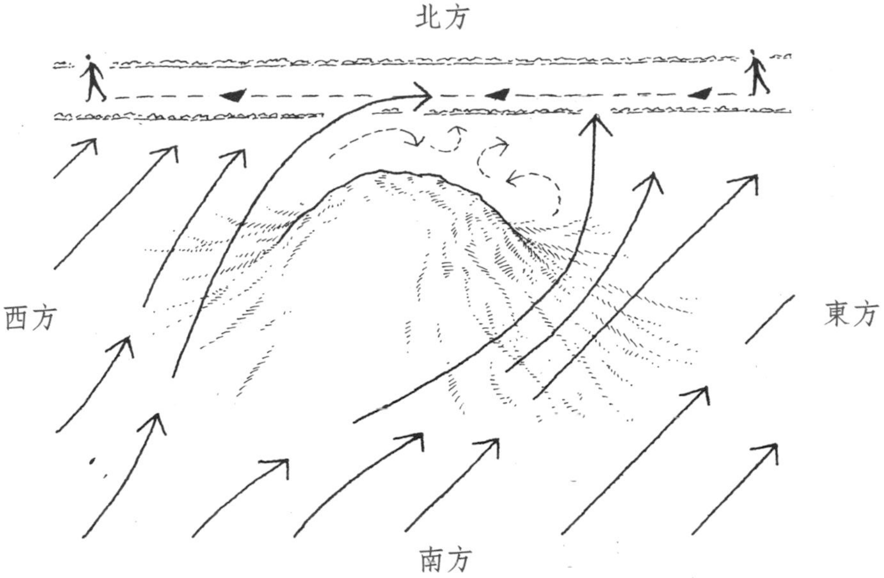

分裂風

這座小山丘——就叫小山丘，它並沒有一個確切的名稱。在英國，絕對有數以千計類似的山丘，它們在小區域裡享有顯著的地位，卻沒有像樣的頭銜。

我的散步路線通常是一個迴圈，引導我經過位於山丘東北方的休憩區。地形與從西南方吹來的盛行風意味著我可以在這裡看到兩種風。西南風被山丘一分為二，我感受到風先是從南邊吹來，不久後變成西風。

即使是在有西南風的那些日子裡，風很少完美地來自西南方，它總是會更偏南或更偏西邊一點。山丘會放大這個差異。

靠近山丘，背風效應（lee effect）與枝繁葉茂的山坡塑造了輕柔且多變的風。在更遠的下風處，分裂的風再次融合，並將山坡的效應拋諸腦後。在我的休憩區，正是坐在兩道風結合的位置。當我再度踏上散步路線，我習慣向南風道別，迎向它的西風兄弟。

叛逆的風

泰奧弗拉斯托斯（Theophrastus）描述了當地景觀如何使風旋轉。當風在行經路線上經過一個障礙物時，我們可以想像它被絆倒，變得猛烈。障礙物的下風處是使風旋轉的地方，稱作「渦流（eddy）」，到處都見得到渦流的蹤跡，在建築物角落旋轉紛飛的灰塵、篝火煙霧混亂的旅程、當我們坐在咖啡廳外頭，有一輛車經過時感受到的旋轉陣風。它們從幾公分到幾百公里，各種規模都有。

混亂的氣流在很多層面都有很有趣。它提供一些確切的事情。我們可以挺起胸膛自信地說：當一陣風經過一個尖的或凸出來的障礙物，平順的流動會被破壞，創造出複雜的旋渦，即渦流。這是不變的法則。

但它也提供不確定性，預測渦流的準確位置和行為對於現實世界的科學來說太過複雜，未來大概也總是如此。這與被稱為「蝴蝶效應」的科學原理有關，這是一個混亂理論之下的分支：在起始的變數，任何一個最微小的變化都會導致我們所觀察的現象裡發生重大改變，且通常會影響整體。這就是俗話所說，蝴蝶拍動翅膀，改變了世界另一側的天氣。渦流的規模不足以用眼睛發覺，但更小的例子在你我的日常生活中上演。

兩年多前，我讓我的小兒子維尼，幫助我研究當他走進房間的另一側時，蠟燭熄滅後上升的煙會發生什麼變化。煙的形狀不僅大幅改變還無法預測。我同時學到，充斥著第一人稱的電玩時代，做實驗時需要更多的吸引力才能維持一個十一歲小孩的專注力。

我們對世界了解得愈多，會發現精確和模糊的組合是很有幫助的，因為它反映出大自然固有的一面。我們可以敘述一公升左右的空氣裡會有多少分子，也可以準確地預測空氣在被加熱和被壓縮時會有什麼反應；但沒有任何方法能夠挑出一個分子，確實預測出它接下來的路徑，即便只有一秒鐘。

當我們遇見風的渦流時，學著去認同精確和模糊的夥伴關係，將會有所幫助，且這適用於所有的尺度，從宏偉的山脈到一棵大樹。北美黃杉和雲杉的下風處擁有不同模式的渦流，知道這點也無濟於事。〔但既然說了就解釋清楚，在北美黃杉下風處有對稱尾流（sinusoidal），在雲杉之後則是「正弦曲線狀的渦流」。〕我們要將心力放在為更廣泛的現象獲取有用的資訊，而不是在一個更大的尺度裡擔憂那些試圖戲弄、驚嚇和擾亂我們的微小現象。我們可以辨認一個人的臉，並猜測他們笑容的意涵，但這無須了解他們嘴唇上每一道皺紋的位置。

最能夠依賴的渦流模式是它們旋轉天性的反映。在一個障礙物下風處的混亂旋轉氣流意味著有一個地方，它的風往四面八方流動，包含與主風相反的方向。這是製造叛逆的風的原因，是流體模式的詹姆斯．迪恩。（叛逆的風創造了我們在第九章所遇見的叛逆沙丘。）

倘若你的上風處是尖的、凸的、鋸齒狀的、陡峭或凹凸不平（反正就是任何與平緩相反的詞彙），那麼渦流就在你附近。風將會在短距離內改變方向，且難以預測。但有些地方的風會挾帶著較低的雲，它吹的方向會與主風相反。倘若你找出這個地點，請特別留意風在你每一步、每一秒的強度與風向。

渦流可以是垂直或水平的。吹過屋頂的風會下沉引發垂直的風渦流，吹過屋子角落的風會形成水平的渦流。在這兩個例子，你會感受到一陣叛逆的風吹向屋子，即使你是在下風處。在巨大的地形裡，會有一個類型占據領導地位：垂直的渦流會從山脊上跑下來，水平的渦流則會出現在半島這類向海洋突出的海岸周圍滾動。

障礙物愈大，渦流愈強。障礙物的形狀愈陡峭，渦流愈顯著。如果你在有巨大障礙物構成的景觀下風處，如陡坡或懸崖，然後有很強的風，渦流會相當巨大且強勁。在寬廣的區域可能會有顯著的叛逆風，吹向陡坡或懸崖，即使頭上的雲往反方向賽跑。這個大規模效應的正式名稱是「轉子氣流（rotor streaming）」。倘若懷疑你正位在經歷這些叛逆風的地區，那們請尋找任何樹或較低的植物。如果你判斷正確，它們會證實這個趨勢，指向那道牆，即使是在那道牆與主風相反方向的區域。更大規模的轉子渦流製造出我們先前看到的滾軸雲（見第一九二頁）。

在大風中，這個效應可以強到把樹吹倒，如果你遇見一個區域，樹遭到破壞倒在地上，風吹

一陣叛逆的風踏平蘇格蘭高地的一片森林。

向一個尖銳、高的山峰，我們可以合理地懷疑是一個叛逆的風。

山頂風

誰沒感受過山頂那道彷彿要將人捲起的風？隨著山爬得愈高，風就會愈強勁，風速受地表摩擦力減少而增加，高度每爬升三十公分（約一英尺），風就吹得更加猖狂。一九八六年，蘇格蘭高地的凱恩戈姆（Cairn Gorm）山頂上記錄到一道時速高達二百七十八公里（一百七十三英里）的陣風。同一天、同一座山標高一百五十二公尺的測風站記錄到的風速只有每小時一百八十九公里（一百零五英里），山谷的風速則為每小時一百零一公里（六十三英里）。

低地觀點讓我們以為這道風有「在山頂增強」的效果，實際上山頂風是主風最原始的樣子，只是我們在低處體驗到的是被減弱的風。

山上的風速受高度、形狀、地形阻隔與鄰近海岸的距離等因素影響。風吹得愈強，代表山的海拔高度愈高、愈狹窄、山峰愈孤高且離海岸愈近。

在山稜線上，短距離內的風速會有很大的變化。如果風沿著稜線平行吹過，會有起伏不定的波動，但如果它垂直地吹過稜線，要注意風速上的危險變化，與主風的風速落差達〇．五至三倍以上。

風向也隨著高度變化。我們走得愈高，摩擦力愈小，風逆轉的程度愈低（如水從排水孔的左側排出，見第五十一頁）。以另一種方式來說，當你在北半球爬山，愈爬到高處、轉向程度愈低，你會感覺風方向變了。

山岳波 mountain-wave wind

前文已提過山岳波的頂端會形成莢狀雲（lens clouds）。不論我們在哪裡看到莢狀雲，鄰近它們地表的風速會出現很大的改變。

雲層下方的地面風較為微弱，因為氣流在此處升到最高；而雲與雲之間會出現比附近更強的局部地面風，因為氣流在此處下降。

逆溫現象會加強這樣的效果。逆溫現象就像一個蓋子，強行將風往下壓擠至地面，美國加利福尼亞州棕櫚谷（Palmdale California）的山浪呼嘯而過，凡樹盡倒，民宅的窗戶也嘎吱作響。

到目前為止，我們以較大的尺度探討山岳波，從它的名字看來這相當合裡。但必須記得，相同的特徵會出現在任何尺度的風。第五章曾遇見過迷你版的山岳波，風在兩個樹林之間吹蝕土地，樹苗難以在裸地裡成長，相同章節裡也敘說了微弱的叛逆風。不用特地翻回去讀，未來有機會再重讀這本書時，你就能認出這些小小的特徵。我不會將它們偷藏在文字裡，好比大自然也不會把它們藏在景觀當中。當我們動身尋找，處處皆提示；空等答案，它們也不會自動送上門。

我們已經看到地形塑造出來的風，現在要來會見一個新的家族——巨大的溫差產生的風，其中最為人所知的是海風。

海風

一九五〇年十一月，一位叫作愛德華．內文（Edward Nevin）的高齡病患，在動完前列腺手術後回到美國舊金山的家中休養。醫生對他的復原狀況相當樂觀，然而，愛德華的病情急轉直下，再度入院治療，最後在醫院裡離開人世。

醫生們感到不解，解剖了愛德華的遺體後發現是心臟瓣膜感染的細菌奪走了他的生命。進一步調查後，另有十位病患也感染相同的細菌，這名兇手正是黏質沙雷氏菌（*Serratia marcescens*）。沒人知道它從哪裡來，但懷疑的手指向了史丹佛大學醫學中心泌尿科，十一位病患皆在該部門接受手術。這場由詭異的細菌引發的一連串嚴重疾病被記錄下來，送進美國醫學會（American Medical Association）。這個案例的結束如同開始一樣突然，未解開的謎題使醫生們疑惑了二十年。

幸虧有解密、專業的調查和洞見，愛德華・內文的死因終於真相大白。一九七六年，愛德華的家人得知在他過世前後，美國軍隊曾在舊金山做過一些生物戰實驗。加州政府著手解密與一九七〇年相關的軍事檔案，其中一位記者在一九七六年寫下的文章，將舊金山生物實驗和愛德華的死連結了起來。醫療檔案重啟，愛德華的曾孫與處理醫療事故的律師將檔案呈交給州政府。

生物戰實驗本身沒有爭議，沒有人否認細菌從海上的軍事船洩漏出來。問題在於，當時在史丹佛大學醫學中心受治的愛德華與其他病人是否因此感染細菌。回答問題的人並非軍方、法律或醫療的專業人士，而是一位氣象播報人員——威廉・H・哈加德（William H. Haggard），他來頭不小，是國家氣象中心主任兼法庭氣象專家。

哈加德能夠解釋細菌從船上到醫院的旅程：「午後的海風突然襲來，將集中的雲粒推向陸地，雲粒往陸地移動時，迅速地越過城市裡的山丘。」

審判出爐，加州政府憑藉能免除法律責任的技術問題安全下莊，但哈加德仍然堅信是實驗造成愛德華．內文的死，且指出軍隊可以在遠離人口稠密處進行生物實驗。

通常海風不會是生物戰實驗的被告。大多時候，它們面容和藹，在溫暖的日子裡為海岸帶來一抹涼爽。

吹著微風的晴天（典型的高壓天氣），地方風會被不同的溫度變化搧動，產生不同的風。天氣晴朗時，陸地升溫比海洋更快，氣壓的差異使得空氣從海洋流向陸地，形成了海風。海風只會在陸地溫度比海洋高攝氏五度以上才會出現，意思是從上午十點到傍晚才會吹海風。倘若海岸的一天始於一個溫暖、無風，雲量稀薄的晴天，當你在上午十點到傍晚所感受到的風可能就是海風。

海風是循環的一部分，冷空氣從靠近地面的海吹過來，這表示我們可以感受到它，然後它在陸地上碰上了上升熱氣流的軟牆。上升熱氣流強迫微風在一個叫作「海風頭（sea-wind head）」的點往上移動。然後空氣流回海洋，取代流進陸地的海風。

我們無法一窺循環的全貌，但我們可以在雲裡看到線索。通常在海風頭上會有一些積雲。理論上，海風在陸地可達到每小時五十公里（三十英里）以上的風速，但愈往內陸吹速度愈慢。你最有可能在距離海岸幾公里內的地方感受到海風。

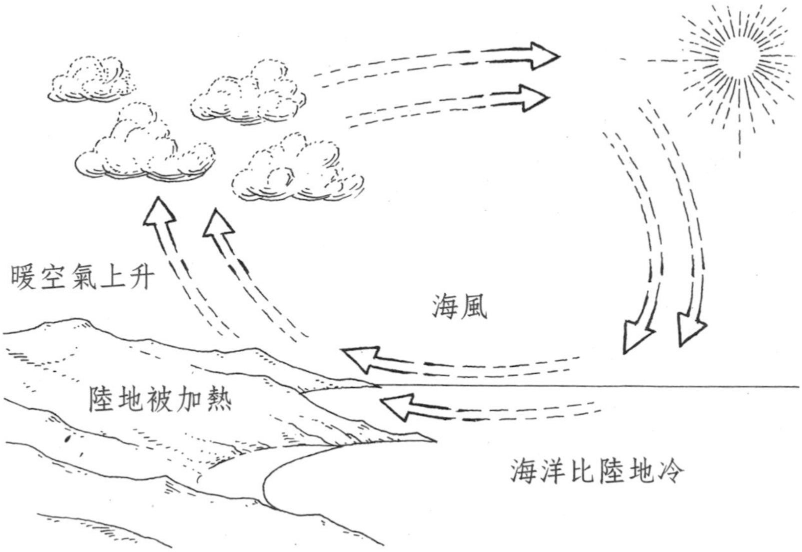

我住在距離海岸約十公里（六英里）的地方，比起感受到海風，我更常看見海風頭上的積雲。只要你認識這些積雲，就很難錯過海風的循環，它帶來兩個贈品：第一個，它們形成一條大約平行於海岸的線，在這些積雲和海之間會有一片乾淨的區域，沒有任何雲在陸地上。一個海風頭就如同一道迷你小冷鋒。

第二個，海風頭上方的雲有多高，也是一道線索：雲愈高，風愈強。一天當中，海風會隨著溫度上升逐漸增強。當海風前端接觸到上坡地，情況愈發糟糕，天氣更加不穩定，出現高聳的積雲，甚至形成風暴。

深入陸地的海風受科氏力影響向右轉向，兩道鋒面會在海風與半島相遇的地方結合成一條雲線，大致在陸地中心上方，是積雲的空中主幹。

英國夏天，一道霧沿著海岸出現，看起來並

不符合當日的天氣，有可能是在海上形成，然後被海風拖曳至海灘上。

陸風

海風的家人，陸風，被同樣的物理原理驅動。如前文所述，地表的熱量在夜晚被輻射出去，天空愈晴朗，溫度下降的速度更快。陸地上較冷、密度較高的空氣流向海洋，相反的條件則形成海風。此時，一道陸風鋒面和積雲一同出現，只是這次的背景在海上。

陸風的作息與大眾相反，狂歡派對從午夜持續到黎明，因此我們較難碰到它。但在沿海區域，當你在溫暖

一個寒冷無雲的夜晚，陸風在遠方的海上形成積雲。

和煦的早晨醒來，發現海上有條與海岸線平行的積雲線是很正常的事情。

山巒一路延伸到海岸的沿海城市是世界上最炎熱的地區，陸風相當受歡迎，它們在夜晚淨化城市的空氣。倘若你發現陸風或海風的跡象，請深深地、均勻地呼吸空氣。氣味的改變有趣且令人愉快，晚餐時能享受到海洋的鮮味，早餐時間則能品嘗到山裡的松樹氣息。

山風、谷風、湖泊風

海風和陸風是區域性溫差影響地方風的明確案例。但每片景觀中多多少少都能看到相同的效應。一道顯著的風會從灌溉豐穰的農田吹向鄰近升溫更快的裸地。

直面太陽的山頂，升溫的速度會比陰影籠罩的低地更快，由涼到暖的氣流就此產生，一道氣流朝著上坡吹向更高、更溫暖的地方，這就是谷風。如果山峰的一側變暖，而底下有冷空氣，氣流會再一次吹向溫暖的高處。因此谷風沿著山谷吹向山頂，或是吹向太陽照射的那一側。（通道風和谷風不同，前者是既有的風被陸地引導；後者是因為景觀裡的溫差使氣流產生移動。）

這些溫暖的、上升的微風可以強到足以在山頂或附近製造出積雲。早晨的陽光快速加熱智利阿塔卡馬沙漠（Atacama Desert）那黑暗、陡峭的火山坡，積雲形成，是沙漠深藍色天空中唯一一抹白色。

夜幕降臨，溫差產生了反方向的氣流，風向著下坡移動，這是「山風」。山風和谷風很像，請謹記大部分的風會以發源地命名，而不是目的地。谷風從山谷向山頂吹，山風則是從高處向下吹。

風很少出現完美的對稱。每天沿著山谷向上流動的暖風風速可達時速二十公里（十二英里），卻鮮少在移動路徑上損害任何東西；深夜，寒冷的山風挾帶著冷冽的空氣向下吹，一路緩緩地殺死怕霜的任何東西。如果你只在上坡側看到受到霜害的植物，它們可能已遭受山風凍人的致命魔爪侵害。

一座山有可能同時吹谷風與山風。日出後的須臾，太陽溫暖了山谷的東側，創造出一道向上吹的谷風，此時仍有一股寒冷的微風從山峰吹來。

被陽光溫暖的巨大冷湖可以與山聯手創造規律的風，依循著日升日落產生的時刻表吹拂。加爾達湖的早晨，佩勒風（Pelér，義大利文的「風」）從北邊吹來；傍晚太陽收工時，換吹來自南邊的奧拉風（Ora）。幾世紀以來，船上的商人運用湖泊風的規律來通勤。

更知名的科莫湖（Lake Como）有自己的版本，布雷瓦風（Breva）和蒂瓦諾風（Tivano），不過，當地的貿易船早已被遊客、風帆衝浪者以及拍照打卡的人取代了。

天氣學家將上升的地方風描述為上坡風（anabatic wind），下沉的地方風則是下坡風（katabatic wind），英文字首的 ana 與 kata 分別源自希臘文的「往上」和「往下」。雪地上方的冷空氣比周遭區域冷上許多時，會形成極端的下坡風，雪地上方的冷空氣滾下山坡，不斷加速。我在冰島西岸航行的小遊艇曾遭受幾道強勁的下坡風侵襲，船被吹翻，旅途更加艱鉅。

上述所有的風受熱驅動，因此在溫暖、晴朗的高壓天氣，萬里無雲的晴空創造出最大溫差時，風也最為強勁。

聯手出擊

當然，這些風從未發誓要當一名獨行俠。從山頂滾下坡的冷空氣加入陸風的行列，在吹向大海的旅途中發現自己受河谷的通道引導。從泰奧弗拉斯托斯到偉大的亞里斯多德，許多古希臘英雄都注意到河口附近有片狂風大作的區域。阿波羅尼奧斯記述：「傍晚時分從河流吹來的強風激起了大海的滾滾浪濤。」

我們能理解從河谷通往海岸的路上加入了山風與陸風，但一想到河流往海洋裡發出吼叫時，我找到更值得紀念的效應。

有名字的風

有名字的風是很浪漫的，我尤其喜歡俏皮的語言和傳統。加爾達湖的風並不孤單：夏威夷的卡帕利魯阿風（Kapalilua）、智利的比拉松風（Virazon）或是橫掃直布羅陀的答圖風（Datoo）等，都是令人喜愛的角色。有些風早已深植當地的靈魂，它們構成了文化的一部分，並賦予居民在地情懷和方向感。在法國和義大利，當人們談論「失去特拉蒙他那風」，就好像我們會說某個人「迷路了」或「出軌了」。莫里哀在喜劇《貴人迷》（*Le Bourgeois Gentilhomme*）中就使用了這個說法。

許多被命名的風瘋狂肆虐，駭人程度足以使人變得鐵石心腸，就像《咆哮山莊》*裡的希斯克理夫，而不是《傲慢與偏見》的達西先生。風也改變了建築，許多地方會加厚受風吹拂的牆面，如布拉風（Bora）路徑上的建築物。一股寒冷、憤怒的風從阿爾卑斯山到達爾馬提亞（Dalmatian）海岸呼嘯而過，威脅著沿路的一切。居住在路上的屋主會在房子上鋪上「小鴿子（golobica）」，它是很重的石塊，可以防止布拉風吹毀房屋。因此，你可以沿著「小鴿子」畫出布拉風的路線。

我不想要質疑任何浪漫的事，但值得我們放在心裡的是，給予地方風一個名字不會讓它變得獨一無二。每一個被命名的風都有我們看過的根源和成因。例如，在澳大利亞西部、被稱為弗里曼特爾醫生的風，就只是一道海風。

*編註：《咆哮山莊》的主人公希斯克里夫受種種境遇驅使，成為鐵石心腸的人。

側風規則

湯瑪斯．哈代（Thomas Hardy）在小說《遠離塵囂》裡寫道：

「夜晚呈現一種不祥之兆，來自南邊的暖風徐緩地吹過高聳物體的頂端，雲朵漂浮在蒼穹，行進的路線與另一堆雲層呈現直角，他們的行進方向有別於下方的微風。即將打雷，根據天象，綿延的雨將造訪，意味著乾爽的季節要落幕。」

哈代，就如同荷馬以及其他偉大的作家們，故事背景與真實的自然世界雷同。如果背景設定在與我們認知相符的世界裡，我們對愛、恨與復仇交織的複雜情節入戲更深，甚至是下意識地認同塑造而出的虛構世界。小說裡，當見到雲與另一層的雲呈「直角」移動後，壞天氣紛至沓來。這是對人稱「側風規則（crosswinds rule）」的關鍵跡象絕佳的文學描述。

道理很簡單。背對著低處的主風站立（略高於樹、吹動低層雲的風），注意最高處的雲移動的方向（通常是卷雲）。若雲從左飄到右，壞天氣的鋒面系統即將到來。如果低處與高處的風方向一致，天氣在短時間內維持穩定。雲從右邊移動到左邊的話，大多是天氣好轉的徵兆。

這是為什麼呢？側風規則是隻奇怪的野獸，它的理論無法完美地放進本書任何一章，側風雜揉了低處的風、高處的風、鋒面、雲以及氣壓系統，但主要和風的感受有關，所以放在本章介紹。運用很簡單，解釋卻很困難。側風如是說：「繫緊安全帶吧！」

鋒面系統接近時，較高處的風與低處的風總是不那麼協調。在北半球，氣流逆時針繞著低壓系統旋轉。背對著風時，低壓系統在我們左邊，右邊則是高壓系統，這就是白貝羅定律（Buys Ballot's law，名字來自十九世紀的荷蘭科學家）。較高處的雲有助於測量更高海拔的風向。

有一個怪異的比喻：想像你是一隻待在草地裡的螞蟻，高大的草葉隱蔽了你。遠遠看見一名園丁推著割草機向你而來。探了探低處的風，風向與園丁走來的方向相同，問題不大。但就在割草機接近，你感受到風向驟然改變，與園丁的走向截然不同。大難臨頭啦！在這個奇怪的比喻中，園丁是噴射氣流，割草機是低壓系統，旋轉的刀片就是鋒面。刀片掠過了你，你逃過了死劫，才能講述這個故事。

與雲的線索配合使用時，側風規則是穩健的，尤其是卷雲和卷層雲的發展。

上述是構成側風規則的可靠理論，會將單純的實用方法複雜化。言而總之，背對著低空的主風，望向卷雲，然後謹記著「當卷雲由左往右移動，是鋒面即將來臨的線索」，或者簡單想：「從左到右，天氣糟透。」

側風規則只有在比較主風和高空風時成立，而非地面風，同樣不適用於海風、陸風或谷風。

每一天都有不同的性格，懷揣著這個想法暫時和風說再見。隨著日升月落，周遭的事物也會離你遠去。當某些電子產品奪走我們的注意力，風正悄悄地從旁邊溜走。我們感官無法成為偉大的領導者，因為他們幼稚、趕流行，迫切追求下個閃耀的事物。如果眼睛企圖掌控你的一天，提醒他們，感覺周遭、聞聞氣味、聆聽空氣才是老大。保持對風的靈敏，每一天都變幻多端。

14

樹

樹毯·認識樹的雨傘·隆起的風·林地溼度計·樹木失蹤事件·來自樹的風·在樹林裡·耳語聲和感受性·紅色代表陽光

馬在進入森林後變得侷促不安，孩子們也會惶恐害怕。昏暗的光線及幽閉感使人憂慮，也會招來恐懼。但是，當我們學會如何探索森林裡的微氣候時，焦慮會轉化為好奇。

夏天，你會在接近林地邊緣的地方找到昆蟲雲，牠們聚集在有食物和水源的地方，或許有些東西就像溼潤的糞便一般開胃。昆蟲們對林地附近的風向很靈敏，也因為牠們熱愛溫暖，所以我們會在陽光下看到牠們的蹤跡，卻無法在林地較深處的地方瞥見牠們的身影。動物們對樹林及周邊地區的天氣變化瞭若指掌，畢竟意識瞬息萬變的天氣攸關動物生死。我們也能開拓這種水平的意識，且不必尋找糞便。

每個人都能預料到走過樹蔭時會照不到陽光，但我們能感受到腳趾到頭頂之間的溫度變化嗎？或者短距離間溼度的改變？不同層次的風呢？夏天的樹林會比林地周圍更加涼爽，冬天的樹林則較為暖和，這概念我們都不陌生，但我們可曾注意到在晴朗的夜晚，樹林比遼闊的地面溫暖多少？天然樹林裡的天氣瞬息萬變，而人工樹林的變化是和緩的嗎？還有，為什麼太陽升起會讓樹林在倏忽間變冷呢？

樹木影響天氣，創造了自己的微氣候，但景觀也反映了它們所經歷的天氣。如果我們可以理解這兩個觀點，當我們進入它們的世界時，樹木會告訴我們許多跟天氣的變化有關的事。

樹毯

讓我們從前文的最後一個問題開始，因為它讓我們對深入樹的宇宙有一個很好的洞見。為什麼林地在日出後會突然變冷？想像你在陽光明媚的秋日午後散步在林地與房屋交錯的鄉間，感受到陽光灑在臉上和空氣中的溫暖，當你進入林地時，並沒有什麼特別之處：你的身體失去了陽光直射帶來的溫熱，周圍的空氣明顯變涼，如果你停下腳步，不出幾分鐘，你可能會冷得發抖。

出於實驗精神和不安的理由，你決定重複之前的路線並再度前往林地。這一次是在凌晨，天亮之前，星空下的空氣有點凍人，剛才經過的薊上正在結霜。現在，你走入樹林，感受到一絲暖和，樹林裡不僅溫暖，而是更加地溫暖。從空曠的田野輻射發散出來的熱量被困在樹冠下。樹的本身有一些餘溫，而這樣的溫暖向著你傳來。

你決定等待一小時，等陽光溫暖大地後再從樹下走出去。太陽升起，你期待去感受第一道曙光的溫暖。但令你震驚的是，此刻樹林裡的溫度突然下降了，這是怎麼回事？

初升的太陽溫暖了部分地表，形成了一股溫和的空氣循環。徐徐微風交換了溫暖的林地空氣和樹林外寒冷結霜的空氣。該是從樹毯裡走出來的時候了，經過測量，溫度下降了多達攝氏四度，如果你已經夠冷了，這樣的溫差只是雪上加霜，此時再吹來一道微風，那還真是冷到骨子裡頭去了。

陽光明媚的白天或繁星點點的夜晚，在一棵樹下行走，體會到的情況相同，只是尺度較小。當然，你會在白天感受到樹蔭的涼爽，夜晚則更為溫暖。

樹種之間也有季節性的波動。針葉林全年的表現相似，在夏季時比周圍環境更冷，但在晴朗的夜晚則更為溫暖。冬季的落葉林類似開闊的田野，而夏季的蓊鬱帶來林蔭。樹毯的經驗法則與我們思考結霜的方式有關。如果地面到天際之間沒有被任何遮蔽物阻礙，那麼，晴朗的夜晚將會非常地寒冷。

在風和日麗的一天結束之際搭起帳蓬，你很難想像周圍的空地可能降到冰點以下，即使附近的森林地表並沒有降溫多少。如果你真的很擔心低溫，記得「把自己裹在冷衫裡」。冷杉比其他樹種更善於保存地表附近的熱量。冷杉下的溫度可能比松樹高出幾度，和裸露的橡樹相比的溫差更大。

在茂密的林地中尋找露水或霜並沒有太大的意義：基於我在前面章節概述的原因，霜在樹木的掩護下躲藏得很好。如果樹林周圍的地面上有大量的露水或霜，那麼非常值得檢查一下遠處的樹木，特別是在日出後不久的時刻。露水或霜可能會沾落在樹稍，當陽光灑落在它們身上時，會為樹林帶來轉瞬即逝的美麗景象。隨著水分蒸發和太陽角度的變化，美景稍縱即逝。

樹木也會反映你所經歷的極端天氣。針葉樹是該地區會發生惡劣天氣的標誌，因為針葉樹比闊葉樹更能忍受壞天氣。這是個相當籠統的指標，但每棵樹都會試著告訴我們明確的跡象。

冬青櫟（Quercus ilex）不喜歡寒冷，當我們看到它時，它不會直接告訴我們天氣會是溫暖宜人的，而是用更婉轉的方式給予訊息。冬青櫟非常耐寒，卻無法長時間生存在寒冷中。他們可以承受攝氏零下二十度的驟冷，卻待不了長期攝氏零下一度的環境。因此，當我們在寒流中看到一顆健康的冬青櫟，它以自己的存在述說：「別擔心，寒冷很快就會離去。」

在世界各地，棕櫚樹的存在代表該地不會結霜，蓬勃生長在熱帶地區也很理所當然。但在較為涼爽的溫帶氣候中，它們會沿著海岸線生長，海洋的調節作用會在冬季溫暖大地。如果你能在仲冬時節看見幾棵棕櫚樹，無論天空多麼的晴朗，你推測的氣溫都會在零度以上。

認識樹的雨傘

當一場大雨滂沱襲來，我們都曾衝向一棵樹去尋求掩護，在這之前，幾乎不會去考慮不同樹種的問題，但在各種樹種下的避雨體驗是相當不同的。在下一場雨到來之前，這是件值得稍微思考的事情。讓自己沉醉在閱讀樹傘的藝術之中，你將迫不及待地渴望下雨，這樣你就可以更進一步去探索。

每個樹種的樹冠各有不同，雲杉、甜栗、杜松、山楂擁有非常茂密的樹冠，樺木、落葉松和柳樹的樹冠則是稀疏、開放式的，歐洲赤松、赤楊木和橡樹的樹冠介於兩者之間。但樹冠茂密度只是一個考量因素。

樹葉的大小和保護傘效應之間存在著令人驚訝的關係。樹葉愈大就有愈多的雨水流入地面，這與多數的人在衝去避雨時所猜想的相反。在大雨中，穿過山毛櫸葉子的雨水是松針的兩倍。橡樹並不是一把好雨傘，穿過它的雨水比被它擋住的還要多。如果你好奇原因是什麼，答案就在樹葉的構造裡。闊葉樹的葉子將雨水引向葉子的尖端（所以潮溼的地區常見尖銳樹葉），雨水滴落前，一片葉子最多承受一滴雨水。針葉比闊葉更細，每片樹葉也都能乘載一滴雨水，而且一片闊葉的面積等同十幾根或更多的針葉。所有樹傘的抗風程度都不盡理想，陣風吹過、雨水滑落。

雨下得愈小愈短暫，任何一把樹傘都有讓你保持乾燥的能力。雖說它們最終都會投降讓雨水通過，但樹種之間的放行方式也大相逕庭。有些樹對遮蔽躲雨的行人很體貼：它們把雨水收集在樹枝上並引導雨水流到樹幹，猶如一條小溪流沿著樹皮將雨水匯流到地面上。另一種則是讓雨水從樹的中心落到最寬的部分，就像塑膠傘一樣。也有一些讓雨水直接穿過樹枝落到你的頭上，滴滴答答響個不停。我不知道你怎麼想，但我覺得樹外不停下著雨好過在衣服上發現一團水漬。望著雨水順著樹皮向下流，絕對比感受雨從你背上順流而下要有趣得多。值得花點時間細想一下，哪些樹善良，哪些愛惡作劇？

關鍵在於樹枝的形態。向著天空傾斜或是向著地面傾斜的樹枝，比起水平的樹枝更適合當作雨傘。向下傾斜的樹枝，像是雲杉、洋松和其他的針葉樹，它們會將雨滴從樹的中心和你頭上引向樹的周圍。大雨來臨時，可以找找穿著巨大雨滴裙的樹。

樹枝向著天空伸展的樹，像是楊樹、山毛櫸、檜木、杜松、一些柳樹和針葉樹，會將雨水引流到樹幹。大雨過後，站在一棵山毛櫸旁，你會目睹激流順著光滑的樹皮流下，一路躍出一叢叢的苔蘚。（苔蘚之所以生長在這裡，是因為這些雨水渠道，並非許多人認為是樹的北側造就了苔蘚。）

橡樹、雪松、落葉松和歐洲赤松有許多水平的樹枝並且態度惡劣。雨水匯集在樹冠上直到雨水過多、樹葉無法承受。此時樹枝不會將過量的雨水向內或向外引導，而是讓雨水直接落在我們身上。

最大的驚喜可能是杜松，密集的針葉樹冠和樹枝的形狀結合，使它成為保護傘的典範。它善於接住雨水使其遠離地面，以至於這些灌木叢下有時會有一片微型沙漠，像真菌這類乾燥地區的特殊有機體會在此處蓬勃生長。然而，杜松矮小並多刺，這意謂著很少會有人爭相跑到杜松下躲雨。

歐洲雲杉獲得最佳樹傘獎可說是實至名歸。它結合了密集的針葉樹冠，樹高、樹寬也十分剛好，還擁有出色的枝條型態與相對的豐富性。我喜歡在大雨中一邊看著雨水淋溼附近其他樹木的樹幹，一邊享受雲杉帶來的乾爽。雲杉樹幹在傾盆大雨中保持乾燥的時間，長到令我驚喜。

當大雨伴隨強風，雨水就會被吹到樹幹上。暴風雨後，當我走過當地的山毛櫸林，我注意到樹幹上有兩種不同的直條雨水紋路：一條是我們剛才討論過的，雨水從樹枝流進來而形成的通道；另一條是風揮灑的圖畫。它們時而交疊，時而遵循不同的路徑，它們經常交織在一起，在樹皮上創造出溼漉漉的格子圖案。剛開始你會以為這只是隨機的現象，不過當你的眼睛能明辨兩種雨水紋路的成因，箇中道理就清晰可見，就此揭開了隨機現象的神祕面紗。

乾燥的日子裡，我們也可以在林地裡享受雨水的不對稱性。請注意，森林裡永遠不會出現完全相同的地表，混合了落葉、下層植被、裸地、樹樁等。基於上述的原因，溼度差異很大，最潮溼的地方往往會有植物群落，像是苔蘚，與附近較為乾燥的地區差異甚大。比較看看雲杉和橡樹林下的地面，保護傘的好壞之分因人而異。

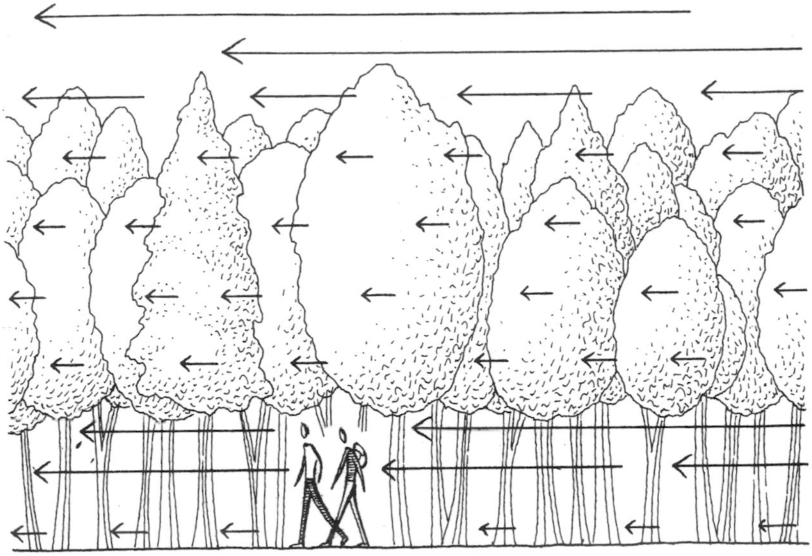

隆起的風

隆起的風

樹林間的風速遠低於樹冠外或樹冠上方的風速，這點符合我們期望。風愈靠近地面，風速趨近於零，直到你接觸到森林地面，才是完全無風。

一般來說，樹林裡的風會隨著高度而增強：靠近樹稍的風要比低處的風強勁許多，但你也會感覺到一種異常現象，就是所謂「隆起的風（the wind bulge）」。距離地面一到二公尺的風明顯增強，且這個範圍內的風比較高處或較低處的風力更強。巧合的是，這就是我們感受到的風的高度，因為我們的頭或手通常在這個範圍內。有很多次，當我在樹下散步時感覺到微風吹拂在我的臉上，當我把手舉起或放下時，我發覺風的強度減弱了，這種感覺在針葉林裡比在落葉林裡更加明顯，連熱帶雨林也能感受到相同情況。

或許是樹冠與地面之間的枝葉密度較低，使得空氣可以從葉子下方通過，進而形成了「隆起的風」。第一章提過的「樹下風扇」就是它的兄弟（詳見第二十頁）。

林地溼度計

回想一下，雲層的最低高度可以充當溼度計，因為溼度愈高，雲層愈低。場景換到森林裡，測量方式會略有不同。第一種方法最簡單，當森林乾燥時，我們更容易聽到樹枝斷裂劈啪響，或嘎吱嘎吱叫。站在二月的樹林裡聽環境的聲音，與乾燥的七月聽起來截然不同。

第二個種方法是觀察附生植物（Epiphyte），像苔蘚一樣生長在樹皮上的物種。樹木是靠近水源的指標，像乾燥的沙漠地區就缺乏樹木。樹木也改變了地表附近與空氣中的溼度，樹林內部比樹林外更潮溼。看看樹木附近的牆面，就會發現潮溼的跡象，既灰且青的藻類與青苔在溼牆上蓬勃生長。

找出林地裡特別潮溼的區域及附近一塊乾燥區域，分別查看每棵樹幹的底部。林地的地表愈潮溼，攀附樹幹生長的苔蘚就愈高。附生植物從空氣中獲取水分，因此它們反映的溼度相當公正可靠。

練習觀察這個效應，就有機會對林地溼度計的使用方式進行微調。注意一下，樹根附近通常不會只有一種苔蘚。無須拿出放大鏡檢查或理解這些植物的名字，只要學會辨別苔蘚在離地面一定高度時，外表會發生些微變化即可。最低處的苔蘚對水分最靈敏，意思是說它們最渴了，而愈高處的苔蘚愈能忍受乾燥。

相對於反應溼度的現象，樹同樣也能發出乾旱的訊號。提早落葉可能是樹木缺水的跡象，倘若你看見某個範圍內的樹木比附近相同樹種的樹更早枯黃掉落，它們可能正與乾燥的土壤艱苦奮鬥著。

松果在乾燥的天氣裡打開，在潮溼的狀態下收合，它們是第三個林地溼度計。當中包含了一個正向的演化原因——繁殖。松果是樹種的生存關鍵，它們保存並散播樹的種子。毬果的鱗片可以彎曲，在溼度高時收合，以更好地保護種子遠離潮溼的天氣，然後在乾燥的天氣裡打開，以利於種子的散播。

松果從原生樹掉落一段時間後，仍可維持這種行為，因為這種反應是習慣性且被動的，溼氣會使毬果鱗片的部分膨脹而導致它們收合，因此無須借助樹木之力。

樹木失蹤事件

樹木在風中搖曳時，不會長得太高，所以當我們在海岸或丘陵散步時看到的樹都比較矮。最高的樹木總是出現在內陸與低窪地區。在冷冽、寒風刺骨以至於樹木難以承受的海拔高度，樹木放棄長高。

我們會在窪地山谷中看見闊葉樹，比如橡樹和山毛櫸。愈往山坡上爬，它們愈發矮小，直到我們看到第一批較為耐寒的針葉樹。當矮小的闊葉樹與高壯的針葉樹混合生長，正是海拔高度交接的跡象，前者在苦苦掙扎，後者茁壯生長。繼續向上走，闊葉樹已然消失，連針葉樹都沒那麼雄偉了。再往高處攀登，會發現一片生長受限制的針葉樹，它們甚至比平房更矮。我們到達了「植物戰鬥區（kampf zone）」，在這之上是「高山矮林區（krummholz）」，少數倖存下來的針葉樹顯示出極端氣候的所有跡象，樹木扭曲、虬結的姿態猶如惡劣天氣一般的野蠻（相同的地帶在熱帶地區有一個更奇幻的名字：elfin wood，精靈木）。再往上走就看不見樹木了，徒剩耑石楠和蕨類這類低等植物。

此處是林木線（tree line，森林界線），任何樹木都無法生存在曝於嚴寒之中的海拔高度。林線高度因氣候、鄰近海岸、曝露、地質、地方風以及許多因素而有所差異。它在熱帶地區可能高達三千公尺（一萬英尺），在海岸附近或高緯度地區可能不到三百公尺（一千英尺）。

被其他山脈包圍的山，林木線較高，而孤立的山脈，林木線則較低，這是大山塊加熱效應（Massenerhebung effect，德文確實壟斷了森林生態名稱的市場），並且與孤立的山峰上風力更強有直接相關。

林木線的高度反映了氣候，但我們能透過觀察當地的變化了解天氣。天然的林木線從來不是筆直的，它描繪出盛行風在山的背風面較上風處更高。但為什麼林木線會在某個點向上攀升或在另一個點下降呢？這些高度變化透露了當地的地形狀況，特別是遮蔽或裸露的程度。林木線在坡度平緩的地方爬升較高，並在陡坡或風勁較強的地方戛然而止。當樹木奮勉向上，往高處的山坡生長，或是在山脊上掙扎時，它們正在為我們繪製平均風速圖。

所有的異常現象都有跡可循，如果你發現林木線出現一些怪異的狀況，那絕對值得花一點時間去調查，它正試圖告訴你一些關於該地區氣候的狀況。一八九八年，單人環航選手約書亞・斯洛克姆（Joshua Slocum）驚訝地發現停泊處附近的山坡不見樹的蹤影，他在《獨自航行在世界各地》（*Sailing Alone Around the World*）一書中寫到：

> 這天，種種的跡象顯示天氣將會是晴朗無雲、微風徐徐，但是這些表象在火山群島不一定算數，我正感到困惑，為何在下錨地附近的斜坡沒有樹木生長，我半信半疑地躺在帆邊，接著拿著我的槍上岸打獵，並在沙灘觀察一塊白色巨石，靠近小河，一陣威力瓦颮（Williwaw）伴隨著強大的力量向這裡襲來，挾帶著水沫、兩個錨，就

像是羽毛從海灣飛彈而出躍入深水中，難怪山坡的那一側沒有樹！偉大的波瑞阿斯！一棵樹需要用它所有的根，才能抵擋如此怒不可遏的狂風。

威力瓦颮是船員對當地猛烈下降風（katabatic mountain wind）所取的暱稱。在這種情況下，火山群島山坡上的冷空氣正快速向著大海滾動，一個多世紀以後，我在冰島受相同的現象震懾不已（見本書第二百三十六頁）。

來自樹的風

在早期的書裡，我詳細研究過風向和樹之關的關係，因為它是自然導航不可或缺的一部分。所以在這裡，我將提供一些簡短的概要並在相關的地方添加一些新的見解。

樹木經常被盛行風吹彎，這種影響在裸露的高地或沿海地區最為顯著，也能夠在城市樹木的最頂端發現。經驗法則是：風的影響愈不明顯的地方，愈需要從樹的高點查看。一棵依附在海岸岩石上的山楂，整棵樹都受風的影響；但是在城市街道上的梧桐樹，可能只有在樹頂有幾根彎曲的枝條。

曝露在外的樹木頂端會飽受「旗幟效應（flagging）」折磨，樹枝最曝露的那一側會枯死，只留下順風這一側的樹枝存活。這種狀況通常只出現在針葉樹上，因為這種程度的曝露對闊葉樹來說多到難以生存。倖存的樹枝，即「旗幟」，指向下風處，它就像旗幟的作用一般，為人們指引了下風處的風向。在這種情況下，旗幟不會隨風飄落：它們擁有長期記憶力。

如果你在樹林裡看到令人困惑的旗織效應，請記住，它反映了地方風和盛行風的狀況。曾經，我因為發現「旗織」指向「錯誤」的方向，與地區性的盛行風背道而馳時，在山坡上深感困惑。當我在法國阿爾卑斯山意識到，所有的旗織，無論風向為何都指向下坡處時，當下茅塞頓開。白天的風並沒有造成任何永久性的損害，但是到了夜晚，冰冷的下降風，在從山頂下來的路上蹂躪著樹木。

暴風以兩種方式吹倒樹木。當一棵樹從地表上被扯出來，它的根球從土壤中扭出，這稱為「風倒木（windthrow）」，這比樹的樹幹被強風折成兩段的「風斷木（windsnap）」更常見。相同的是兩者都會發出相當駭人的聲響。

對健康的樹木而言，被風吹倒是常有的事，但被風吹斷通常是暴風將樹木吹倒前，樹木就已經出現生病或腐爛的跡象。我們可以透過觀察兩者的動向，推斷風暴最常吹來的方向。雖然無法擔保未來的風暴從哪裡來（強風來自任何方向），但附近有樹木被大量「砍伐」的地方，最有可能產生風暴。

樹木對風出奇的敏感，如果它們每天被風吹晃三十秒，就會生長得比附近有遮蔽的樹木來得矮小百分之二十至三十。這就是為什麼樹木曝露在盛行風的一側長得最為矮小，這導致了邊緣的傾斜形狀，稱之為「楔形效應（wedge effect）」。

樹木會在迎風面長出更粗、更長、更強壯的根來穩固自己，好抵禦強風進犯。樹根從樹的底部蔓延開來，在白楊樹等樹種中，樹根也會擴展到支撐根（tree buttress）並攀附到樹的迎風面。

樹林的迎風面和背風面的樹木看起來是不同的。迎風面被許多來自附近環境、包含大量微粒的風吹襲，但是背風面沒有。如果空氣中富含各種灰塵，會形成附生植物，生長在樹皮上。海上的空氣總有著巨大的影響，因為鹽分會抑制許多物種生長，但從施肥的田裡逸散出富含氮的灰塵，可以讓樹皮上的地衣茁長。

如我們所見的，林地附近的風會很不尋常，它們被鞭笞形成渦旋，在迎風面最為強勁。如果你在樹林附近看到一整排被弄倒的農作物，那就要歸咎於在強風吹起時旋轉的陣風和大雨，這每年都發生在我家附近的田地裡，而且線條非常清晰，破壞得非常澈底，那看起來就像有人存心要踐踏土地的邊緣。（這與麥田圈無關，麥田圈通常位於田地中央，一定是無聊的人或是外星人所為，這取決於你如何看待這個問題。）反過來說，許多作物在被稱作防風帶（shelter belts）的樹籬下風處生長良好。

如果你研究田地裡一棵被農作物和長草圍繞的樹，可能會發現「雙重反向渦流（double-backward-eddy）」的現象，當風從樹的兩側吹過，會被吹成一對「逆風」渦流，它們在樹的下風處相遇，並產生一股「錯誤方向」的風吹向樹，我喜歡稱它們為愛心渦流。

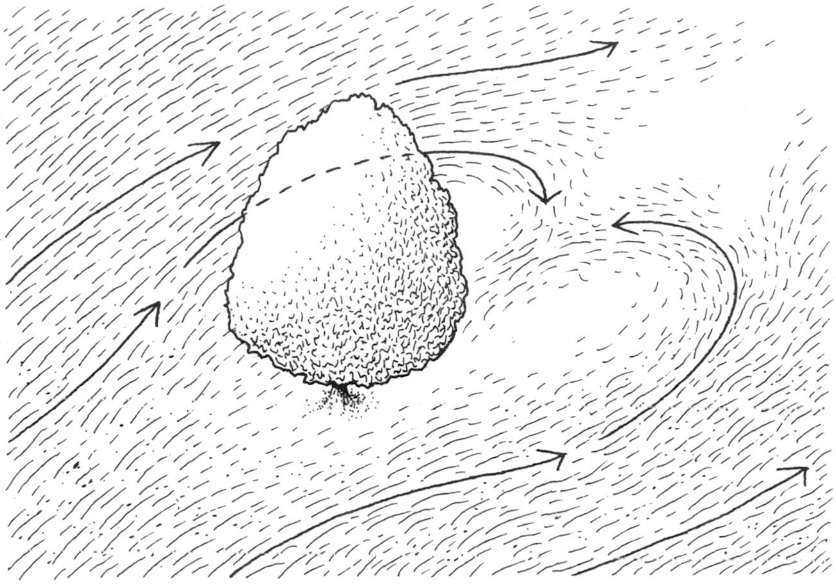

愛心渦流

在樹林裡

在樹林裡，風向瞬息萬變，因為渦流永遠不會遠離。在典型的闊葉林裡，位於頭部高度（隆起的風）的風力強度，在夏季大約是樹林上方風力的十分之一，冬季約為五分之一；在密集栽種的針葉林裡則明顯較弱，而在稀疏的樹林中則較為強勁。這就是為什麼當你在樹林裡漫步時，總能聽到樹稍沙沙作響，即使你只感覺到微風。

在夏末，如果你根本感覺不到風，請停下腳步並尋找飄過你鼻子前的種子，它們會告訴你這裡有一道風。薊的種子只需要一點微弱的風，風速大約是時速三公里（二英里），就可以乘載種子在天空航行，薊種子毛茸茸的結構，像是個出色的降落傘，以至於它們可能需要八秒才能落下一公尺

（三英尺）。

研究任何地表都能讓你得到一張風速極弱的地圖，但它在愈靠近樹的地方愈是豐富精彩。去年的樹葉搭上了順風車，當你看到它們穿越你的小徑，試著跟著它們到一個暫時休憩的點。大地沒有絕對的平坦，一連串的微型亂流吹過地面，將地表理出幾塊光頭或製造一些集水槽。苔蘚經常是裸露區塊的特徵，因為它們無法在凌亂的落葉下生長，但在靠近它們的地方，你將會發現一些聚集落葉的小空洞，這種現象在人工林裡特別明顯。我很享受在沿著長滿青苔的山脊中行走的樂趣，然後讓我的雙腳陷入它們之間的樹葉溝裡。如果你像我一樣，偶爾喜歡躺在林地的地面上，可以根據樹葉風圖來挑選你的位置，在光禿禿的地方會有微風，在充滿落葉的凹地則是靜止無風的。

如果你在樹林裡遇到一個縫隙（任何一種類型的空地）微氣候會完全改變。光照度急速上升，風的行為將變本加厲，更多的雨水落下，土壤更加潮溼，空氣更為乾燥。白天或夏天的升溫更高，夜晚或冬天的降溫更低。動物與植披也有所變化。

露營者循著本能選擇這些空地紮營，但在較寒冷的月分，這些地方常常引來霜袋和雪，林地間的空地比起附近空曠的田野能降下多於百分之五十的雪。停下來深思，這個空地是暴風剃開的，還是人用斧頭劈來的？如果是暴風，那當另一場暴風來襲時，你正處於不堪一擊的位置。

耳語聲和感受性

《綠蔭下：荷蘭學校的鄉村畫》（*Under the Greenwood Tree*）一書中，湯瑪士．哈代敘述藉由聆聽來分辨樹木的方式，聽什麼呢？風吹拂樹葉發出的聲音。

> 對於居住在樹林裡的居民來說，幾乎每一個樹種，都有屬於自己的聲音和特徵。在微風吹過的時候，冷杉啜泣和嗚咽聲，並不亞於他們搖晃時的哀鳴；冬青在與自己鬥爭時發出的咆嘯；白蠟樹在顫抖中發出嘶嘶細響；山毛櫸在他扁平的枝幹起起落落時沙沙作響……

科學原理並不難，每棵樹都有獨特的葉子和分枝特徵，隨著氣流通過那些標誌性的形狀和大小產生變化，它們聽起來並不相同。也就是說，在樹的聲音領域裡，有一座營地劇院。另一位作家寫道，蘋果樹是一把大提琴，老橡樹是一把低音維奧爾琴（bass viol），年輕的松樹是把柔和的小提琴，還說「雪松發出舒芙蕾般柔軟的低語」，我沒有在開玩笑。日本人聆聽《松風》（Matsukaze，風在松樹林裡彈奏的詩歌），當涉及到自然和美學時，他們是無可非議的。十四世紀，中國學者劉基設法將音樂的敏感性與更務實的視角相結合：「在草木之中，寬大的葉子聲音顯得窒塞；枯槁的葉子聲音顯得悲淒；孱弱的葉子聲音虛弱不響亮，因此，最適合風鳴者非松樹莫屬。」

只要我們願意，也能持有樹木聲的靈敏度，但是該怎麼培養呢？

要區分針葉樹和闊葉樹的聲音並不難，但要從雲杉中辨別冷杉是一項挑戰。也就是說，可以用賞鳥人稱為「觀鳥氣場（jizz）」的方式來補捉樹聲。（鳥類專家可以進行驚人的識別壯舉，在瞥見遠處鳥兒的形態，或聆聽鳥鳴兩秒後，就能叫出牠的名字。經過調查，我發現這沒有造假，但是你必須非常瞭解其中的脈絡。）這是另一種在自然界中非常有用且重要的技能，非常值得探索：它將能幫助我們從聲音辨識樹木。

想像你正在拼一幅一千片的拼圖，才開工沒多久，剛完成四個角落和一部分邊緣而已。然後孩子遞給你一塊拼圖，上頭沒有圖案，徒有一團模糊不清的白色，遑論任何可供辨識的細節。

「啊，謝啦。」你說，「我應該知道這塊要拼哪。」接著你將那片拼圖放在板子上空白的一隅，孩子對於你能判斷出拼圖的位置大為驚奇，你指著外盒上、由透納（Turner）創作的風景畫：從迪恩山看格羅斯特郡塞文鎮（*Newnham-on-Severn from Dean Hill*），向孩子解釋：「畫上深色的部分是樹和大地的部分，一小塊藍色的天空，灰白混雜的雲，還有一匹白馬，透納靠這些東西謀生。白色的缺塊要不是雲就是馬，但馬的顏色又比雲要灰濁一些，所以這塊拼圖肯定是畫面遠處積雲的一部分。了解整幅畫組成的脈絡，利用刪去法辨別出拼圖的位置，就這個白色缺塊而言，它看起來並不像一朵雲，但將它與拼圖對照，雲的區塊是這個顏色唯一的選擇。或許在其他拼圖，白色缺塊會是一棟建築物或河流的倒影，但此處不是。這就是專家識別的職業本能。鳥或樹的聲音不會透露它們的身分，卻縮小了我們辨識的範圍。對畫面的細節瞭若指掌，就更容易找出每一片拼圖的位置。

一位鳥類專家曾經向我說明，在室內播放鳥鳴聲，他們往往難以辨識出熟悉的鳥類，需要在原地聆聽牠們的聲音。樹的聲音和自然界中大部分的景象和聲音也是如此，在任何地方度過的時間就像瞭解盒子上的畫一樣，驚鴻一瞥或簡短的聲音都是你手上的一塊拼圖。

實際上這意味著什麼？首先，我建議選一塊區域，充分地了解樹林的風聲，將這些聲音視若珍寶。別妄想在充滿各種樹木的地方閉上雙眼，樹木會向你自我介紹，這種艱難的任務只會讓人感到沮喪、心灰意冷。試著去了解這片樹林裡特色顯著的聲音，漸漸地你會發現，樹木們會在其他區域為你報上名號。

白蠟樹的嗶啵聲是我的初體驗。我逐漸認得，接近樹林邊緣，白蠟樹高處的樹枝會同時發出斷斷續續的嗶啵聲。剛開始，當它在一個新環境對我演奏嗶啵曲調，我無法很確信演奏家是誰，但我知道這個聲音表示我在樹林的邊界。但我漸漸能分辨出白蠟樹的聲音，因為嗶啵聲總是伴隨著樹梢上嘶嘶呼嘯的風聲不斷上揚，光照度的變化、青苔與常春藤增加、野花種類改變，這些自然線索都傳達著相同的事情。我的腦袋記下了這些變化，在相同情況下、特定的聲音都只意味著一件事情。

不久後，我又在同樣的樹林裡聽見了相同的聲音。但卻是在我沒有預料到的情況下。聲音從山毛櫸的中心傳來，四周環境沒有任何變化，觸發了怪異的感覺。我沒有立刻辨認的自信，取而代之的是「奇怪」的感覺，我轉過身想從樹冠上尋找原因與解釋。啊，原來這裡曾是林業砍伐的空地，白蠟樹占據了一個小缺口。

過沒多久，這種聲音跟著我進入了新的樹林。當樹的聲音響起，白蠟樹的嗶啵聲顯得與眾不同，甚至清晰不已。事實證明，這是一種很難被認錯的聲音，即使是在這片對我來說很陌生的樹林。很快地，我就能從不太熟悉的樹林裡發出的耳語聲，辨識出白蠟樹的聲音。這是藏在雜音裡的識別訊號。

這是一個讓人興奮的時刻，因為這個過程是化不可能為可能的開始。一旦我們有了一個容易辨識的聲音，就可以順利前進了，我們能錄下認出的每一種聲音，並使其他的聲音更加清晰。下一步，我們在夏天添加狂風吹襲山毛櫸的聲音：遠處的海浪被打碎，沖上鵝卵石灘。接著是白楊樹的竊竊私語。近水生長的黑楊樹來我耳邊喃喃自語，就像那道打上鵝卵石的海水。蒐集的聲音愈來愈多，直到一個極限，雜音褪去，進入耳裡的都是識別訊號。

我們似乎偏離了天氣這個主題，但是這是一條刻意迂迴的路線，現在回到稍早的營地。如果我們練習適應每一棵樹在風中的聲音，我們就能對風的行為變化產生敏感度。而且，正如我們稍早所見的，任何風的變化都意謂著天氣的改變，以發現樹木的低語開始一段旅程，將帶來許多的樂趣，但也會察覺即便在茂密的林地裡，天氣不可能在不知不覺間發生變化。

但要注意的是：隨著敏感度的提高，脆弱感也隨之而來。一旦你能理解微風吹拂栗子樹時所發出最嬌柔的聲音，一陣出乎意料的陣風扯動上方的松樹，激發腎上腺素進入血液，會讓你在夏日裡顫抖不已。你會停下腳步，轉向樹，即使你的同伴並不以為意仍繼續前進，在你經歷過之前，肯定不會相信我所說的。

紅色代表陽光

當你從樹林裡走出來時，請尋找紅色。這不是我們時常在樹林中心裡見到的顏色。當我們從樹下走出來時，光照度上升，許多樹都用紅色向陽光致敬，這種顏色是由一種叫做花青素的化學物質引起的，它賦予葡萄、黑莓和李子豐富的色彩。曝晒在大量陽光下的葉子中，花青素保護葉子免受損壞，我發現把這種化學種物質及其顏色，看作是一種防曬乳會更容易理解。年輕的山楂葉是紅色的，因為花青素在生命的脆弱階段保護它們。你會在荒野南面、陽光充足的黑莓葉上看到相同的效果。

有許多樹木都有「紅棕色」的親戚，通常是栽培品種，是專門為了顏色而培育的樹木，棕色山毛櫸看起來與一般山毛櫸無異，但帶有一種紫紅色、豐富的鐵銹色或紅綜色，顏色在光照最充足的葉子上最為明顯，因此在樹的南側常見紅棕色，陰影處的葉子仍然維持著綠色。如果你在公園或花園裡繞著這些樹走，就會注意到一場繽紛的樹葉秀環繞著樹木上演，因為有些陽光會照射到四面八方，即使是間接光。仔細觀察樹冠，就會發現豐富的色彩如何深入妝點南側的樹枝內側，但卻只觸及北側的表層，其他的部分都是綠色的，紅棕色反映了每棵樹裡的微氣候。

水果的顏色分布也不均勻。對很多人來說，一顆完美的蘋果是全紅或全綠的，也許這是因為顏色均勻的蘋果甜度和酸度都剛剛好，又或者在成千上萬的品種裡，源頭的祖先只有一位——野蘋果（新疆野蘋果，*Malus sieversii*），其表皮的紅綠分布平均，並在哈薩克（Kazakhstan）的山區存活至今。

回顧一個世紀以前的某個實驗裡，果農剪下一個字母，將它貼在尚未成熟的蘋果上。當他撕下字母，被字母覆蓋的區塊仍青綠一片，但其他的部分都紅透了。這個簡單的實驗證明了蘋果顏色與陽光直射之間的關係。

如果你發現樹上還有一個紅綠相間的蘋果，你會看到紅色蘋果多麼偏愛陽光充足的南面。我不知道為什麼，但當我看到一顆蘋果在地上，總是讓我滿心歡喜地想到，我可以用這些顏色，來計算它們原本是掛在樹上的那個方向。而且，我是個奇怪的人，當我看見廚房的水果盤也會任由這種想法馳轍……我不禁思考，自己是否能將蘋果掛回樹上的「發源地」。此時此刻，是出發到山上探索的時候了。

15

植物、真菌和地衣

自然導航和鋒利的手術刀．草的跡象．歐洲蕨．一年生植物和多年生植物．耐寒性和永凍線．時間和溫度．葉子的線索．真菌．地衣．黑莓和可能性

研究人員走訪波札那的歐卡萬哥三角洲（Okavango Delta），對小農社區進行訪問調查，共抽樣五百九十二個家庭，請他們回答下列問題：「你是否同意能靠植物預測下雨與否？」四分之三的人回答同意。

巴布紐亞幾內亞（Papua New Guinea）的沃拉人（Wola）針對一種他們稱之為「gaimb」的齒葉植物進行植物行為的研究。當這種植物釋放出毛茸茸的種子，是天氣會晴朗好一陣子的跡象；墨西哥特拉斯卡拉州（Tlaxcala）的農夫會時常查看「izote（yucca plant，絲蘭屬植物）」，

它綻放花苞，是即將下雨的徵兆。

看起來世界上每一個文化都有植物能幫助我們理解、預測天氣的信仰。在我家鄉隨處可見的野花琉璃繁縷（*Anagallis arvensis*）有許多傳統的暱稱，像「牧羊人的氣象鏡」、「牧羊人之鐘」，因為它在傍晚及雨水將至前會閉合花瓣。

現代人鮮少利用植物來預測天氣（即便是鄉村人），但大部分的人仍然認為從植物看天氣是可行的。我們都知道植物會對天氣產生反應，所以植物與天氣互有關聯的觀念深植人們腦中，植物也能預測天氣動向。它們可以，但我們必須誠實看待時間與距離的尺度。針對下星期的地區性氣象預報，一朵野花的預測會優於科學家的預報嗎？不行。不過，野花可以告訴我們接下來的幾小時與幾天內，我們會在它附近經歷到的局部天氣變化，這是正式天氣預報內不會出現的內容。

利用植物理解天氣最有效率的方式，是去欣賞植物們繪製的時地地圖。先去思考大尺度的氣候與季節，接著把重點放在微氣候與微季節。美麗細緻的小細節展示了植物居住的小型天氣世界，我們能從中預測天氣。

每個人都有一個觀念，直覺地認為氣候與植物緊密相連。假設從英國起飛，在西班牙南部下飛機時所望見的綠草較起飛前稀疏，裸地、乾燥的土壤、松樹、棕櫚樹則更多。隔年我們可能會降落在美國的佛羅里達州，當地充滿棕櫚樹，少了裸地，多了更多綠植披。某種程度上，即便景觀被埋起來了，當大部分的人在比較西班牙南部和佛羅里達州的景觀時，會意識到他們見證了溫暖、乾燥環境與溫暖、潮溼環境的差異。

季節與氣候互相搭配，提供了整體的天氣類型，我們卻無法完全擺脫其他可能性發生的機率。一月的達特穆爾（Dartmoor，位於英國普利茅斯以北三十二公里處，靠近英吉利海峽）鮮少碰到炎熱乾燥的天氣，但可能性不是零；一月的佛羅里達州不太會下雪，但可能性不是零，一九七七年，該州東南部的邁阿密下雪了。

每一株植物都試著透露氣候與季節的資訊，而氣候與季節則告訴我們大致上會出現哪種天氣。這在使用植物預測天氣的基本科學裡是最簡單的原則。在這個層面上，這是一種常識，但只要我們改善這個基本原理，一些奇妙的預測將會被實現。過去及當下能幫助我們理解即將抵達的未來。

剛開始，我們可能會把注意力放在主要物種的變化，像是在山丘較溼潤的那一側看到更多吸水性強的植物。從遠處望去，樹是向我們展示這點的首要植物。無論歐洲赤松（Scots pine）還是黑松（black pine），所有都松樹都熱愛陽光，但歐洲赤松比黑松更能適應潮溼的環境，前者在潮溼的地區比後者更常見。但當光線和土壤條件都適合兩者，它們的生長範圍會重疊，不過歐洲赤松在較溼潤的山丘迎風面長得比黑松更好，黑松比較喜歡乾燥的背風面。如果空氣很潮溼，而且你看到高聳的積雲和其他陣雨接近的跡象，松樹會告訴你雨會不會澆到你身上。

自然導航和鋒利的手術刀

對自然導航頗富興趣的人，熟知植物能標示出太陽、風、水和其他變數的位置。稍微花點時間讓豐富的自然導航線索與其精妙之處活絡我們的神經元突觸。它將訓練我們尋找天氣跡象的技巧，磨利我們的感官手術刀。

我們能在山丘、樹木、岩石和任何有陰影的物品南方看到許多熱愛陽光的植物。此外，花朵會朝向太陽：在空曠的地方，花通常會面朝南方和東南方之間。在極度寒冷的地方，所有物種都長在面向赤道的那一側，這個方位保留了最後一絲友善的氣候，也是英格蘭的葡萄會在向南坡生長的原因。如果氣溫熱到不利植物生長，我們則會在與赤道方向相反的地方找到它們，比方說，在炙熱乾燥的阿特拉斯山脈（Atlas Mountains，橫越摩洛哥、阿爾及利亞和突尼西亞）北坡才見得著森林。愈靠近植物，我們才會留意到它們正提供豐富、充滿細節的圖片。

對自然導航家來說，這幅圖片蘊含著一種藝術。每一種植物都反映了自己的生長環境，為我們提供指南針和地圖。我們必須去假設天氣的訊息不僅僅出現在相遇的每一株植物，連它們的每個部位都包含一些資訊。柳樹是地面潮溼與附近有河流的線索，而柳絮會先在充滿陽光的柳樹南側開花。

有些花能生長在南北坡，像蒲公英。我們較常先在南側看見蒲公英，不久後連北側也開花，彷彿蒲公英「翻山越嶺」去了。當然，花不會爬山，這只是反映出環境差異，包含當地經歷的氣候與天氣。南坡較溫暖、陽光普照，而北坡更寒冷、陰暗，南坡的蒲公英開花較北坡早。

倘若你在三月中旬至四月中旬沿著同樣的路線上山，可能在你的結論裡，蒲公英只會在南坡開花；若在五月走過同一條路線，你則會以為蒲公英只在北坡開花。同一季節的開始，你能在南坡發現北美的依蒂絲棋盤斑蝴蝶（Edith's checkerspot），再過一陣子，牠們會在北坡飛舞。蒲公英和蝴蝶描繪出山丘的地圖，提供了方位和微氣候的資訊。此階段對生態與行為的靈敏度，和天氣線索相得益彰。

我們知道陣雨不會突然報到，它們受當地的熱量與地形主宰。背後的邏輯原理意味著陣雨會頻繁出現在某些地方。所有的植物都對溼度敏感，將這些拼圖湊在一塊，植物正在試著指出雨水落下的位置。與其去認得所有偏好潮溼的植物，更好的做法是，當你身處大雨之中，請將周遭的植物記錄下來，接著寫下你與高處、城鎮或林地的相對位置。你將會開始留意植物們為你指點下一場雨的位置，舉例來說，有些山區迎風面的植物喜歡經常性的雨，而你不會在背風面看到它們的身影。

如同我們先前在阿拉伯沙漠看到的景象，在乾燥地區，雨水使花綻放，花為我們標示出富含溼氣的位置。有一個更細緻、更常見的現象稱為「大綻放（superbloom）」，意即雨過天晴後，花朵隨即絢麗地綻放。在一些沙漠地區，植物演化成能在乾燥的環境下休眠多年，之後隨著溼季裡的大綻放一起開花。在美國加州，過去每十年會發生一次大綻放現象，像是在距離洛杉磯西北方約一百六十公里的卡里佐平原（Carrizo Plain）的草地上。

當我在較溼潤的區域裡散步時，看見一個會行走的植物——輕柔的燈心草（*Juncus effusus*）。倘若附近有河流或巨大水體存在，我可以忽視燈心草與天氣預測的關係；但如果它的位置高於河流一些，我會疑惑這些燈心草打哪來？答案通常是經常性的大陣雨。如果附近有陣雨，我知道走在柔軟的燈心草上頭，很有可能會被陣雨淋溼。

要怎麼知道會不會下陣雨？除了能從所有雲的種類、風和前文提過的線索看出端倪之外，植物也在透露著訊息。當溼度上升，味道也會更加明顯，這也就是有些人說下雨前花的香味會更加濃郁的原因。不過有些植物對雨很敏銳，它們會在即將下雨前閉合，像蒲公英、旋花類植物、毛茛、鬱金香、番紅花、雛菊、金盞花、卡琳薊（Carline thistles）、龍膽草、田野擬漆姑（red and spurrey）和北美靛藍屬（wild indigo），在天氣惡化時會闔上花瓣。酢漿草和三葉草在雨接近時會折疊它們的葉子，櫟林銀蓮花（wood anemone）會闔起花瓣，花莖也會下垂。

成因和機制會因物種而有所不同。溫度降低時，鬱金香和番紅花會閉合；溫度變低、光線也不足時，蒲公英也會有所反應。有些花則對溼度變化敏感，但主要都在夜間發生，像繩子草屬（*Silene*）的物種。

科學知識和個人經驗表明花朵會在天氣明顯改變之前發生變化，但我還沒找到證據，來證明花會比我們先前提到的其他跡象更快對天氣做出反應，至少不會比雲和風快。因此，即便植物能幫助我們預測天氣的變化，但它不會是第一個自然界的跡象。

草的跡象

草會傳遞一些簡單的訊息，這是好事，畢竟綠草茵茵地長在許多生態裡。較高的草會隨著當下的風彎曲，草對風的敏感，讓我們多一種方式隨時關注風向的重大改變。上午彎向一邊，下午又彎到另一邊的草，表示乾爽的天氣要結束了。

你正在閱讀這本書，所以我不用怕講得太深入會嚇著你。可以大膽地假設草釋放的訊息超乎我們意料得多。這些資訊包含了光、風和水的動向祕密：它們記錄天氣，有些小眾的草還能喚醒感官。

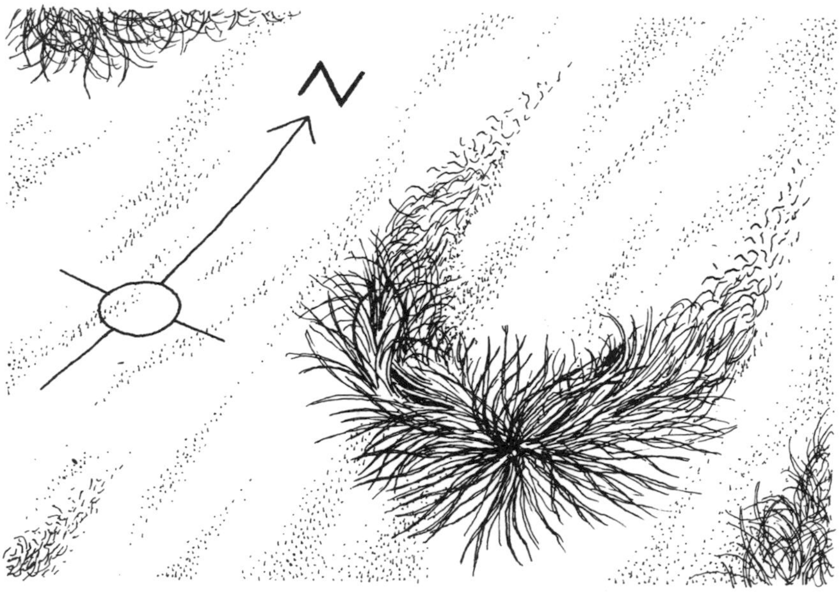

馬蹄鐵狀的席草

英國隨處可見的雞腳草（cock's-foot grass）被風緩緩地吹動。與高一點的草相同，雞腳草的葉片被風吹彎，但新芽在草叢的迎風面生長得更好。因為落葉和其他土石碎屑會聚集在背風面，迎風面那邊則被風「清理」乾淨了，更適合新芽成長。所以，雞腳草的草叢會沿著迎風面生長。雞腳草的形狀透露風在今天、上星期甚至去年怎麼吹，以及風明天的動向。

席草（*Nardus Stricta*）生長在空曠、艱苦的環境，比如山坡或沙丘。席草會向外生長，因為南邊的亮度充足。隨著時間推移，內側的席草會逐漸枯萎、死亡。綜合來說，席草的草叢像個馬蹄鐵的形狀：較細的兩端會在北邊對齊，彎曲的部分則朝向南方。

跟樹木一樣，矮小的植物也在小聲低語著極端現象的真相。每種植物都有其忍耐的限度，霜雪、洪水、乾旱、炎熱和狂風都能殺死植物，植物死了就沒了，造就了不同類型的森林。常見的帚石楠（heather）可以忍受寒冷、雨和風，卻易受乾旱影響；當我們看到帚石楠蓬勃生長，可以想見乾燥的天氣不會持續太久。

歐洲蕨

歐洲蕨（Bracken）是一種又高又壯、相當特殊的蕨類。它們橫跨了相當漫長的時間與空間，是個善於在困境中求生的植物。世界各地都看得到歐洲蕨，且已落地生根很長一段時間了。在許多地區，歐洲蕨是不受待見的外來種，但所有想擺脫它的人都得跟它來一場持久戰。目前也已發現歐洲蕨的化石，它的歷史最早可追溯至五千五百萬年前。

歐洲蕨偏好無霜的夜晚，且會在它覆蓋的土地上描繪出霜線。在空曠的區域，它的高度反映了平均風速，風速愈快，它就變得愈矮。在更加遼闊的地方，它會把生存環境讓給更加堅毅的物種，例如帚石楠或草。

一年生植物和多年生植物

每個地區都會有各種物種提供四季的天氣預報。我不會在這邊羅列出上百種植物，但我有個相當管用的經驗法則：一株植物要把跟季節有關的情報遞給你之前，它得先在那個季節存活下來。一年生植物，也就是只活過一個生長季節的植物，它能在夏天氣候溫和宜人的地方生存，殘酷的冬天依然能見到它，但那時它的生命也走到了閉幕之時。而能生長許多年的多年生植物，需要一個讓它年年生生不息的生長環境。

一株一年生植物只能告訴你春天與夏天的天氣，它對晚秋或冬季知之甚少，甚至全然不知。從英國到紐西蘭，甚至部分的北美地區，鳳仙花（*Impatiens glandulifera*）沿著河岸和潮溼貧瘠的土地排列生長，它開著巨大的、輕飄飄的、粉紫色的花朵，看起來與溫煦柔和的夏日天氣很相襯。是這樣沒錯，但對於酷寒難挨的嚴冬，它也有一套絕妙對策——死亡。鳳仙花是一年生植物。在它的家鄉喜馬拉雅山，這是身不由己的選擇，畢竟誰會想在這裡度過冬季？

常綠植物是多年生植物，它們是嚴冬優秀的測量員。球莖植物一年之中有大部分的時間都蹲伏在地底，因此當你看見它們，意味著好天氣要來了。鬱金香不僅耐寒，還很需要冷冰冰的冬季。

耐寒性和永凍線

如果你想要學習從植物觀測季節性的天氣變化，可以先尋找所在地區的耐寒區。園藝家根據植物忍受寒冬的程度為它們評分，這種系統在世界各地不盡相同，但基本原理是一樣的。美國農業部（US Department of Agriculture，USDA）為植物貼標籤，從十三區（Zone）的熱帶物種到能夠扛下攝氏零下五十四度的零區植物。比如耐寒的鬱金香，介於八區至三區，攝氏零下九度至零下三十七度。

這些指標反應了氣候，與其他跡象搭配使用能幫助我們預測天氣。不同於園藝栽培，野外的大自然是殘酷的，可能會有一千種物種在不到一坪的土地內相互競爭。意味著擁有競爭優勢攸關存亡。我們得去假設每一種植物都在向我們介紹它的小天地，像是只會在夜晚持續寒冷的地方蓬勃生長的茱萸草（*Cornus suecica*），它們的預報很簡單：在日落結束。

若你發現山丘上的植物從不耐寒的品種逐漸被耐寒植物取代，那正是一條霜線。秋季的晴朗夜空下，可以看出寒冷會從哪邊入侵。像之前介紹霜時說過的，它們會給你一些驚喜。如果你在十月分到山上的谷地露營，在當地看到非常耐寒的植物，比方說帚石楠，這些植物正在建議你爬霜線以上，歐洲蕨和其他較不耐寒的植物以及更多多肉植物正在谷地之上蓬勃生長。在這條界線上，你可能會看到植物嘗試碰碰運氣，卻失敗了，灌木因去年的霜而枯萎。

時間和溫度

昨晚，一個四月的晴天之後，我在護林員放置於櫸木林的高腳椅上坐了幾個小時，感受樹林間逐漸滿溢著春天的氣息。最矮小、年輕的樹木長滿了綠葉，但山毛櫸的樹冠仍是光禿禿一片。愈小的樹木通常會比高壯的樹早幾週長出新葉，因為在樹冠遮蔽天空之前，小樹能捉緊時間趕緊曬曬太陽。

物候學（Phenology）是季節性現象的研究，而我們都為它的宏大歡欣。季節不會一次降臨在某個地區，它們以自己的速度更迭，在季節轉換時會出現一系列改變，非生物的變化如溫度與日出，與生物有關的則像蝴蝶現蹤或開花。諸如此類的現象在個別地區也有先後出現的差別，在美國，春天和夏天的徵兆會先從南方與西南方出現，接著蔓延至北部與東部地區。當佛羅里達州的居民為花香鳥語、氣溫回暖樂得手舞足蹈時，緬因州的居民可能還在寂靜的雪中瑟瑟發抖。

等物候線（Isophene）是將生長季節相同的植物連結起來的線，能看出季節在某地區的方向性。從整個國家的範圍觀察，等物候線看起來整齊平滑，但放大一看，線條是歪曲且具鋸齒狀的。就像我們之前記錄的，蒲公英在一座山兩側開花的時間不同。無論你選擇用什麼跡象的組合來標示季節，四季出現在山頂的時間肯定與平地不同。

這些資訊對於理解天氣有什麼幫助？我們得像思考氣候一樣來思考季節，有微氣候就有微季節，有時微季節就發生在一株植物身上。觀察山楂找出悄然來臨的春天，最靠近地面的枝枒會比高處的樹枝更早開花；如果能發現春天落在灌木叢上的跡象，當我們在一星期後於灌木圍籬的轉角處碰上春天也不會感到驚訝。微季節提醒了我們，在樹的周圍走動，我們能期待感受到天氣的改變。

溫度的變化會觸發季節性的生長，也控制了生長率，這點除過草皮的人都清楚。不同物種受不同溫度控制，溫度低於攝氏五度或高於攝氏三十二度時會停止生長。在自然環境中，茂盛的草為我們指出該地是溫暖、潮溼、不受惡劣天氣侵擾的地點。

樹林裡，許多低等植物會將養料藏在地底度過整個冬季，包含雪花蓮、風信子、毛茛（fig buttercup）和麝香根（muskroot），當早春降臨，它們會在倏然變暖的地方率先冒出頭來。這些區塊相當明顯，在我家鄉當地的樹林可以看到這些植物從春天被第一道陽光照耀的地方開始，至五月後才轉暖的地方，像攤開一卷地圖般陸續開花。最後一個例子是麝香根，巧妙地梳理出緯度、海拔高度與氣候間的複雜關係。

在高緯度地區，由於氣候較冷冽，麝香根只會在海拔較低、較溫暖的地方生長；但在相對炎熱的低緯度地區，會在海拔較高、較冷的地方看到它。我也只在家鄉當地的半山腰找到它。

前文已經談過山區的裸露程度是如何將樹木限制在某個海拔高度之間，溫度也限縮了低等植物的生長範圍，改變了它們的外貌。人們種植的草其產量以明顯且能預測的方式，隨著海拔高度上升而減少。Heath rush 是一種堅韌的草，生長在英國所有空曠的荒野、高沼和山上的潮溼地帶。不管你爬上哪座山，它的花莖都會隨著高度上升愈長愈短，花的數量也減少了。類似的情況在全世界都能看到。

植物會對我們周遭的溫度變化產生反應，同時也改變了你我感受到的溫度。在一個好天氣，我們可以預期在進入有不同植物的區域時，感受到的溫度也隨之改變。每種植物都會以獨特的方式面對來自太陽的輻射，因此即便在陰天，它們也會出現不同程度的加熱與冷卻。如果我們從沙地走到石楠荒原，會看到相對較大的變化，但也有較細微的不同。科學家發現，根據草地的不同用途，相鄰草原的氣溫也會有所差異，大量施肥的農用地會比附近的野生草地還要冷，冷到連蚱蜢的蛋都無法孵化，這也是蚱蜢只生長在野生草地的原因之一。

葉子的線索

樹葉裡有一個等待被探索的世界。

樹葉對壞天氣很敏感，它們能反應廣義的氣候與特定的微氣候，並給予我們與兩者有關的線索。但我們需要去思考其他主要因素，比方說土壤。潮溼、肥沃的土壤能讓樹葉長得更大，試著比較一下叢林裡超大片、耷拉的葉子，以及沙漠附近細長、結實的葉片。比較過後就能利用一些趨勢幫助我們從葉子裡感受微氣候。

葉子在受強烈光照時會變得較小：我們愈往山上走，葉子就愈長愈小。一位研究者發現山金車（*Arnica montana*）生長的位置從海拔一千九百公尺處提升至兩千四百五十公尺時，其葉子的尺寸只有原本的一半大。

放大檢視，我們會在植物的細部找到具體的線索。植物長得愈高，樹葉彎垂的角度更趨近垂直，但它們不會均勻地垂放樹葉，而是將線索藏在一片不對稱裡。樹木受光照較多的南邊，葉子的尖端會指向地面，使得樹葉表面能受到光照；北邊的葉子較不那麼垂直，而是讓葉片傾斜面向天空，才能接收從上方灑落的光。

再靠近一點瞧，你或許會發現南邊的樹葉擠在一塊，而北邊的樹葉之間有較多空隙。背光面的葉子從枝枒上開始生長的位置距離樹莖較遠，向光面的葉子則較近。〔用植物學的術語來說，背光面的葉子，其「節間（internode）」和「葉柄（petiole）」的長度較長。〕

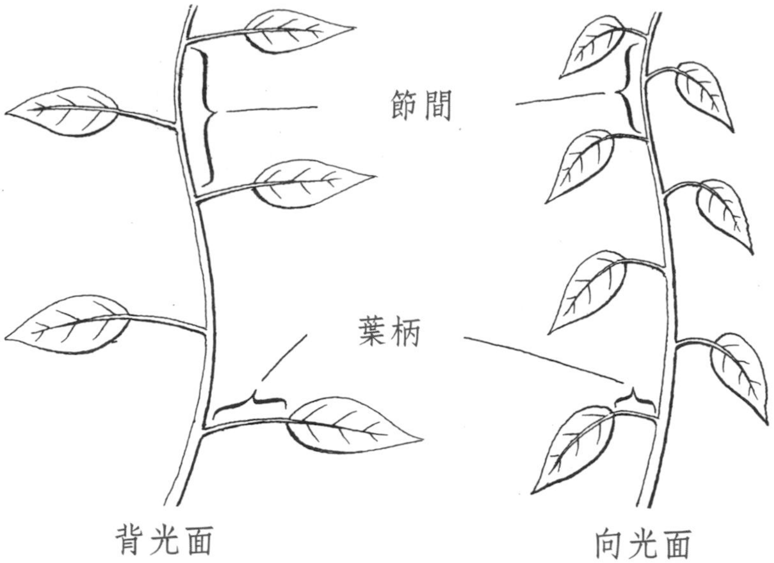

樹木背光面的葉子較大、細長，顏色也較深。最大片的葉子會出現在樹木陰暗但能淋到雨水的位置。從所有高灌木或樹籬的北邊往低處瞧，會看到很多樹蔭卻沒有懸垂的樹木。這是自然導航家使用的細緻線索，也是天氣預報。茂密且較小、較厚的淺色葉片，代表你所處的位置經常受到陽光照射，且待會就能感受陽光普照了。

再把距離拉近一點觀察一下葉子。葉子的質地能告訴我們這個區域大致的天氣類型。葉片相當厚實，此處或許時常炎熱、乾燥；葉子像皮革一般硬，則更偏向寒冷、乾燥的天氣。隨著海拔高度上升，空氣會更冷更乾，因此愈往山上爬，葉子的質地更像皮革。

如果你路過一個具備豐富微氣候的景觀，從乾燥、向陽的區域到潮溼陰暗的區域，仔細觀察植物種類、樹葉形狀的變化，即便只是樹葉的彎曲程度也能為微氣候提供線索。你能在樹木的背光陰影處或潮溼的地方找到許多彎弧的葉片，它們最初指向天空，最終朝地面彎曲。毛地黃（foxglove）、部分蘭科植物以及許多草類都能看到這種現象。

真菌

採菇人對壞天氣相當敏感，因為劇烈的天氣變化會影響菌類的收成。真菌會告訴我們許多與土壤、鄰近植物及微氣候相關的事情。

某天下午，我的兒子指出一個被我忽略的明顯線索。他剛從學校返家，我們坐在廚房的餐桌上，我向他描述著稍早前看到的馬勃菇（Puffball）。兒子一臉興味盎然，這跟我原先想在他下課後來一場菌類對話所預期的不同。我解釋道，雨點滴滴答答打在馬勃菇身上時，它會釋放出幾百萬個孢子雲。或許我們能到樹林裡，用棒子輕戳馬勃菇，模擬雨水打落的模樣，然後看孢子雲飄散到空氣中。

「所以說……」他開口，嘴巴裡塞滿吐司，「你只能在潮溼的地方找到馬勃菇。」句子尾音並沒有上揚，這不是個問句，而是敘述句。我真是太驕傲了，同時也擔心我整天灌輸他這些資訊，他會把三角函數等之後考試會需要的知識趕到別處。

真菌對光線、溫度和溼度的變化相當靈敏，許多家庭做了實驗證明了這件事：你或許曾留意過家中有哪裡特別潮溼，但你的重點可能不是放在溼度本身，而是這些寒冷、陰暗潮溼的地方長出了真菌。

真菌不會行光合作用，所以無法像綠色植物運用光照，但光線依然重要，光提醒了真菌它們已經到達地表，可以開始發展子實體了。左右真菌的關鍵要素在於溫度與溼度的波動。夏末或秋天來臨時，一陣寒流吹來或溫度驟降許多，會使許多真菌加速結實。有一種廣為流傳的說法是，蘑菇在一夜之間冒出頭來，表示溼度上升，壞天氣即將到來，不過這個說法在每個物種身上都略有不同。的確，長期乾燥的天氣抑制了真菌的生長，因此環境突然由乾轉溼，也促使真菌從地底冒出。

或許竄出的真菌不會是你第一個注意到的天氣跡象，我們談過的其他信號都勝過它們。真菌參與跡象合唱團，但它不是指揮者。當我感受到早秋那如雲霄飛車般的降溫，會在首度結霜後，花很長一段時間享受尋找真菌的樂趣。以天氣跡象而言，我將真菌出現的時機和較冷的氣團於秋天抵達時帶來的大改變連結在一起，因此比起預測天氣，真菌反倒常與天氣變化同時現蹤，但能注意到它仍舊讓人心滿意足。

如同許多生物學的跡象，我們才剛開始欣賞該領域帶來的美好可能性。不少科學家認為大多真菌類會在氣壓下降時釋放出孢子，如果這點為真，或許就能催生出更多優秀的天氣預測。這點意味著真菌會隨時注意生長環境的任何改變，因此真菌與天氣跡象之間尚有許多令人期待的發現等著人們挖掘。

地衣

地衣提供了一些很棒的天氣線索，在我們找尋線索之前，先來了解這些美好生物的習性，尤其是地衣與水的關係。地衣直接從空氣中獲取水分，這使它們比植物或真菌更能測量微氣候。許多地衣會在海邊蓬勃生長，除此之外，無論當地的土壤類型為何，距離海岸幾公里內都看不到地衣的身影，因為它們對鹽分和空氣相當敏銳。

如同苔蘚，地衣依靠兩種方式透露了局部地區的溼度資訊。許多地衣只生長在潮溼的區域，因此，如果我們看到異常茂盛的地衣，可以肯定地說我們身處在溼潤的環境當中。尋找「地衣的旗子」是很值得的事情。根據地方風的特性，特別是盛行風相當潮溼或很乾燥時，地衣會在樹木的其中一邊茁長興盛。光照對較矮、生長在地面上的地衣產生莫大影響；而懸吊狀或球莖狀的地衣則傾向生長在風行進間的障礙物其下風處，這很適合拿來尋找風的跡象。

在風不是顯著因素的地方，霧可能會是更大的目標，地衣會為我們繪製霧的地圖。（如果你不確定風是不是顯著因素，瞧瞧最高的那棵樹，樹頂是否有彎曲，如果沒有，意味著地方風的影響較小。）許多地衣喜愛霧，霧飽含地衣無法從土壤中獲取的水分，而地衣並不仰賴雨水，因為雨水可能更罕見。

荷蘭的研究者有一項令人驚訝的發現。他們僅觀察地衣，就能推測出一個月當中會有幾天起霧，甚至知道是日間霧還是夜間霧。（地衣更喜歡日間霧，因為白天的霧能讓它們在夜晚閉合，以度過乾燥的時段。）下次，當你在晨霧中走上山丘，別忘了留意樹上的地衣，從你走出霧到空氣較乾燥的地方時，觀察看看地衣的種類是否發生變化。在心中記下哪些地衣在霧中長得茂盛之後，你就能在晴朗的日子裡，利用這些地衣去預測、標示出將會起霧的區域。

不少地衣會對空氣中的溼度產生動態的反應，空氣溼度上升，地衣也會跟著膨脹，就像自然學家理查・傑弗瑞（Richard Jefferies）的在十九世紀時留下的記述：「美國梧桐（Sycamore）那長著黑斑的葉子垂下，深綠色的苔蘚卻厚厚一層，地衣喇叭狀的構造看起來似乎更大了，它們現在相當溼潤，而不像在炙熱的夏天那般乾燥。」

黑莓和可能性

天然的風地圖穩妥妥地隱藏在我們的鼻子之下，暮夏至早秋是找尋野生果實的絕佳時機。找到長滿成熟果實的黑莓樹叢後，品嘗看看，你馬上就會理解並非所有果實的味道都相同，其中含有一些顯著的差異。

黑莓家族裡有超過兩百種的亞種，這可以解釋不同地區的地方差異。不過，相同區域的黑莓有一個鮮明的對比：長在向陽處與蔭蔽處的不同。黑莓的甜味源自於果實裡的糖，而一項因素左右了這甜滋滋的滋味——太陽。長在向南處、受光照更多的區域收穫的果實更加甜美。

這可能只是事物可能性的表象。南美洲的研究人員從同屬莓果家族、但種類不同的安地斯黑莓（*Rubus glaucus*）發現一些驚人的結果。雖然看起來有些相似，不過安地斯黑莓與我們認知中的黑莓不同。我會提起它，是因為它讓我一窺如果我們願意花時間去了解身邊的植物，它們會提供什麼資訊給我們。

這種拉丁美洲的黑莓生產不少香濃的果實，以及一個風速計。每一顆莓果實際上是眾多「小果子」的集合體，可以把莓果上一顆顆的突起物想像成個別的果實。計算每一顆莓果有多少小果子，是測量你所在地面風速的方法。小果子愈多，平均風速愈快。

果實風速計是怎麼運作的？黑莓藉由昆蟲授粉，也藉助風的力量授粉。風愈強，果實受粉的可能性愈高，莓果身上的小果子更多。

保持好奇心與觀察的習慣，植物就會給予正面的回饋，建立許多層意義。跡象無處不在，因為沒有事情會無故發生，但每個跡象也不會刻意讓自己看起來引人注目。或許我們會在夏天的愛爾蘭看見一些棕櫚樹，獲得暖冬的訊息，接著感受到我們身處溫暖的微氣候裡；而冬天的溫暖不等於夏天的暖和與乾燥。我們周圍的大麥田裡沒有小麥的機率有多高？這是一個訊號，意味著雨從未遠離。

愛爾蘭西南方的氣候宜人，適合棕櫚樹生長，因此我們可能會去假設小麥也能在此處生長，事實上卻沒有，肇因是夏季太冷太潮溼。實際上，愛爾蘭西南方相當潮溼，以至於能拿不同的作物預測天氣。如果你沒看到大麥田，代表正在下雨；如果你看到了，代表雨也快來了。

如果你經過一片小麥田或大麥田，你可能會對此心生興趣：在日本，稻浪（honami）是一個作物如何在風中形成浪的研究。

16

岩柱群：插曲

這天以令人憂心的方式拉開序幕。上午八點零一分，我坐在一間位在加拿大班夫（Banff）、店名為「Tooloulou's」的溫馨咖啡廳裡。鋪著方格紋桌巾的高腳桌四周擺著老舊的木椅子，空氣中瀰漫著濃濃糖漿與脂肪的香氣。我把左手塞進外套口袋裡，揣著一罐防熊噴霧。

在這個早晨，我才理解我很怕熊。無論鐵錚錚的事實掠過我的腦海幾次，都無法安撫我的情緒。我費盡心神說服自己：十幾年來的十一月，從未發生過奪人性命的熊攻擊事件。但當恐懼襲來，這個統計數據也倏地被淹沒。

這是非理智的恐懼，也是我們在戶外普遍會遇到的焦慮。在缺乏光線的環境下保持謹慎是明智之舉，但我們對黑暗的懼怕趕跑了冷靜的分析。

受熊襲擊的倖存者在報告裡指出，他們將防熊噴霧放在觸手可及的地方。當天上午，我在著裝完畢前，練習將噴霧拉出口袋、褪下安全扣，整個動作一氣呵成；同時閱讀了國家公園的生存指南，教你怎麼躲過熊的攻擊生存下來。但在面對熊的時候，顯然得在兩個策略中選出一個。

倘若你判斷熊正處於防禦的狀態，可以安撫牠以自保。不要逃跑，這可能引起熊的追逐，且如你猜想的，你會跑輸牠。最好悄悄地往後退，製造出柔軟、令人安心的聲音（我以最熱烈的掌聲恭喜在危難之際能做到這件事的人）。如果熊繼續向你靠近，將你逼到角落，趕快躺在地上裝死，用雙手保護後頸。但想像一下這個情境就好。

然而，如果熊把你當成食物，擺出獵食者的模樣意欲上前攻擊，應對方法會截然不同。用你可以拿取的任何東西反擊牠，像岩石、刀、任何手邊的東西。我想知道，有誰遇到這種情況還能在腦海裡評估哪一個更接近熊的心理狀態，並選擇正確的對策？——那人絕不是我。

在旅客服務中心時，一位年輕女生跟我說，我的防熊噴霧的有效範圍是五公尺。在我深入思考前，我一直覺得這範圍夠廣了。但我思忖，我真的有勇氣等到熊在我面前大約一輛車的距離才拉開安全扣嗎？我敢等到我看到牠的眼白嗎？熊的眼睛有眼白嗎？不，牠們沒有。而且我在想，在錯誤的時機拉開安全扣可能會使事情更糟。太快拉開安全扣，會不會將防熊武器轉化成刺激牠的道具，或者更糟糕的……變成惹怒牠的東西。

我的右手拿著菜單，這也是我防熊對策的一部分。我聽過許多次這種說法：遇到飢餓的熊時，揹著裝著食物的小背包相當危險。我的解決方法是：一整天都不要帶食物在身上。不帶任何食物去攀爬一座下雪的山是很糟糕的想法，但這不是我第一次按照自己的意願剪裁戶外生存法則，而這件衣服被修改至符合一個簡單的事實：飢餓得花數週殺死我，但因飢餓而憤怒的熊只需幾秒就能讓我一命嗚呼。

這件量身訂做、備受質疑的對策需要搭配一盤不願妥協的加拿大風味早餐。我很期待北美的特色美食餐盤，木盤上的食物從鹹到甜，再從甜到鹹排列。我向一位女服務生點餐，她回以爽朗的笑容，安慰了我的選擇。在一個小費文化根深蒂固的國家，我們能在小小的抉擇後感到自己充滿智慧。

不久後，培根菠菜歐姆蛋捲佐藍莓煎餅上桌。藍莓煎餅是一個委婉的說法，一疊藍莓煎餅被埋在一座由柔軟的打發鮮奶油、糖粉和楓糖漿組成的山下方。我常聽說肥胖會引發許多面向的問題，其中一些正從盤裡盯著我。

我已在卡加立（Calgary）工作一段時間，也很期待今天的假期。計畫很簡單。我會帶著一肚子消化中的早餐爬上一座山，山頂不高，約海拔一千六百七十五公尺，在英國已是一座大山，在洛磯山脈則是一個小突起而已。我的起點，班夫，位於海拔一千三百七十公尺，這或許能為我提供一些助益。下山後，我會做些適度的越野自然導航，接著依循一條不同的路徑前往岩柱群（hoodoos），那是什麼？

岩柱是一種高瘦型的岩石，一小區軟岩石上方有較硬且較重的岩石，讓它們免於被侵蝕，而形成了柱狀景觀。岩柱有很多有趣的名字，像地球金字塔（earth pyramids）、帳篷岩（tent rocks），以及我的最愛──童話煙囪（cheminées de fée）。

如以往一樣，我在步行時會對風保持高度的敏感度。同時研究光線、雲、樹以及地形及其色彩。我感受到山風從高處向下吹拂，在這天的開始為我的臉頰降溫。此處的條件適合發展環形擴散（looping），因此我的氣味會重複爬升與向下飄散。

穿越兩座森林之間的空曠地帶，吹拂到我背上的間隙風（gap breeze）令人鬆一口氣，風將氣味帶到我面前，意思是，走在下風處較難引起鼻子敏銳的動物的注意。每一道渦流對動物而言都是一個愉快的訊號，將我的氣味散布在一個環形的循環當中，相當於告訴動物：「嘿，我在這兒！」但有時無可避免得迎著風走一段路，我一點也不樂在其中。這麼做可能會讓我與動物相遇，通常會使我感到開心，但不會是今天。

依循著一條小徑往山上走，我看見針葉樹愈長愈矮。山頂的渦流較少，風吹得更強勁，它們的力量作用在我周遭的樹上。我遠眺洛磯山脈綿延的山巒，花上半小時讓視線沿著遠處的樹和雪線漫遊，豈不樂哉？樹線在山的背光面顯然比較高。三道陡峭的平行山谷中，長在兩側裸露地面上的針葉樹比其他同類樹還高上幾公尺。而主要的那條雪線下的雪坑，有上百個雪口袋。

我傾聽松樹林裡的風聲，邊往下走。我繞過岩石，風的音波發生改變，在我向下走時聲音也愈來愈低。然後某個和聲音有關的事物促使我在小徑的轉彎處停下腳步。還是我聽錯了？兩排松樹之間，兩條電線延伸到不遠處的一根電線杆上。聲音裡的變化來自於這些電線嗎？我不知道。

在山中小徑跋涉了幾個小時後，莓果鬆餅已成為回憶，我也沒看到任何熊的影子。若在你眼前的真相還不足以消弭恐懼感，那運動和一點飢餓可以趕跑它。倏忽間，小背包裡的點心變成值得一冒的險。畢竟，我離一座繁華的小鎮也才幾公里遠。然後，我聽到了。一聲嚎叫？還是不悅的低鳴聲？是某種動物的聲音，音量很大，表示距離我不遠。我不敢動。但我隨即唱起歌來。

唱歌是當地推薦人們嚇唬熊的方法之一，我沒騙人。歌聲是人類獨特的簽名，熊可以辨識出聲音並藉此遠離人類。在世界上的其他地區，像斯堪地那維亞半島，專家提倡在登山包上裝上鈴鐺，叮叮噹噹的聲音能讓熊知道人類正在接近，牠們有足夠的時間離開該區域。但我被一位登山老鳥說服了，這招在洛磯山脈不管用。鈴鐺聲對北美灰熊來說就像一道清脆的流水聲，牠們會前往查看。

我不用調查灰熊。身為一個音癡，只能唱出幾個音階，少有我可以自信高歌的曲子，因此我只熟記其中一首，梅爾・特拉維斯（Merle Travis）所作的《十六噸》（*Sixteen Tons*），不成調的歌聲傳到了樹上。

曲子來到第四節，我正為樹演唱鐵做的拳頭與鋼鑄的拳頭這一句歌詞，光線逐漸變亮，而我的歌聲漸弱。周圍的樹木逐漸被草地取代，我小心翼翼地踏了出去，並感受到氣溫下降。

我努力繃緊神經專注當下。待在樹林僅僅數小時後出現的樹盲症放大了這個問題，而集中注意力是數分鐘的挑戰。看著棕色的影子在我面前移動，我重新握緊了噴霧。難以判斷牠們是身型巨大但遙遠，還是體型較小但較靠近。結果介於兩者之間，在我眼前的是一群加拿大馬鹿（elk）。大約十二隻加拿大馬鹿在離我約六十四公尺（約七十碼）的地方享用著美味的草。牠們令人印象深刻，就像服用類固醇的大黇鹿（fallow deer），身體每個部位比我在家鄉看到的有蹄類動物都更巨大可觀。

我站著凝視牠們十來分鐘，加拿大馬鹿也不時抬頭看我，卻沒有因我的出現而移動。我曾聽聞關於當地加拿大馬鹿衝撞人們的事件，大概是出於對小鹿的保護，但我沒有體驗到這樣的情況。牠們與其他草食動物驚人的相似性，使我覺得我能充分讀懂牠們的肢體語言，希望牠們也懂我。如果繼續待在草地旁邊的小徑上，我確信我們能享受彼此的陪伴，雙方的心跳都不會因為緊張而加速。寒冷竄入我的外套，我只能不情願地與草地上的加拿大馬鹿分別。

這條小徑通往岩柱群（hoodoos）。抵達岩柱群之前，必須走下軟質岩、泥土與岩屑堆。走在山坡上有個恆常不變的法則，比較一段陡峭的下坡和上坡，就算踏過的地面並沒什麼不同，但我們的腳會產生截然不同的感受。每隔幾秒鐘，我都會一陣腳滑，我迅速壓低重心，抓住周圍突起的樹根，看著土壤向下滾落。

遠遠地看岩柱群相當巨大宏偉，近看卻親切得多。當我站在岩柱群底下，蜂蜜色的岩石就在我頭上幾公尺的距離。這讓我想到白蟻丘，但岩柱群更高更細長。我坐在淺色的土上，花了十五分鐘向上仰望含沙的石柱，繪製完岩柱群的素描，幫它們拍了張照，然後走上山坡，從水平的角度環視石柱外貌。

回小鎮的路上，我經過一片停車場和幾位遊客，看起來他們剛吃完一頓加拿大早餐，或兩頓。早晨沐浴在莊嚴且寧靜的漫步後，我似乎難以接受遊客的大聲喧嘩，因此選了另一條較遠的路線返程，我離開道路，再次走進森林往河流走去。

岩柱群（hoodoos）

在樹林裡，風從我臉頰的高度吹拂過去，但在這之上或下幾一兩公尺處則沒有風。我聽到樹頂正在和某個更強悍的東西角力。當我向著河流往下走時，苔蘚有從樹底愈長愈高的趨勢。走出樹下後，我感受到一陣通道風，這道風沿著河流追著我。靠近水邊的樹木不再晃動，大岩石北側的地面上已經積雪了：雪描繪出一個由寬變窄的箭頭指向北方。在雲覆蓋天空之前，中午的太陽融化了南邊陰影處泥地上的雪，徒留岩石北側陰影下那些。

朗德爾山（Mount Rundle）的山峰高聳入雲，她巍峨地聳立在山谷之上，凜然、深邃的面孔布滿了條紋狀的雪。數百萬年來，沉積岩被彎折成這座宏偉的高山。雪就像偵探調查的指紋，明亮的白色線條在暗色的山石上閃閃發光，每一條線、每一道彎曲都一清二楚。接著，我清楚感受到：不能說它「像」一種語言，它本身就是一種語言。但辨認出一種語言與聽懂一種語言有所不同。岩石在說話，我在聽，我們卻無法理解彼此。

河岸邊與寬闊的天空接壤，群山在雜揉著藍、白、灰的蒼穹下顯得格外清晰。哲學家弗里德里希・尼采（Friedrich Nietzsche）對雲中雷電和洞悉一切的天空感到膽怯，被森林覆蓋的山脈是一道盾牌，抵禦了會對他的思想帶來負面影響的種種事物。在尼采的案例中，精神錯亂的初期徵兆，從高山林地的針葉林中浮現，對日復一日反覆思考的思想家來說，是令人難以抗拒的感覺。

太陽探出頭來溫暖了我的臉頰，我感受到它從河邊的深色土壤中冉冉而升。雲朵堆疊上去，形成高聳的積雲。雲的底部並不圓滑，參差不齊，且位置比清晨還低。雲頂的輪廓相當清晰，但還在長高、變形，並隨著風彎曲。這是陣雨或雪可能來襲的光景，但還沒有風暴的明確跡象。這就是天氣的開始和結束。

我望向山峰，期望能看見任何一種山頂雲，或許是莢狀雲或旗狀雲，但我也知道條件尚未符合。雲爬升到最高處以及移動的方式是有規律的，迎風面的雲多了些，遠處有更大片的藍天，但沒有名字能總和這樣的景象。

我的脖子發出抗議，使我將目光從天空移開，繼續沿著乾涸的河床走回鎮上。雪又飄了下來，下得很輕柔，挾帶著大片雪花。短短幾分鐘，藍天便將雪毯蓋在我身上。這是我這幾週以來看過最漂亮的現象了。

某件跟我腳邊的小石頭有關的事物吸引了我的注意力。我蹲下身查看這些鵝卵石，接著跪下來研究石頭的模式。在充滿石頭的河床向前爬了約二十公尺後，我皺了皺眉，有個邊緣很銳利的東西劃過了膝蓋，我抹掉睫毛上的雪花，方便我研究這些石頭。我從未見過像這樣的事情。

就像許多大自然的現象一樣，當我們去理解某個作用時，並不會為它感到驚喜；但當我們在偶然間發現這些自然現象時，會深深為它著迷。河流乾涸是因為此時正值乾季末期，六個月內，當雪消融，水挾著雪從周圍的高處向下流，河床會迅速充滿流動的水。河流的水位在山的某個位置暴漲時，會扮演著篩選、分類員和雕刻家的角色。

成千上萬顆鵝卵石鋪滿河床的每一個角落，且被完美地依尺寸分類。河流彎曲處的鵝卵石較小、渾圓，尺寸相近，顆顆都是能用我戴著手套的手恰好包覆的大小。彎曲處以外的地方，有更多又大又凹嶇不平的岩石，比我的手大上許多。在兩個差異之間，流水創造了完美的分級系統，而不僅僅是造就了一條河。

一陣強風將甫落下的雪颳到河床，落在河道彎曲處外側的大岩石隙縫間的雪花就此停留，而被吹到彎曲處內側的雪花則快速、不曾停歇地飄過較小且圓滑的石頭。我看著雪花從大岩石背風面掉出來。接著，河邊一塊大岩石旁邊，一場微型暴風雪掉頭吹錯了方向，搭上叛逆的風。一切美到令我興奮不已、抽離了我所有的力氣。我坐在岩石上數分鐘，用讚賞的眼光欣賞大自然的藝術，這一刻，我感受到了連結。我甚至覺得我能與一隻具攻擊性的熊建立情誼。

回小鎮的路上會經過班夫溫泉酒店（Fairmont Banff Springs Hotel），那是一棟十分壯觀的建築，沒有幾間飯店能擁有引人啟發的美學，但這間酒店具有令人驚嘆的美。我想這是我見過最美麗的酒店。或許是科爾迪茨城堡（Colditz Castle）更漂亮、更友善的親戚。科爾迪茨城堡雖美，卻是二戰期間惡名昭彰的德國戰俘營。我為在裡頭安息的不幸靈魂感到惋惜，他們看不到城堡的美。

酒店旁的木頭人行道大部分都沒被雪覆蓋，但某幾處有一些零星的雪，雪並不是隨機灑落的。直線在自然界相當稀有，任何直線的出現都引人目光。我從木板上看到的不只是直線，還有複雜的圖樣：皚皚白雪拉成的直線繪出薄薄一層格紋。這是十分吸睛的藝術品。有那麼一瞬間令我困惑，但在我感受到陽光照耀右邊的臉頰時，一切真相大白。

薄薄的雪一夜之間下在了人行道上。雪花落在從地面上架高的平台，與土壤隔絕，而幾公尺之外的石頭與土壤上沒有雪跡。上午的氣溫維持在攝氏零度以下，沒有任何雪融化。我抵達酒店時，大約是下午一兩點，加熱地表的太陽已高掛天際。太陽使木板上的雪昇華，將雪由冰晶轉化成水氣，跳過了水的階段。這個過程發生得相當快速，幾分鐘內，木製扶手投射在木板上的陰影留下的雪的圖樣。一條畫到扶手的線成為一個完美的指南針，愉悅了我心中的導航魂。但沒什麼比這道雪的現象更美好，因為它是獨一無二的。這是一幅畫作，記錄

班夫人行道上的雪影現象

了太陽、雪和影子彼此相遇的短暫時刻。我再也不會看到一模一樣的現象了。

這一天的每一個細節都是充滿樂趣的課程。在我尋找岩柱群之初，曾愚蠢地讓熊占據了我的內心。岩柱群相當壯觀，非常值得一遊。但無論景觀本身有多麼令人印象深刻，天氣總會為每一個戶外體驗增添一抹色彩。如果我們去發掘這些跡象，天氣會在天空和地表之間揭開它精緻的藝術收藏品。

17

城市

曼哈頓遇見瑪麗蓮・熱島和城市微風・城市分離器・建築的妙趣・天氣諺語的轉變・城市的六道風

度過十六年的鄉村生活及偶爾為之的倫敦之旅後，蘇菲和我都覺得該讓兒子體會一下大都會的繁華生活了。因此二〇一九年十月，我們飛往紐約，準備在曼哈頓市中心停留五個夜晚。班從來沒來過美國，蘇菲則未曾踏入紐約。我來過幾次，所以第一天由我擔任導遊。蘇菲用很妙的策略來擺脫我的領隊語氣，在我說完幾個與文化相關的故事後，她拖著愉快的少年和惱怒的父親，走進每一間櫥窗裡展示著慢跑鞋或掛著響噹噹品牌標誌的店家。紐約到處都是這種店。

我可以在山丘上從早走到晚，一句怨言也沒有；但逛街兩個小時已經超出我的忍耐極限，我乞求蘇菲，看在我良好的表現上讓我提早解脫。我們協議每天分開行動一兩個小時，之後再會合。

這是一段美好的假期，多虧我們能接受彼此不同的興趣，及包容我有限的購物天分。紐約之旅最精彩的行程，就是在中央公園（Central Park）的池塘裡賽遙控帆船。蘇菲認為池畔咖啡廳的咖啡相當美味，班熱愛比賽，而我很享受利用池塘遠處的氣渦流推動帆船緩緩前進。

人行道上頭噴出的蒸汽又將我們分開。蒸汽沒有黃色的計程車來得顯眼。街道上裊裊升起的白煙與外國人想像中的紐約一致，這是電影及電視導演最愛的鏡頭。在我首次造訪曼哈頓前，全然不知這道蒸汽是紐約的公共設施之一，與電力、天然氣一樣，是一

種能源系統，在曼哈頓已有長遠的歷史。

我是稱職的好遊客，停下腳步為蒸汽拍照。按了幾分鐘快門後，我已經不想再走動了。蘇菲在更遠的街區發現了感興趣的事物，而我站在原地，呆呆地盯著煙蛇向上溜走，我從沒遇過如此熱心向我介紹街道氣流動向的城市生物。沒有讓它逃跑的道理。

曼哈頓遇見瑪麗蓮

當風遇到高大建築物那全然平坦、平滑的高牆，會向四面八方轉向，大部分氣流會向下垂直移動。這道風再遇上另一道完全平坦的表面（人行道或馬路）會往上彈，製造出一陣彷彿自己從地面向上吹的風。上升的氣流能掀起裙擺，一九九五年的電影《七年之癢》（*The Seven Year Itch*）中有一幕，瑪麗蓮（Marilyn）站在地鐵的排氣孔上，白色的裙擺被氣流撩到腰部以上，這個經典場景獲得了「夢露效應」的稱號。在城市裡，風碰上建築物，先向下吹，再往外捲，最後向上吹成一個循環。

我試著去找出一些我必須前往四十二街區（Forty-Second Street）的理由，這一點也不難，有上百個好理由，而且它們深藏不露，我意欲前往四十二街的原因沒有詳列在任何一本導覽手冊或旅遊廣告上；光彩耀人的霓虹燈或電影場景也沒有。我正在追尋都市峽谷效應（Urban canyon effect）。

間隙風和通道風的效果能同時作用在城市的環境裡。這就是在風很強勁的日子裡，我們會時而感到風平浪靜，時而狂風猛颳的原因之一。任何一道風的風向與我們的路線大致垂直的時候，風會在街上加速（就像山谷與風的關係），氣流的方向會被我們行走的街道引導。每當我們從人行道踏到馬路上，再走回人行道，重疊的效應就像一個開關。

「都市峽谷風（urban-canyon wind）」是極端的版本。如果街道上有一座非常高聳的建築物，且相當地筆直，通道風的效果會被放大。歐洲鮮少體會到都市峽谷風，都市歷史悠久，自然演化下，建築物的排列參差不齊；較近代的都市較有空間讓規畫師或建築師畫出長而筆直的線。能夠畫出筆直的線條

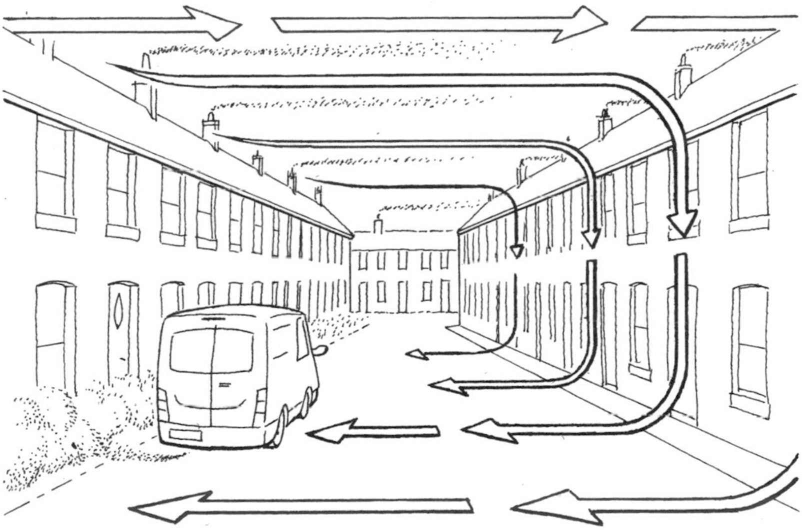

汙染的效應

何等神奇，想想他們手上握有多少權力。

因為文氏效應（Venturi effect），街道的寬度變窄或放寬，會對風的強度帶來莫大影響。簡單舉例來說，一條變窄的街道就像拇指壓緊水管出口，風速會加快。都市峽谷風在兩棟建築物之間被擠壓，其風速可達到較寬的街道的三倍，是一種間隙風。

當風撫過都市峽谷，會形成各種渦流，可以在同一條街道上看到風往六個不同的方向吹。頭上飄浮而過的雲是一種動向，風將旗幟往另一個方向拉扯，而當你穿過一條街，會感受到三種相異的風。這些渦流帶來一種最詭譎的副作用是空氣汙染的巨大差異。汽車排出的廢氣被吹往街道的背風面，而下風處從上空獲得更新鮮的空氣。

熱島和城市微風

旅行的某一天，我正和位於英國奇切斯特（Chichester）辦公室裡的某個人講電話，那是最靠近我家鄉的城鎮。他說：「我可以看到窗戶外有一群禿鷹。」

「牠們在盤旋嗎？」

「對。」

「牠們在找停車的地方嗎？」

「蛤？你說什麼？」

「我說牠們在停車場上空盤旋嗎？」

「對呀，你怎麼知道？」

「現在是上午十點左右，能在這個時間靠近你，附近溫暖到足以產生上升熱氣流的地方只有北門停車場的柏油路。」

城市會受到我們所見的大範圍天氣現象影響，但有些效應只屬於城市。幾百萬噸的柏油和堅固的筆直建築物與壞天氣形成了一種獨特的關係。

太陽加熱建築物和道路比大部分自然物質更有效率，所以大晴天的城市升溫很快，且溫度更駭人。深色的物質接受更多太陽輻射，而建築物也呈現出一片巨大的表面。太陽剛升起的時候，低空的太陽能迅速加熱一棟摩天大樓，比一棵樹更快。日暮之時，熱量會快速地向四周輻射出去，建築物和道路就像熱能電池，將熱量釋放回城市。在郊外包覆樹的水，透過蒸發的作用冷卻樹木，但建築物的水倏地從鋼和玻璃流下，流進城市的排水管裡。接著是人類的活動，供暖（heating）、工業和車輛，種種效應組合在一塊，結合成「熱島」效應，該效應可讓城市比周圍的鄉村地區溫度高上攝氏十二度。

我們在前面的篇章提過，局部的熱量促生出積雲，積雲在城市的上方形成，之後會彎曲或隨著風慢慢前進。熱島也製造了自己的風。城市裡較溫暖的空氣膨脹、上升，海風的循環（詳見第兩百二十九頁）會加入其中。郊區較冷的空氣流入城市，在一個氣溫宜人、萬里無雲的日子，上午只會有一點微風，城市開始製造自己的風，一道溫煦的風在下午三、四點鐘吹向城市中心，這就是城市微風（city breeze）。

我們只會在一點點風吹或沒有主風的日子感受到城市微風。如果一道微弱的主風吹拂過去，城市的下風處會比迎風面還溫暖幾度。但一道強風會颳走熱島效應，意味著降溫的效果在城市也會被放大。在經歷夏季高壓和幾個天氣溫暖、穩定的日子後，若一道鋒面經過，不僅能消弭太陽賦予的熱，還能將整個熱島效應一同帶走。因此我們可能在同一天看見一個人赤裸身體，再回頭他已穿上外套瑟縮著身子。

城市分離器

城市能引起分裂。它會試圖分離通過城市的天氣。從一棟巍峨建築物的最高處望去，你能看到雨正緩緩接近這座城市，但你會發現雨被剖開，從城市的兩側通過。

這個現象的發生主要基於兩個原因。其一與我們剛剛提到的熱島效應與城市微風有關。炎熱的城市製造出一柱溫暖、不穩定的空氣對流，風會被這股上升氣流推擠開來，只要熱島效應夠強，柱子會將風一分為二。

第二個原因在於高聳的建築物阻礙了風。建築物攪亂了平穩的風，讓它們倏忽間變得紊亂、毫無章法。這道亂流成了風的阻礙，迫使正常的風繞過這道不穩定的亂流。

這兩種效應疊加在一起後，能夠將風暴系統一分為二。通常被城市剖半的天氣系統會在城市的下風處再次結合。

建築的妙趣

城市塑造了風，風同時形塑了城市。以前沒什麼人嚮往住在城市的下風處，通常住在那裡的是較貧窮的居民，他們得忍受空氣中瀰漫著工業廢氣與其他「不好的氣味」。而今煙霧消散，大部分產業轉移到成本更低、人口較稀少的區域，過去的問題已不復存在，天氣卻在建築物上留下了足跡。

有幾年夏天，我們會在布列塔尼（Brittany）郊區一處擁有基本設施的小屋來一場家族旅遊。這棟度假民宿裡有烤箱、茶壺、桌椅和床；沒有電視，沒有網路，連收音機都沒有，但我超愛。民宿建築還有厚厚的牆壁、小扇窗戶與巨大壁爐。我問在地人關於這棟小屋的資訊，他們回說這是他們的別屋，原本住著四五個家庭，但他們覺得兩個家庭使用起來恰好、舒適。布列塔尼的夏天酷熱，冬天溼冷，而厚牆與小窗能使房子在夏天維持涼爽，並為夜晚保留一些溫暖，在日夜循環間穩定室內溫度。冬季來臨時，室內會生火取暖，厚牆扮起熱能電池的角色，再度為屋內提供恆定的溫度。

小屋看起來很不一般，它的建築構造包含一段跟天氣有關的故事。世界上每一棟建築物都在述說當地的氣候條件。忽略天氣的建築師稱不上合格的專家。二〇一三年，英國倫敦一座暱稱為「對講機」的摩天大樓，它柔軟的凹型外貌匯聚太陽光並反射到下方的街道上，熔掉了一部分汽車。事件的結局是路邊停車被禁止，支付損害賠償——以及一群開發商羞愧到無地自容。

在極端的狀況裡，需多加關注建築與當地天氣之間的關係。我曾在位於瑞典北極區的基律納（Kiruna）看過一些建築物，簡直像是為了殖民月球所做的彩排。在極度炎熱的國家，建築形式反映了微風的珍貴程度。中東的部分地區，高聳

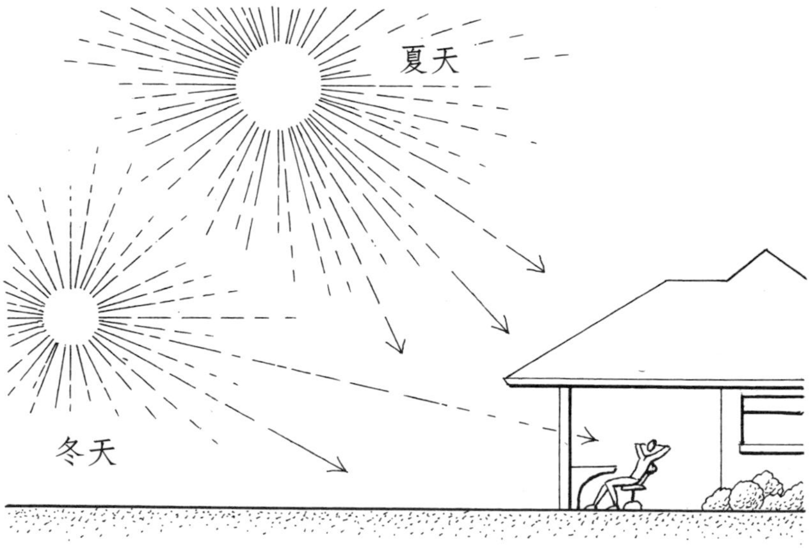

的風塔（wind towers）能捕捉街道上空的微風，將之引導至下方的居住空間。像印度的海德拉巴（Hyderabad），風塔與通風口指出風的位置。但在大部分的情況下，這樣的效應相當細微，在城市裡，往往需要具備橫向思考與謹慎觀察的能力才能注意到這種線索。你會在建築物的南邊看到許多百葉窗，與太陽能面板面朝天空的方向相同。

建築師會在狂風吹拂的地區調整建物的角度。一間房子有愈多邊，愈不容易受強風影響。六角形或八角形的建築物能有效對抗狂暴的強風；多角屋頂比單純的三角屋頂還來得堅固。

許多溫帶地區的夏天太溫暖、冬天太冷冽，利用簡單的建築原理設計屋頂能同時解決這兩個問題。我的家裡就有它，而且它是我喜愛的事物之一。給你一些線索：夏季太陽的仰角比冬天仰角高。如果你要設計一棟建築物的外觀，冬季能將最多太陽溫暖留在室內，夏天則避免吸收過多熱量，你會怎麼做呢？

在曼哈頓，屋頂上有許多旗幟加入了蒸汽的行列，為我標示出低處的風從哪裡吹來。不過，城市裡總會有看起來不像旗子的旗子。佇立在屋頂的鳥會告訴你風打哪來。如果鳥兒們全部面朝同一邊，那個方向就是與鳥兒高度相同的風的來向。鳥喜歡面向風，因為牠們起飛時得面對著風，才能避免風吹亂牠們的羽毛。倘若鳥群沒有共識，面朝不同的方向，則是微風或風向不穩的跡象。高壓系統到達期間常能看到這種畫面。還有一種情況，稍早前鳥兒都面向同一個方位，但在同一天稍晚的時候通通轉向，意味著風向改變，天氣也即將出現變化。也能用相同方法觀察樹上、野生環境的鳥與風。

天氣諺語的轉變

現在，全世界已有過半人口居住在城市地區。統計顯示，一星期有三百萬人從郊區遷移至都會區，預估二十一世紀中期，居住在城市的人口比率可能會達到總人口的三分之二*。該趨勢有一些副作用，其中一個對城市與郊區自然現象的興趣日益濃厚。我們能從天氣諺語的轉變裡看出首要的變化，過去觀察野花找出空氣潮溼與天氣惡化的跡象，後來注意的是椅子是否嘎吱作響。而彈簧床的嘎吱聲則是空氣乾燥與好天氣的徵兆。

問題是，新的諺語才剛跟上流行，我們卻又搞出新的生活方式與物品的製造方法。我聽過椅子和床嘎吱作響的聲音，但那早已是十年以前的記憶，所以我無法確信這些方法管用，或者我是否真的能身歷其境。我仍可聽到地板嘎然作響，理論上這也是潮溼的跡象，我卻不認為這是可供信賴的指標。

石頭傳導熱量的效果頗佳，所以即便天氣暖和，觸碰到石頭時會感到一絲沁涼。假如潮溼的空氣接觸到石頭，水氣會在石頭上凝結，形成水滴，因此有句古老的諺語說：「石頭流汗，雨水欲來。」這一定也是風雨來襲前盤子和肥皂疑似會「流汗」的原因。（雖然我懷疑肥皂的例子可能與前一次淋浴時熱氣蒸騰的環境有關，就跟風雨即將到來時一樣。）

據說空氣溼氣重的話，地毯會膨脹、起司會變軟，傷口會發癢，繩子會收緊，細弦會鬆脫……這些傳言或許是真的，但我未曾發現它們的用處。長期在船上或與水為伍的人，都知道鹽肯定會因潮溼結成一大塊。不過，根據我的經驗，這並不是提供我們天氣預報的方式。我在風雨前夕會注意到，若空氣潮溼，門窗會變得難以開關。我有一扇遇到某些情況就不會關閉的門，寒冷與潮溼會帶來這般負面效果。

我遇過最艱澀難懂的天氣諺語或許是與局部天氣有關的全壘打預報。球類，以及包含子彈在內的所有拋體，在潮溼的空氣中能飛得較遠。這很違反直覺，因為悶熱潮溼的空氣給人較厚的感覺，且我們知道水比空氣還要重。但其實，潮溼的空氣其密度比乾燥的空氣更低，因此理論上要打出全壘打，壞天氣來臨前這段期間的機會更大。無論你熱愛什麼樣的球類運動，都可以試著從中發現奇怪的天氣預報；但別往簽賭發展就好。空氣潮溼無法左右比賽的結果，它為球類增加的移動距離不會多於百分之一．五。

＊書寫本書期間，有許多趣聞表示嚴重特殊傳染性肺炎（COVID-19）將會澈底扭轉這個趨勢，就留待時間證明吧。

城市的六道風

時間滴答流逝。獨自一人的探險時間是有限的，我快速地移動，時而穿梭於建築物之間，時而沿著曼哈頓的大街走。這是一場狩獵，我渴望能抓到更多的城市風。這不是場膽小鬼的冒險，畢竟要捉拿城市風，需要某種決心。

當我再次與班、蘇菲會合時，他們兩人都穿著品牌衣。我們都露出滿足的笑容。我體驗到十六種風裡的七種，包含六大風；老婆和兒子則促進了經濟發展。我以我淺薄的棒球知識指出，右撇子會把手套戴在左手上，我們得回一間運動用品店換個棒球手套。整體來說，一家人彼此的任務都相當成功，我們邁大步離開，準備好好慶祝一番。熱狗小販會露出害怕的神情也頗正常。

我無須假裝鉅細靡遺地記述我在曼哈頓市中心搜查各種風能取悅讀者，這不是一個觀賞性的體育活動。這種滿足感只會在你出於自己意願去尋找這些風時湧現。這是一個容易令人氣餒的活動，許多人會退避三舍，但你都讀到這裡了，我相信你能戰勝它。

當一道風遇上一棟建築物，會從中產生十六種風。許多風遠遠高於地表，不容易被我們捕捉到；除非你是大樓外窗清潔員。而我們能在赤手空拳的狀態下體驗到其中六種風，你將會認出其中一些。本章開頭已遇見了一個，另一個則在樹的下風處。

我們知道風碰到高聳的建築物表面時，會往下轉向，這是我們感受到的第一道風：站在靠近建築物迎風面的地面上，會感受到由上而下急速流動的氣流(1)；而這道風會捲成渦流，稍微遠離建築物，我們應該能感測到夢露效應，也就是那道向外捲再向上吹的氣流(2)；離建築物再遠一點的地方出現一塊平靜得怪異的區域，在那兒，吹向建築物的風碰到轉回來的風，相互抵銷後形成了無風的狀態(3)。

倘若我們走到建築物的角落，會發現有人調高了風速的旋鈕，因為此處的風會加速呼嘯而過(4)；接著沿著建築物周圍走到建築物下風處的角落，這台吹風機安靜下來了，我們會感受到微弱但變化無常的風(5)。讓我們走一遍建築物的下風處，結束這趟風的巡迴之旅。我們會在下風處找到雙重渦流，和我們在一棵樹的下風處體會到的如出一轍(6)；稍微遠離建築物一點，會有一道風往建築物吹(7)，接著是無風帶(8)，最後是一道遠

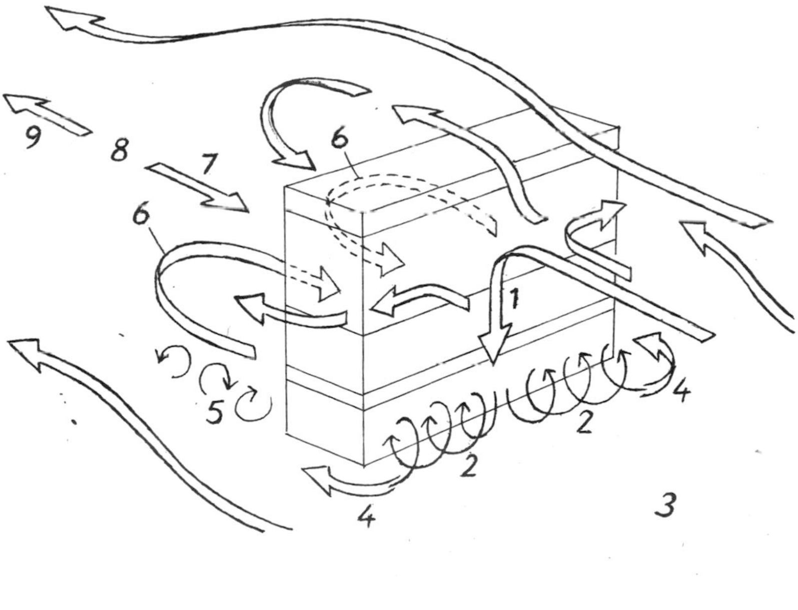

離建築物的風(9)。前六道風是六大風，也是城市風獵人想要狩獵的風。

唯一要補充的事情是，如果我們站在屋頂上，可以去期待風吹得奇怪、吹得無法預測。你無法準確預測你的感受，因為電腦也為此感到困惑，但有一件能確定的事，你所感受到的風，會在你每走幾步之間發生劇烈變化。倘若你幸運地參與一場屋頂上的派對，只要你理解風，就能留意到一些有趣的事情。派對裡，總會有相談甚歡跟意欲閃避的對象，但你並不知道他們為什麼會這樣。一群人穿上外套，對清新與寒冷感到失望；在不到十公尺的距離，卻有一群人正褪下層層衣物。屋頂派對舒適與否的答案不在衣服，而是移動。

請去尋找這些風，你會徜徉在狩獵的樂趣裡。我發現，只要你不曝露自己的任務目標，就能提高這趟狩獵的成功率。社會中有太多人覺得他們的愚蠢行為比我們所做的事更棒。

18

海岸

海洋和季節．島嶼雲．雲底顏色．海岸線風．冬天海洋的積雲．海岸微氣候

太平洋諸島包含了幾千座島嶼。諸如美拉尼西亞（Melanesia）、密克羅尼西亞（Micronesia）、玻里尼西亞（Polynesia）等地區，其傳統生活方式仰賴島嶼之間的連通，形成海洋之旅和自然導航之間的親密關係。

農夫知曉，一個不友善的季節會搗壞莊稼，最糟的情況是他們站在屋簷下，無奈地看著老天讓一切發生。但在太平洋，錯誤解讀天氣跡象，一無所獲還算是幸運的下場，若運氣稍差點，就會在數分鐘內被狂風暴雨吞噬，或在海上迷航好幾星期。這些國家會從形狀、顏色和感官上找尋

其所代表的意義，這絲毫不奇怪，且是其他文化所不能及的。解讀天氣跡象成為了攸關生死的藝術形式。

有些預報方式過於偏門，在此不多加著墨。位於吉里巴斯（Kiribati）的環礁尼庫瑙島（Nikunau）上，領航員會去尋找好天氣時流出透明液體、風雨來臨前流出乳白色液體的珊瑚礁。這對各位是好消息，太平洋主要使用的天氣跡象是我們所學基礎的改良版。挺令人耳目一新，但不應為此感到震驚。我們會視太平洋諸島的文化、傳統與生活方式為異國之趣，但約束空氣、水、熱量的規則，全世界皆同。

陸地升溫的速度比海洋快。島嶼升溫，上方的氣流也跟著上升接著冷卻，水蒸氣凝結，積雲就此形成。當溫暖、溼潤的空氣碰到地勢升高的火山島，會被抬升變成雲。我們能在離家不遠處的山丘、人們為之感嘆「Kia kohu te mata o Havaiki（願哈瓦基的山峰被雲層覆蓋）」的地方上頭，發現一樣的現象。

差別就在人們是否留意到細節。大部分的人會錯過雲朵，所以當我們懂得看雲時得先恭喜自己，但我們有試著去尋找埋藏在雲朵形狀和顏色裡的意義嗎？即便我們想在這些條件裡找出跡象，得先捫心自問，我們有十足的耐心嗎？

馬爾地夫和太平洋諸島有許多共同的地理特性。兩者都有超過一千座位於赤道附近的珊瑚礁島，離大片的陸地頗遙遠。它們或許擁有不同的文化，但天氣跡象相似。過去幾年，我到馬爾地夫開設一些課程，教導在地人、移工和遊客解讀天氣跡象。

課程期間，最令我震驚的是時間與耐心的重要性，無論是我還是學生。跡象不會在我們擇定的時間乖乖出現，即便它們赫然現身，也不會大聲吆喝自己的存在。能揭示許多資訊的顏色、形狀和動態，樂於待在背景裡，我們必須夠細心才能看清眼前所見。剛開始的時候，愈是讓自己保持謹慎愈有幫助。

做做看以下實驗：抬頭看天空的景色，閉上雙眼，試著去記得你看見的東西。現在，看著同一片風景，然後轉身，大聲列出你看到的每一個形狀和顏色。想像你正向一位面朝另一邊、所見相異的藝術家形容這片景色。如果能找到一位夥伴一起練習，這個實驗會更實在且真摯。對自己誠實，就會成功；然而對他人坦誠，可困難得多。我必須在馬爾地夫重新建立起這種專注力，這對於課程第一天得站在碼頭邊兩小時，等待遲到者現身有所幫助。我建議你讓自己坐在一張長椅上，凝視幾小時的風景，接著再切換成藝術家的視角。

海洋和季節

在一個極端的狀況，陸地與海洋攜手製造出尺度「大」到無法輕易看見的模式，這很諷刺吧。風的系統能夠持續數個月，而太平洋島民並不是唯一得時時關注該系統的人。季風（monsoon）

一詞源自阿拉伯語的「mawsim」，意思是「航行的季節」。季節更迭，太陽照耀的對象從陸塊變成海洋，壓力系統為之改變，海風也轉向了。

在大航海時代，印度洋於傳統上有兩個由季風主宰的短期季節可以進行商業活動，「awwal-al-kaws」和「akhir al-kaws」，無論何者都持續不到兩個月。這些重要的風季是構成海岸文化不可或缺的一部分，人們會從棗子的收成與下雨的時間判斷風季何時到來。對該文化來說，雨水到來的跡象跟我們之前看過的線索一樣，都代表整個地區的天氣即將改變，而且會持續好幾星期。忽略這種季節性的改變，會更難去尋找細微的跡象。

在過去幾世紀間，造訪此地的西方人沒有注意到當地的智慧與理解季節變化就貿然出航，他們為此付了龐大的代價。一八一八年，明斯特伯爵（Earl of Munster），喬治・菲茨・克拉倫斯（George FitzClarence）認清這一點，但他已在旅程途中，有點為時已晚。他說道：

> 來自西北的陸風幾乎吹了一整年，吹散了我所有的願望與期待。我認了，只有在十一月和十二月才能通過這片海域。如果我在到達紅海前再多深思熟慮些，或許就能得出結論：航道外的淺灘少有船隻往來，有一些原因促使這樣的情況發生。

說到這個「大」到無法輕易看見的模式，有兩種方法可以破解。其一，維持敏銳的觀察力在當地待上幾年；其二，到達該處的第一天就跟在地人侃侃而談。

幸運的是，在較小尺度的時間與距離上，要在海岸沿線或島嶼周邊尋找跡象，算是較為容易的事。

島嶼雲

大型火山島塑造雲的方式大致與陸地山脈相同。迎風面會有鼓鼓的積雲，還有莢狀雲、旗幟雲、橫幅雲以及其他會在下風處看到的效應。它們還以一種所有山脈都會出現的方式分裂雲朵，且這個效應在海上會更加明顯。想像一道淺淺的水流，流經一顆頭頂尖尖的岩石，水流會被一分為二。相同的現象發生在高山山峰兩側，雲被分裂到島嶼兩邊，變成兩列綿延的火車。該種發生在火山島上空的雲效應，有時明顯到連從外太空都能窺見。

在高度較低的小島上，我們轉向詢問太平洋島原住民（Pacific Islanders）。他們知道要去追尋更細微的細節，也是我們意欲發掘之物。因局部升溫而在小島上形成的雲，會根據當時的風形成不同模式。由於正午前的陽光尚未充分加熱地表，因此我們較不可能在上午發現這些模式；用完午膳後，請認真地觀察地平線，研究陸地與海洋的關係並觀測風。

沒有風也無妨。找一朵島嶼上空的積雲，它的最高點基本上會偏向島嶼的中心點。倘若島嶼夠大，混合了不同地形，雲的最高點可能會出現在一座城鎮或林地上空，因為該處釋放的熱量最強烈。

如果微風徐徐，雲會被風吹著跑，大部分雲朵仍會飄在島嶼上空，但雲的頂端會順著風向傾斜。島嶼的迎風面不會有任何雲，且大多數雲朵的頂點會靠近下風處的邊緣或同一方向的海洋上空。這或許會帶來階梯效應（stepped effect），愈靠近島嶼，迎風面的雲會變得愈小，直到消失。一條與風平行的階梯就此形成。

島嶼雲會反覆形成及消散，因此要確定自己觀察的是否是島嶼雲的方法是，相較天空中其他雲種，島嶼雲看起來是靜止不動的。好天氣裡常見湛湛藍天，雲朵飄揚，積雲隨著微風快速移動。不過，島嶼雲會在該處停留，或只移動一點點，看起來就像被拴住一樣；以某種程度來說，它的確被拴住了。

遠遠望去，靜態的模樣不是島嶼雲唯一的特徵，外觀也是。島嶼雲的尺寸、形狀和亮度與同一地區的其他積雲有所不同，一般而言，它們較大朵，更寬、更高，看起來更明亮。

島嶼雲也不全然都是靜止的，有一種雲是例外。倘若微風持續地吹，島嶼的面積也夠大，升溫的作用更強，空氣中有足夠溼度的話，就可以讓雲朵成長到即便遠離島嶼仍然能繼續生存的大小。雲朵離開島嶼後，會和天空中其他的雲以相同的方式順著風飄動，有時會拖曳出一條長長的直線。

就我所知的島嶼雲現象裡，最稀有的是「眉雲（eyebrow clouds）」，此處的島民習慣稱它為「te nangkoto」。若少了風，但加熱現象非常旺盛，會形成積雲。但之後強勁的上升熱氣流將積雲一分為二，形成一對眉毛。我在島嶼上空看過數次被分開的雲，我猜它們的成因與眉雲一樣，不過我從未見過任何長得像眉毛的雲。我會繼續尋找，希望有一天能親眼看見；但我由衷希望讀者能捷足先登！

雲底顏色

小型島嶼上空的雲通常不會挾帶雨水，意味著雲的底部界線分明，且呈水平狀。這些平坦的底部會從它們下方的景觀汲取色彩。這是大多數雲觀察家力所能及的極限，需要多一點元素才能達到我們的目的。兩種地貌類型間，必須要有一個鮮明的對比，例如：從淡青綠色的海到黑壓壓的樹林區。接著要利用天空右側的低雲來進行比較，但雲不要太多，避免影響到透光度，若失去了光線，將更難捕捉細緻的顏色變化。好消息是，海上的空氣足夠溼潤，通常雲的底部會低到讓這個練習顯得很親切。

找雲底部的顏色是誕生於大洋洲的一門藝術，但也能在離家不遠處磨練這個技巧。我在世界各地練習過，它會帶給我失落，也會給我意料外的驚喜。我最常在一座山丘上打磨該技巧，從位於薩塞克斯南唐斯的家就能眺望那座山丘。該處的山頂被茂密的樹林覆蓋，看起來比四周的郊區更高、更暗。當低雲經過山丘，掠過山頂時常常會被染上明顯較深的色調。每個月大約能清晰地見到一次；就在我書寫這個章節的下午，我偶然間看見它了。

得留心的是，此處說的顏色差異與陸地創造的雲彩不同。我們曾講解過山丘上黑壓壓一片的蓊鬱森林如何造成升溫的效果，製造出雲，並讓原有的雲變得更黑、更暗，尤其是在大氣不穩定的時候。但本章談論的是另一個截然不同的概念：雲反射了陸地或海洋的顏色。當然，上述兩種效應能同時作用，而且頗為常見。別把事情複雜化，我很推薦觀察低空的白色層雲飄過山丘上烏漆摸黑的針葉林，以練習尋找雲層反射造成的顏色差異。像毛毯雲，山丘與該處的升溫作用對毛毯雲的外觀、陰影影響較少，所以我們可以將目光聚焦在雲底部反射的顏色。如同在最高處的樹林上空尋找雲朵身上一塊輕微的瘀傷，即便雲仍持續移動。

這個挑戰聽起來似乎是一道難題，但我們的確有能力感受到這麼多，且我們所見的每種變動都有其箇中原因。這有點像釣魚，追求與失敗同樣崇高，持續做這個練習，有時能獲得一些美妙到朋友們都無法相信的回饋，縱使是央求我們說給他聽的人也難以理解。

於獨木舟上航行、尋找島嶼的領航員們不斷在船隻上磨練這些模式與方法。雲的跡象顯得格外重要，因為船員們的生命仰賴雲為他們指出島嶼的所在地。但對我們而言是很有趣的，我們能借用該技巧，在一覽無遺的島嶼上練習。幸運如我，走到哈爾納克風車（Halnaker Windmill）或爬上家鄉山丘的斜坡，就能鳥瞰分布在海港的小島，與眺望索倫特海峽（Solent）之外那更為壯麗的懷特島（Isle of Wight）。如果我在風光明媚的夏日午後兩三點開始觀察，英格蘭南方的海岸彷彿脫胎換骨，變成玻里尼西亞的島嶼。不過，與太平洋諸島的居民不同的是，長久的訓練使我有能力辨別雲的形狀和顏色，並在雲與陸地之間畫出一條界線。我鼓勵讀者們抓住任何能進行這個練習的機會。只要一有機會能在晴朗、穩定的好日子裡站在高處，一點高度就好，能俯瞰一座島嶼或好幾座島嶼都行，你一定要抓住這個良機。利用上述的方式，你會開心地發現在你眼前卻隱形一輩子的事物。

海岸線風

前幾章介紹過海風和陸風，通常它們在自然中都很溫和親切。此外，有時強大的山風與通道風會沿著河谷往海岸移動，並從河口「衝」進沿海海域。我們的收藏裡還少了兩種海岸風的現象。它們不僅會引起混亂，有時甚至還很暴力，來一窺真面目吧。

首要之務是先注意風是平行抑或垂直海岸，接著尋找任何與海相連的峭壁、懸崖，陡峭的山坡也行。這些地形會讓往陸地吹的風或吹向海洋的風，在陸地、海洋的下風處翻跟斗。該現象與我們在山的背風面看到的滾軸風（rotor wind）毫無二致，但在海上能感受到更明顯的差異。微風溫和地撫過一兩個小時，隨意方向突然颳來一道強陣風，令人為之一驚。如果大氣不穩定，它可能會使情況變得更惡劣，因為它能作為誘發風暴雲發展的觸發器。

風平行地吹過海岸線，會在任何向外突出的峽角、半島製造相同的效果，不過這次的旋風是水平的，而非垂直。風會吹回與風行進方向相同的半島。看起來被保護得很好的海灣，卻意外地時常遭受方向「錯亂」的強風襲擊。

物理上來說，這兩種效果都是渦流，我們已在別的章節看過它們其他的表現形式。不過它們在海岸附近製造了更多問題：它會在風和日麗、微風徐徐的日子裡不經意地現身，且不太受歡迎，尤其當你航行與海洋的時候*。

冬天海洋的積雲

在冬季，當我從山丘看向海洋，總能看到許多積雲堆疊在海洋上空，但附近的陸地上空卻空無一物。這與我們期望能在其他季節找到的趨勢相反。一道陸風會塑造出一條海洋上空的雲，倘

*這種風吹到船上的你之前，可以利用水的模式來觀察、追蹤它們。這是另一門藝術，且在我於二〇一六年執筆的《水的導讀》（*How to Read Water*）裡占有莫大篇幅。

若雲沒有描繪出一條與海岸相對應的線，那肯定受到其他因素影響。

海洋會在冬季扮演熱能電池的角色，溫度不會那麼快降低，這就是選擇秋天游泳會比春天理想的原因。寒冷的秋冬，地表的加熱活動不足以產生足夠的上升熱氣流，但海上卻蓬勃發展。這些雲朵為我們標示出海的位置，如同島嶼雲告訴我們陸地在哪裡一樣。

當你學會觀察雲，就能在天空裡看到海洋。積雲同時告訴我們海上的氣流較不穩定，因此當地的風也比較強。

海岸微氣候

壞天氣來臨前，曝露在溼潤空氣中的海草吸收了水分，會膨脹或變得黏糊糊的。我們可以把海草加入動植物收藏裡，並利用動植物判斷天氣的方式運用海草。海草豐富了這幅景色，卻不會為我們講述完整的故事。

目前為止所發掘的微氣候跡象大部分都能運用在海岸，但別忘了，鹽分也會帶來強大的效果。鹽分可以進入陸地深處，但在靠海二十公里（十二英里）內的影響最劇。挾帶鹽分的風會對動植物帶來致命的副作用，而這點左右了哪些生物可以在海岸微氣候內活下來。

當我們意欲解讀風掠過靠海的樹木會產生什麼趨勢時，能看見與鹽分有關的詭怪例子，那是身為自然導航者必須理解的特殊現象，以免遭受混淆。在海岸附近，從海洋吹來的風對植物的影響往往比盛行風更大。像加拿大的新斯科細亞省（Nova Scotia），即便盛行風是西風，但懸崖上的樹木仍會有一面指向西邊的「旗幟」，這是因為從海上吹來、相當鹹的東風會欺負這些樹。

海岸所依循的天氣規則與其他地方無異，但在陸海交界處出現的差異性更強。海岸的天氣說著相同的語言，不過其形狀、顏色與整體感覺更為強烈且複雜。海岸的天氣特徵艷麗斑斕。

19

動物

剖析傳說、文學和科學．可供參考的跡象．鳥．昆蟲天氣地圖．昆蟲和風．更豐富多彩的圖像

鳥兒停止了歌唱。烏鶇啞啞吐哀音，山雀高鳴引人恐。聲音的轉化那一刻，鳥兒從地面飛上枝椏。一對烏鴉激烈地爭吵了起來。我看著腳邊受日光照耀的野花，那兒有大量昆蟲騰空飛起，牠們穿過陽光，飛進山毛櫸的樹冠裡。幾分鐘後天空落雨。這場雨降臨的兩千年前，維吉爾（Virgil）寫道：

> 雨從未將疾病捎給沒收到警示的人。雨簾垂下前，翺翔於天際的鶴會往山谷深

處逃跑；小母牛仰望蒼穹，撐著鼻孔嗅聞微風；燕子嘰嘰喳喳繞著池塘飛來飛去。泥地的青蛙呱呱鳴叫著古老的抱怨。螞蟻穿入狹窄的小徑，從深處的房間取出卵與一大杯彩虹酒；還有一支禿鼻烏鴉軍隊，列隊離開牠們的牧場，振翅飛翔。

如同植物，動物以各種方式對環境做出反應，幫助我們梳理出天氣的過去、現在及未來。與植物不同的地方在於，動物會移動與發出聲音，使得我們尋找天氣跡象時更為輕鬆。與人類相比，動物與環境調和得更為細緻，這是好事。雄性蝰蛇（Male adders）選擇棲身之地前，會將氣溫、光照程度與風列入考慮，持續調整身體，讓自己一直面向陽光，盡可能將表皮的溫度維持在攝氏三十四度。

許多動物對溼度波動的靈敏度是人類遠遠不及的，因此可以當成天氣變化的可靠跡象。

剖析傳說、文學和科學

牛兒躺下是否代表要下雨了？倘若拿該問題來問我一次可賺一美元的話，我已能買下一頭小牛。令人難過的是，沒有科學原理能為它背書，我對這個預測不抱任何信心。有人說，牛躺下是為了讓草皮維持乾燥；但我不信。牠們也可能躺下來反芻。另一個理論主張，牛比較常在下午躺下，此時正是大部分陣雨發生的時間點。即便該論點為真，跟雨也沒關係，因此不能拿來預報。但牛隻的觀察者會去注意牠們聚集在蔭蔽處、樹下或田埂一角？在大風颳來前？還是身處風中？有沒有下雨？

天氣傳說確實迷人，同時也是一項挑戰：我們該擁抱它還是忽略它？抑或以其他方式看待？讓我們從「有趣但未經證實」的古老方法來一場旋風之旅。下雨前，貓咪會打噴嚏或變得活潑好動、狗狗會撓撓耳後或吃草、兔群會朝同一個方向瞧、蟾蜍會迅速地跳進池子裡、馬兒伸長脖子、小豬變焦躁、鹿提早進食、綠啄木鳥咧嘴笑、禿鼻烏鴉飛不直……這份清單可以洋洋灑灑列出好幾頁，雖然讀起來很有趣，但得先結束這趟旅程，將重點放在可靠的動物跡象上。傳說能激發靈感、圖像化與方便記憶，而科學讓我們獲得正確的理解。但傳說與科學並非排外的世界，本章節將擷取兩者最有助益的部分向各位解說。我們的格言正是：能用就好。

其中，有三種可供參考的動物天氣跡象：個體行為、群體行為改變以及聽覺訊號。

可供參考的跡象

來一嘗動物跡象有多豐富，讓我們放大一種特定的動物行為。天氣古諺語說道：「蜘蛛編織長長的網，預告了晴朗的好天氣；然而，當牠們縮短織線，就會下雨。」

風、溫度和溼度都會影響蜘蛛結網。蜘蛛絲的構造與特性受溫溼度影響甚深，但我們只要簡單記得，蜘蛛在多風的情況下結出的網較小。這點已獲得學術研究的證實，其中包含利用風洞（wind tunnel）進行的蜘蛛研究。我們都知道，風會在下雨前吹得更強，因此就理論上來說，諺語描述的是事實。我們當然可以說自己無須依靠蜘蛛就能感受到風的強弱變化，但這不是本章的重點。蜘蛛網的大小、形狀與天氣之間存在著直接的科學關係，是段美麗的關係。

自然導航家利用蛛網與風之間的關係尋找方向。蜘蛛網常見於障礙物的背風面，如樹木、大門或建築物。有一門解讀的藝術。蜘蛛在蔭蔽處織網，蛛網能維持得較久。因此一張單獨的蜘蛛網是可信力較低的指南針，但一堆萎陷的蜘蛛網與新網則是強烈的吉象。「鬼屋」的外觀是很好的例子，證明該處是風無法來一場春季大掃除的地點，也意味著該處受到保護，是免受盛行風吹拂的角落。在美國，通常在受遮蔽的東邊。

你待會就會讀到，英國作家湯瑪士·哈代（Thomas Hardy）的書以其他作者鮮少著墨的方式描述陸地與天空。書中的角色提到能從蟾蜍、蜘蛛、蛞蝓和羊身上找到天氣跡象。其中一個例子當中，前述四者全都用上了。《遠離塵囂》（*Far from the Madding Crowd*）裡，蓋伯爾·歐克（Gabriel Oak）是名年輕牧羊人，他看見一隻蟾蜍穿越一條小徑，一隻蛞蝓爬進他家裡，兩隻蜘蛛從天花板倒掛下來。歐克自然地看向羊群，發現羊兒們都「聚在一起，且所有羊隻的尾巴通通朝向風雨欲來處的地平線。」

被捕食的動物會習慣性地背對風，體重如山的動物也不例外。背對風對許多動物而言較為舒適，同時也有攸關存活的好處。被捕食的動物們擁有寬廣的視野，卻無法一覽無遺。像馬可以看見周遭大多事物，除了背後十度左右的範圍。這點令人訝異，這代表牠們的死角只有一個拳頭寬的距離。人類的視野僅一百二十度，我們的盲「點」更像是盲「區」，盲區的範圍是可視範圍的兩倍。

倘若被捕食的動物背對風，就能聞到死角範圍的氣味。我認識的一位馬語者亞當告訴我，風以另一種方式改變馬的行為：馬在強風中會變得更不穩定、脾氣更暴躁。強風搖曳了景色，草木搖擺，因此馬很難偵測到動作，使牠變得更加神經與反覆無常。

謠傳說馬在下雨前會流更多汗，這是真的。下雨前，空氣溼度上升，所有會流汗的動物在潮溼的環境裡更是汗如雨下。當汗水無法輕易蒸發，流汗散熱的效率變差，身體會分泌更多汗水。我們在桑拿浴時拿水潑熱石頭，不是為了讓桑拿房更熱，而是為了使環境溼度升高，讓我們流更多汗。

可以把群居動物看成各自獨立的生物體，也可以視為一個群體。牛群與羊群在天氣好的時候會遠離「家鄉」，即農莊。牛羊感知到壞天氣的威脅時，會待在家園旁。無論是感受到掠食者或壞天氣的步步進逼，牠們會聚集在一起，放鬆時則散開。任何群居動物聚集在農莊背風面蔭蔽處的話，是即將風雲變色的強烈訊號。羊群悠然自得地散步在山丘上，代表牠們未在該處偵測到來自掠食者或壞天氣的危險。

接著看更多蓋伯爾．歐克的看法。蛞蝓會對天氣變化產生反應，特別是溫度。溫暖時，蛞蝓移動地較快。但天氣觀察家更感興趣的是，蛞蝓是怎麼對溫度「變化」產生反應。蛞蝓通常在夜間活動，每一位害怕在黎明巡邏的園丁可以證明這事兒。不過，有個白天的特殊情況能引出蛞蝓：氣溫驟降。突如其來的降溫多半發生在夏季陣雨或冷鋒來襲時。當日間的溫度降至攝氏二十一度以下，蛞蝓會在石頭或植物下蠕動，牠們的活動受氣溫波動影響，若溫度持續下降，會有更多蛞蝓活躍起來；倘若溫度升高，牠們會窩回家裡。

不少雄性蛙類會在雨後呱呱叫，因為這是讓雌蛙到煥然一新的水池裡下蛋的絕佳時機。但通常我們意會到蛙類的行為時，早就下雨了。一月分以後，若晚間的溫度上升到攝氏五度以上，青蛙和蟾蜍會從冬眠中甦醒，不過這也是稍微遲來的訊息了。

溼度上升，青蛙的活動力更為活躍，這更利於預報，因為溼度會在落雨「前」上升。靈敏的兩棲動物觀察家大概會察覺這個變化，但對休閒的蛙類觀賞者可能較為困難。從印尼婆羅洲（Borneo）到英國博格諾里吉斯（Bognor Regis），我都曾聽過雨中的呱呱聲，但我沒法說我有注意到牠們在下雨前變得更活躍。

你或許曾在一場雨後發現地上有蚯蚓爬來爬去。普遍的說法是，蟲會在下雨時鑽出地面，若不這麼做，牠們可能會先被淹死在地下。這是謬論。蟲不會溺水，牠們透過皮膚呼吸，且能在積滿水的情況下生存好幾天。科學家相信，蟲在雨後鑽出地面，是因為此時是讓牠們移動更長距離的好時機，在溼地移動比在乾地簡單，畢竟這樣才不會脫水。蟲移動到地面的另一可能性是雨聲與鼴鼠叫聲相似，蟲為了躲避鼴鼠才跑到地面上。偏好用蟲當魚餌的漁夫想了一些方法模擬雨的聲音及雨點落地的震動，好引誘蟲爬出來。如果你也想試試，其中一個方法是，用鋸片拉鋸打入地上的木樁。

鳥

天氣諺語裡，驢在壞天氣來襲前會鳴叫，在某些時候這還真的管用。任何會發出聲音的動物有時能帶給我們天氣驟變的警告。說到與聲音有關的天氣跡象，鳥是最值得信賴的野生動物。波札那共和國（Botswana）相信植物能提供天氣線索，且更肯定動物的聲音也能發揮相同作用。百分之八十二的農夫同意：「我們能透過鳥鳴與某些昆蟲的聲音判斷是否要下雨了。」

我們發現全世界的鄉間聚落都有類似的傾向。巴布亞紐幾內亞有種食蜜鳥，會在下雨前大聲啼叫。蒼頭燕雀（chaffinch）有個著名技能——喚雨（rain call），通常寫作「huit」，名稱源自於蒼頭燕雀總在下雨前啼叫。任何找得到蒼頭燕雀的地方都能聽到喚雨聲，令人吃驚的是，它還有地方口音之別。但關鍵點不在個別動物的叫聲，音景（soundscape）的變化更值得我們關注。

我們會在最後一章解說這個概念。

鳥兒幫助我們拼湊碎片。李・賽門（Simon Lee）是一位天氣研究學家，他曾告訴我他會觀察赤鳶（red kite）。赤鳶是一種猛禽，會翱翔、盤旋在上升熱氣流之上。他明白鳥飛得愈高，上升熱氣流愈強。高處飛翔的鳥代表大氣相當不穩定。賽門運用鳥兒飛行的高度作為天氣預報：鳥飛得愈高，風雨襲來的機會更高。二〇〇五年，他在約克郡看到鳥飛行的高度異常的高，不久後當地受到了強烈風暴的侵襲，毀滅性的洪水迅速沒過整個區域。

天氣晴朗或空氣乾燥的時候，樹林裡的鳥傾向在較低空的地方覓食；天氣變差時則會飛越樹枝。好天氣時，棲鳥在戶外待較久，會晚些回到棲息地。兩種行為都被動反應了天氣，但鳥不會幫我們預報，牠們是拼圖遊戲的一塊碎片。在我的個人筆記裡，我記述狐狸、獾等動物在黃昏時更活躍，這與鳥棲息時的啼聲與當下、近期的天氣密切相關。萬里無雲且炎熱的日子裡，鳥叫聲聽起來比牠們的實際位置還要遠。

鳥向我們述說風在牠們飛行、棲息於樹，甚至是睡覺時的動態。鳥兒滑翔天際是空中最常見的景色之一。但氣流紊亂時，鳥兒也難以滑翔。一隻鳥滑翔了很長一段距離，是空氣穩定的象徵，因此晴空下較常見到滑翔的鳥。

像雉雞（pheasant）這類林地鳥，會面向風休憩。誠如十七章所述，住在城市的鳥也向著風來處棲息。而赤隼（kestrel）等盤旋於天際的鳥也會面向風，才能將位置固定在其中一點，朝其他方向飛繞的話，會被風吹走。這類盤旋，所說的是非常慢速的迎風飛行。這也是我坐在車上時最喜歡的測風法；窩在金屬箱子內的長途旅程，能看見一個風向儀（即鳥類）靠近高速公路盤旋，多麼令人滿足。

鳥兒盤旋裡有一種特別的例子，可以幫助我們找出陸地的位置。無論鳥飛行得多麼優雅，終究無法違抗地心引力。若想向上爬升，鳥兒得拍打翅膀，或乘坐上升熱氣流的順風車。我們談過鳥繞著上升熱氣流盤旋，但牠們發現另一種上升氣流也有所幫助。當風碰上陡峭的地面時會被迫抬升，變成渦流或山岳波的一部分。鳥兒很善於利用這個免費資源，這就是你常會看到牠們依著懸崖邊緣或其上方盤旋的原因。

在我們理解這個效應之後，就能在較大的尺度裡看到它。在美國賓夕法尼亞州，盛行風碰到山後向上吹，遷徙的老鷹跟隨這道上升氣流。而我曾在樹籬上方看到類似的現象，鳥沒有拍動翅膀，在天空盤旋了幾秒鐘。每一個例子裡都顯示，風碰上了動物下方的陡峭處。我猜這種效應跟理查·傑富瑞（Richard Jefferies）寫下這段文字時所暗指的相同：「想得愈多，就愈相信空氣浮力遠比科學證實得還要多。」

許多鳥在逆著強風飛行時會貼著地面飛，利用地面較低的風速。我經常看到諸如烏鴉、海鷗、鴿子等鳥類試圖逆風飛行，牠們會倏然低空掠過田野；反向迴轉時，會騰空飛得更高。偶爾也能在鳥兒單趟的盤旋中看到這個現象。海鷗或兇猛的鳥在覓食時，會畫一個拉長的橢圓形飛越附近

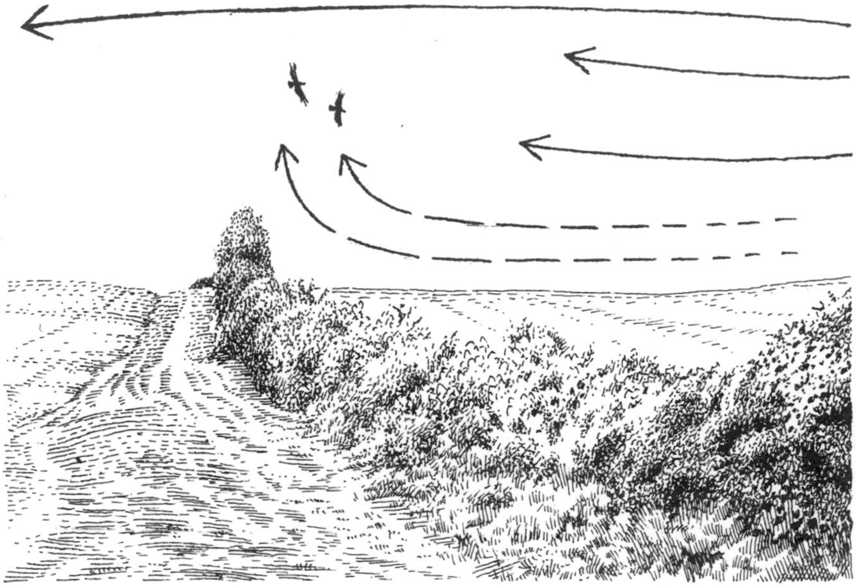

的田野，就像操場跑道。當風勢較強，鳥兒會在上風處低飛，到了下風處則飛得更高一些。

鳥兒會做日光浴來暖和身體。如果牠們在陽光沐浴的地點起飛，很可能是為了飛往另一個風光明媚的地方。當牠們覺得太熱，會飛到陰影下涼快，即便只是從一棵樹的向陽面移動到背光處。在那之前，你可能會發現一隻鳥兒（如寒鴉）張著喙，熱到喘氣的模樣。

棲息在我家鄉樹林中的灰林鴞（tawny owls），在天氣晴朗時「似乎」更加聒噪。「似乎」是關鍵詞，當你以為好天氣動物的聲音會更加清晰時，應該反問自己，真的是灰林鴞變得更吵鬧了嗎？還是穩定的天氣讓樹林更為寧靜，放大了鳥鳴聲？

該領域起步不久的科學研究指出，每一種貓頭鷹會以自己的方式對環境做出反應。有些貓頭鷹對溫溼度較敏感，還有一些則受月相與明亮度影響。十七世紀，法蘭西斯・培根（Francis Bacon）曾寫道：「古人認為，貓頭鷹大叫是天氣改變的預兆，環境從晴朗轉變到潮溼，或從潮溼轉至晴朗。但是，當一隻貓頭鷹自在啼叫，聲音清晰無比，大致上會是好天氣，冬季尤是。」

當我聽到貓頭鷹的啼叫聲，就知道今夜適合散步。蝙蝠常會幫忙證實這個決定是對的。蝙蝠在乾燥、溫暖的環境裡更為活躍，因為牠們能尋覓到更多昆蟲飽餐一頓。

我最近熱衷在一項有趣的活動，就是去記下散步途中看見的啄木鳥洞位於何方。這些洞大多由大斑啄木鳥（great spotted woodpecker）製造，而牠似乎偏好樹的東北邊。這並不是硬性的規則（有一個離我不到一百公尺的洞就在西南方），卻能在觀察許多洞時幫上忙。啄木鳥很重視通風與溫暖，陽光與風都很重要，但決定性的要素是樹枝的角度。啄木鳥不會任憑每次暴雨後都有洪水灌入牠們的洞裡。有一說是當盛行風使樹向東北邊彎曲，樹枝的垂懸角度剛好能讓啄木鳥的家維持乾燥。

昆蟲天氣地圖

溫度上升，蝴蝶更為靈動，多種螞蟻的生長速度會加快。巢外的溫度達到攝氏十三度前，蜜蜂不會貿然離巢覓食；在溫度計上升至攝氏十九度時，蜜蜂的活動力大增。一隻做著日光浴，試圖暖和身體的大黃蜂（bumblebee），會讓自己貼近溫暖的地面，並調整身體讓自己充分照到陽光。天氣太熱的話，有些甲蟲會抬升腹部，稍微遠離地面，沙漠的甲蟲則是對著太陽坦露白腹。

溫度對昆蟲至關重要，因此昆蟲會對溫度產生反應。有一個普遍的通則：炎炎夏日中，你會先看到大昆蟲，接著見到小昆蟲，最後又再一次碰到大昆蟲。昆蟲愈大，愈能忍受低溫、對高溫愈難耐，因此大昆蟲喜歡在一天的清晨或傍晚的涼爽期間出現，中午的活動力較低。小昆蟲較不耐低溫，會在環境變暖時才現蹤。

蘇格蘭高地的糠蚊（Ceratopogonidae）總是令人難受，但可以利用牠們對溫度的敏感度對付牠們。糠蚊蓬勃生長的溫度帶相當狹窄，介於不冷也不熱的溫度之間，因此只要你往上爬／向下走，溫度會上升／下降至牠們的舒適圈之外，就能擺脫牠們。

蟋蟀代表了溫暖的氣溫是眾所皆知的事，此外，蟋蟀的聲音頻率與溫度有直接關係。雖然因不同物種而異，但蟋蟀溫度計主要的規則是，在攝氏十三度的環境裡，蟋蟀每秒鐘叫一聲，且此頻率會隨著溫度上升而增加。

在夏天，天氣溫煦、潮溼且微風徐徐，飛蟻會成群結隊地移動。牠們結伴飛過天空，數量多到人們相信「飛蟻日」的存在，飛蟻日說的正是飛蟻同時在全國各地現蹤的日子。不過，正如我們所知，陸地上的微氣候變化甚大，因此知道飛蟻日是個迷思也不該為之震驚。只是某幾個區域的條件正巧在那幾日適合飛蟻出巡。倘若你遇見一大群飛蟻，牠們捎來的訊息是，現在的氣溫大約攝氏十三度，風速低於每秒六公尺。

據某些傳說所言，螞蟻直線移動代表壞天氣即將到來，但我未觀察過也沒有科學理論能佐證這點。更有趣的是，澳洲原住民有一個習俗，說螞蟻在蟻窩周遭蓋高牆表示大雨將至，西方也有相同的俗諺。之前的章節提過太平洋諸島的居民發現小火蟻（red ant）會在風雨來襲前堵住巢穴，天氣晴朗時則大敞家門，這在西方諺語裡也提過。我還沒觀察到這個現象，但出現在廣泛的文化圈，甚至是兩個信仰社會尚未接觸的時間點就已發展出這種說法，說它沒有參考價值還真不為人所信。許多科學研究能支持螞蟻對溼度敏銳的觀點：研究人員曾觀察到編織蟻（weaver ant）在熱帶風暴來臨前織網。

其他物種裡，螞蟻、白蟻丘的排列和太陽脫不了關係。澳洲北部，羅盤白蟻（*Amitermes meridionalis*）建造了指向北邊的蟻丘而為人所知。蟻丘細細的部分指著中午的日頭，寬闊的部分則指向清晨與向晚的太陽，這有助於調整蟻窩的溫度。

世界上有超過一萬三千種獲得命名的螞蟻物種，牠們都擁有各自的習性。我們要多關注近身物種的行為。我時常運用一些螞蟻的方式，它們比起天氣更接近自然導航，不過兩者間有許多重疊的部分。在英國，排水性佳的草地經常可見黃土蟻（Yellow meadow ant）的身影，我家附近的白堊山丘就有很多。黃土蟻呈暗黃色，牠們的蟻窩比螞蟻本身有用多了。黃土蟻會將蟻窩向上堆到〇・五公尺高，較為平坦的那一面通常面向東南邊，可以充當太陽能板，在涼爽的早晨收集太陽的熱量。

蟻丘是小範圍內微氣候變化的最佳典範，世界上每一座蟻丘都會透露一些周遭的微氣候資訊。幾年前，我與我的朋友，天氣專家兼前英國廣播公司（BBC）氣象主播彼得・吉布斯（Peter Gibbs）一同探索位於西薩塞克斯的佩特沃斯公園（Petworth Park）。當時我們因公見面，因為我是他在BBC電台第四頻道主持《園丁的問與答》（*Gardeners' Question Time*）時的特別來賓。說實話，上節目讓我緊張不已。這檔節目在英國相當熱門，擁有大批忠實聽眾。我在停車場等待彼得與工作人員前來集合點會合，心臟撲通撲通跳個不停。

不久後我們開始探索這座公園。我介紹了一些現象，接著遇見更值得澈底探索的事物。我們花了一些時間觀察黃土蟻丘北邊與南邊的野花有哪裡不同。熱愛陽光的花，尤其是野生的百里香，會分布在黃土蟻丘較為明亮、溫暖的南邊。顏色清楚地展現出，不及膝蓋高度的蟻丘兩側有著相異的微氣候。螞蟻對微氣候相當敏感。盯著這些小小線索使我興味大增，不禁沉浸在自己小小世界裡，完全忘了我們正和幾百萬個聽眾分享。

早晨是研究蝴蝶的絕佳時間，因為寒冷致使蝴蝶停留較長的時間。直到下午，天氣暖和許多後，牠們才會四處紛飛。比起風，蝴蝶對溫和的氣溫變化更為敏銳，但牠們的反應行為幾乎與蛞蝓相反。蝴蝶與蛞蝓都是變溫動物，溫度變化影響了其活動力，氣溫下降時，蝴蝶的活動力也會衰退。

蝴蝶同樣對太陽輻射敏感，蝴蝶翩翩飛舞更可能始於陽光直射。缺乏陽光時，蝴蝶會爭搶日照，你可能會見到蝴蝶們在林蔭下爭奪片片陽光（蜻蜓也會跟牠們搶）。我們能從蝴蝶收起翅膀的方式瞧見牠對陽光的敏感度：翅膀向上收合，很可能是牠在休息；翅膀張開，沐浴在陽光底下，代表牠正在取暖；當察覺到你靠近，蝴蝶張開翅膀從光照處起飛，牠大多會降落在另一個陽光充足的地方；若從陰影起飛，大概也會降落在陰影裡。

（幾個星期前，在一個風和日麗的秋日下午，我無意間將一群孔雀蛺蝶趕到薩塞克斯的農業道路上。每當我靠近，牠們就飛離日光浴的地點，在小徑上飛了幾公尺，重新降落在充滿日照的地方，翅膀面向陽光展開。我為牠照了張相，並將這張照片當成電子信件裡的小測驗，問道：「拍下這張照片時，我正看著哪個方向？」當時是下午，所以太陽在西南方，蝴蝶正展開雙翅吸收太陽的輻射能量，因此我面對的是太陽的反方向——答案是東北方。這是自然導航者們無法徜徉在大自然時，最享受的謎團。）

多雲的情況下，蝴蝶的活動力較低，飛行距離偏短，起飛次數也變少了。雨水是蝴蝶的煩惱，因此在天氣轉涼或多雲時鮮少看到蝴蝶也很正常。我用一句押韻的話語來記得這件事：「雲朵飄飄，蝴蝶害臊。」

昆蟲和風

瑪麗．謝弗（Mary schäffer）是第一位深入加拿大洛磯山脈的非原住民女性。在此之前甚至沒有太多非原住民男性造訪過該處。瑪麗是一名探險家、開路先驅，也是一名馬的專家。九月，瑪麗領著團隊從較高的山谷下到庫特內平原（Kootenai Plains）。山下溫暖許多，他們也因此為成群的沙蠅（Sandfly）所困。奇努克風（chinook winds）是北美的食雪焚風，沙蠅在暖風裡繁衍生息。瑪麗在一九一一年首次發表的報告裡寫道：「翌日一早，奇努克風與沙蠅同時消失得無影無蹤。」

飛行性昆蟲相當在意風。即便是嗜好溫暖的糠蚊也會被三級風整團吹走，三級風意味著那只是一道溫和的微風。在大風天，順著路徑走的你被引領到林地的背風處或樹籬、岩石後方氣流穩定的地方，你會因為不再遭受風吹而鬆了口氣，隨後，飄浮在空中的生物接二連三到來，使你訝異。夠幸運的話，講究務實的蝴蝶也會參與這場派對。倘若之後你走進一片樹林，可能會注意到昆蟲的大小、外觀驟變。如蜻蜓這類較大型的昆蟲，強大到足以對抗樹林外的風；而我們能在樹林裡找到較為弱小的昆蟲。令人驚訝的是，部分證據顯示，颳風的日子裡，蚊子這類會咬人的昆蟲會在背風面叮咬獵物。或許這個習性能在我們思考驅蟲劑放哪時提供幫助。

古諺講述了蜜蜂不會被陣雨淋到。我曾在陣雨的初期階段看過蜜蜂，但我沒印象自己看過蜜蜂在大雨裡飛行的畫面；如果我有看過，一定會記得。養蜂人證明蜜蜂對雨的敏銳性，天氣隱約要惡化時，蜜蜂不會成群結隊地飛舞。研究表示我們的猜想可能是真的：蜜蜂遇到低溫、豪雨、高空風時，不會拜訪花朵。更令人振奮的是，研究結果也表現出當環境溼度上升，蜜蜂造訪花朵的次數會大幅下降。蜜蜂感受到溫度與溼度的變化並做出回應，因此牠們的行為可以拿來預測壞天氣是否來襲。

有一種有趣又神祕的小巧飛行昆蟲，牠有許多名稱，像薊馬（thrip）、恙蟎（harvest bug）、風暴蟲（storm bug）或雷蠅（thunder fly）。牠們在英國有一百五十個種類，美國至加拿大則有超過七百種，大部分都小於二毫米。十九世紀中葉以來，就有報告指出雷雨打下來前的短暫時間內，會大量出現這種昆蟲。

如同蜜蜂，薊馬更可能在暖和的夏天成千上萬隻一起起飛。如我們所知，雷雨發生之際也可能發生相同情況。只要條件適當，昆蟲會結伴飛行，但這不是薊馬有名的原因。郊區的居民記錄了薊馬剛好會在惡劣天候來臨前停止飛行，並團團降落在某些地方。令人感興趣的問題是，是什麼原因導致這些昆蟲在風雨欲來時降落？有一說是溼度上升所致。更有趣的說法是，薊馬可能感受到了大氣中的電場。謎團終有一天會被破解，但現階段我們仍在迷霧中。

更豐富多彩的圖像

鳥兒與昆蟲忙著為我們標出微氣候的位置，加上牠們有時會重疊的那個部分，也就是理查．杰佛瑞（Richard Jefferies）觀察燕子後的記述：「倘若燕子未在天空盤旋，請於水面、河流或大池塘上尋找牠們的身影；還是沒見著牠們的話，瞧瞧溼氣較高的田野或林蔭下的草地。燕子會隨著大氣變化來去，這使得昆蟲們會在某個時間點於某處大量冒出，過一會兒之後又集體出現在他處。」

跟植物一樣，動物不會在第一時間獻上天氣變化的跡象（蓋伯爾．歐克是看見天空的「險惡面」後記錄下動物的行為），但牠們會輕輕地提醒我們關注天空與其他跡象。這也是我常使用牠們的原因。當我待在林地裡一段時間，可能會失去對天空的敏銳度，在我注意到動物行為或林地聲音的驟變，且成因並不明顯時，我會試著尋找原因。風是否有變化？能否透過樹冠層觀察天空的趨勢？這可能使得動物跡象讀起來較不浪漫，卻更務實。動物們並非演繹著獨自的魔術，牠也是你我意識的一部分。這個觀點能豐富我們的理解、專注力與鑑賞性。聽起來很虛無縹緲對吧，我來展現一下實際上能怎麼做。

我從屋內的窗戶看見雲杉伸長了環形的長樹枝。一對鵟（buzzard）在附近巡邏，而那個樹枝是牠們熱愛的休憩地之一。鳴鳥與烏鴉很愛趁鵟飛到他處辦事情時借用這根樹枝。盛行的西南風塑造了雲杉的形狀與四周的矮樹、植物。我們知道鳥兒會面向風來處休憩，無論鄉間或都市建築屋頂。這表示在我所處的地區，椋鳥較常面向西南方，勝過其他方向。在我眼中，鳥兒面朝的方向與植物的形狀「吻合」。這些模式敲響了鐘聲。

每天上午我都會觀察一下天空的景觀，上下層的雲以及推著雲跑的風，加上露水、霜、霧等其他跡象。但我不會耗時細看每一件事物。向晚時分，若我發現一隻鳥（或兩隻，更多更好）面向異於以往的方位，或者和上午看到的方向不同，我心中的好奇心齒輪便開始轉動。我左看右看，四處確認，此時也是我經常發現卷雲或其他跡象的時候，這些跡象可能已存在一個多小時，只是我沒注意到。鳥兒們飛來啄了啄我的肩膀，輕聲說：「別想東想西了，瞧瞧天空吧，天氣就要改變了。」

20

風暴

風暴雲的頂端和底部・風暴系統・龍捲風・颶風

二〇一九年七月，一陣熱浪襲來，從大氣席捲至地面、池水，更熱進了我們骨子裡，連覺都無法好好睡，徹夜輾轉難眠。當週晚些時日，劍橋大學植物園（Cambridge Botanic Garden）測量到刷新英國紀錄的氣溫——攝氏三十八・七度（華氏一百零七度）。

數星期後，軍用直升機空投好幾噸建築用石粒，意欲保護位於峰區的瓦利橋村（village of Whaley Bridge），以免當地受洪水的侵襲。然而水壩受損，隨時都可能潰決。警方通知居民到別處避難，瓦利橋村瞬間成了一座鬼鎮。

熱浪鮮少悄然離開舞台。它們喜歡隨著砰然巨響、轟隆轟隆聲與傾盆大雨離開。夏天的炎熱宛如橡皮圈，能伸展地很長，接著在一瞬間縮回；倏然縮回的時機是一陣雷雨，而雷雨受我們的老朋友溫度、水與大氣穩定性掌控。任何時刻，全世界皆有兩千個雷雨正在發生。

有些人要預約戶外課程之前，都愛跑來問我：「如果天氣不好，課程會取消嗎？」經營戶外課程二十餘載，我沒有印象何時因為天候不佳取消了行程。在英格蘭南部，雨、雪、冰雹、霙和風都無法構成課程取消的原因；若遇到這些狀況，我還會打趣地跟學生開玩笑說他們會雙倍滿載而歸，畢竟學生們多上了一門課程，還沒額外收費。

凡事總有例外，通常受到雷雨威脅，我才會想取消課程或更改路線。即便身在家鄉薩塞克斯的平緩山丘上，我也不會對雷雨掉以輕心。倘若有巨雷劈落的可能性，我絕不會帶領任何團體接近山頂，就算只是一個小山丘。要有效地評估風險，可以研究積雨雲的結構，只要我們學會閱讀大氣最重要的一層，風險評估將會更簡單。

爬山時，我們會預想爬愈高就愈冷，實際上也沒錯。隨著海拔高度上升，空氣也會愈乾愈冷，平均每爬一千公尺會降低攝氏六．五度（華氏十二度）。多數人猜測該趨勢會無限延伸，愈往山的最高處或其之上，氣溫會愈來愈低，一路冷到外太空去。可惜不是如此，山頂與山頂之上的確會持續變冷，不過高度再爬升點，奇怪的事情發生了。

一八九九年，法國天氣學家里昂．泰塞朗德波爾（Léon Teisserenc de Bort）發現小細節引發的巨大影響。地表以上約十公里（六英里）處，氣溫不再隨高度上升而下降，反而跟著升溫。德波爾畫出了重要的大氣層邊界之一，正是現在人稱的「對流層頂（tropopause）」。

越過對流層頂後，就來到了平流層（stratosphere），此處的規則出現變化，空氣會隨著高度上升變得更溫暖；怪異的是，這意味著海拔高度五十公里（三十英里）處的氣溫與冬季的海平面大致相同。一想到比聖母峰（Mount Everest）的山頂溫暖六倍只感到怪哉，但有一個事實應該不會讓你走心，在那個高度，要是沒有加壓呼吸器、與太空人相似的裝備，你肯定小命不保！

積雨雲，也就是風暴雲的形成方式與其他積雲無異，唯一不同的是積雨雲的進程處於失控模式。水氣凝結成液態水過程中，釋放出的熱量大於空氣升溫膨脹所失去的熱量。雲持續上升，直到對流層頂撞到一層阻礙：強大的逆溫現象猶如裝了三層玻璃的天花板。對流層頂的高度會隨緯度變化，極地上空的對流層頂約海拔高度九公里（三萬英尺），赤道附近則為十七公里（五萬六千英里）。這代表某些積雨雲的高度是世界最高山脈遠遠不及的，且從三百公里（二百英里）外就能瞧見。對我們而言，粗略記得對流層頂的海拔高度為十一公里（三萬六千英尺）就好了。

要測量出成熟風暴雲（有平坦底部或鐵砧狀）的大致距離不無可能。請你伸出拳頭，大拇指朝上，小指在下，這會形成約十度的角度。如果雲和你的拳頭一樣高，它離你約五十公里（十六萬英尺）再遠一些；假設拳頭占據一半的雲，那距離也會縮短一半，大約位在二十五公里（八萬英尺）之處。能看到海平面的話，這個測量方式的準確度最佳：倘若你在海邊，請把拳頭底部對

這個風暴大約在50公里（31英里）以外，從右邊移動到左邊。

準地平線。

如果你從遠處看到風暴雲，試著判斷它從左邊移動到右邊，還是右邊移動到左邊。無論是哪一個情況，風暴向你而來的機率都不大，只有維持在相同方位的風暴才會朝你前進。（這是我身為水手和飛行員學會的一招，它能運用在許多戶外情況，為它下一個最棒的結論就是：「持續的方位，持續的危險。」──船、飛機、風暴、碰碰車之類的東西似乎將要迎頭撞上，你會發現它的方向或相對於你的角度從未改變。從小飛機的駕駛艙向外看，另一架正要撞上你的飛機看起來就像黏在擋風玻璃上的蒼蠅，它不會移動，只是一直變大、以超恐怖的速度變大。）

典型的風暴雲生命週期從開始到結束*只有九十分鐘左右，因此大部分遠遠看見的雷雨都不會影響到我們。遙遠、孤獨的風暴讓我們有機會在舒適且安全的位置觀察它的生命週期。

去尋找高度遠大於寬度的積雲是好的開始。仔細觀察積雲，就能捕捉到積雲變得更險惡的瞬間。研究積雲的頂端並尋找定義：你是否看到了形似花椰菜的圓頂？這個形狀告訴我們兩件事，第一，雲仍在上升；第二，雲的頂端仍是液態水，這比會不會打雷還重要。繼續觀察雲頂，倘若雲繼續向上飄，雲頂的外觀將會改變，邊界模糊、雲體蓬鬆纖細，就像棉花糖一樣。這些描述可能會讓你想到卷雲，這不是巧合，兩者都是冰形成的跡象。一旦積雲頂部結冰，它即將從一朵充滿活力的積雲轉變成具有潛在破壞力的積雨雲了。

持續觀察這朵雲的發展，你會瞧見它重重地撞上對流層頂這片透明天花板，雲朵在逆溫層之下擴散開來，為積雨雲塑造出頂部平坦的形狀。雲已步入中年。想像從碗裡將一團濃稠的麵糊倒在廚房的工作檯上，麵糊垂直流到檯面的速度很快，卻不會往左右擴展。風暴雲亦同，只是反過來向上倒而已。

不一會兒，雲的力量減弱，開始下沉，形狀就像塌陷一樣。原本雄偉的模樣不復存在，縮成皺皺的，有時會留下緊隨其後的卷雲與高積雲*。

每一朵雷雨雲都會歷經生命的三個階段：成長、成熟與消逝。前兩個階段在倏忽間發生，也是我們最需要警戒的時候。短短半小時，一朵雲就能輕易地從魁梧、面露慈祥的積雲轉變為怒氣騰騰的風暴雲。成熟的雲裡持續落下暴雨或冰雹。但雲朵需要至少一小時以上的時間慢慢皺縮與消逝，這階段悠閒多了。

任何降水都存在相同規則：猛然襲來也意味著匆匆離去，風暴雲很少持續下超過半小時，通常更短。有時可能不只一朵積雨雲，但每一場主要的大雨都不會持續太久。

許多人相信風暴雲會折返，才不會呢。不過，基於前幾章解說過的原因與其導致的對流，新的風暴雲很可能會在舊風暴雲的出生地誕生。即便知道這個事實，你可能還是會覺得同一朵雲彷彿要報復一般來回折磨你，尤其你正在航行或露營的時候。通常得歸因於你的所在處正是適合雲朵發展的地點，新的風暴雲來來去去，它們可都是學人精。

當我們看到風暴雲或懷疑它處於某個區域，得先梳理出它是朵孤立的雲，抑或是一個鋒面系統的一部分。風暴雲是獨自犯案還是集團共謀？局部的加熱造就了孤立的雲，我們可以試著找出景觀裡的誘發條件，就像我們學習認識中型積雲時那般。

---

*有些例外，比如位於美國中西部的北美大平原發展而成的溫帶氣旋

*風暴後常出現一種特別的雲，雲的鑑賞會（Cloud Appreciation Society）創始者蓋文．普瑞特（Gavin Pretor-Pinney）將之命名為「糙面雲（asperitas）」，它外形如波浪，感覺粗糙，常見於北美大平原上空。

假如空氣溫暖、潮溼、不是很穩定，僅需要一個觸發就能開啟連鎖反應。可能是一道微風將空氣吹上山坡，或風越過了海邊的懸崖；甚至是樹林受陽光輻射勝過旁邊的農地。萬事具備且雲已成熟到足以形成風暴，誘發條件或許會微小到令你吃驚。倘若高地是誘發條件，風暴最有可能在迎風面形成。

一九七五年，一場驚天動地的局部風暴侵襲倫敦北部的一個小鎮，短短數小時內傾倒了相當於三個月的雨量，人們震驚、恐懼，連在皇家阿爾伯特廳（Royal Albert Hall）舉行的逍遙音樂會（BBC Proms）都因此取消。影響的範圍不大，但風暴強到人們不得不去調查什麼原因導致當地的天空發脾氣。天氣學家認為應去責備漢普斯特德（Hampstead）的一座山丘，然而那座山丘的最高峰甚至不到海拔一百三十七公尺（四百五十英尺），且僅高於周圍陸地七十六公尺（二百五十英尺）。那不是座雄偉的山丘，這股能量也不在地面，而是大氣——一根小火柴就能點燃一場盛大煙火。

單獨的風暴最常出現在夏季最炙熱的那幾個月，尤其是六月至八月，這讓人聯想到喬治二世（George II）的老笑話：英國的夏天由「三晴一雷雨」組成。夏天的風暴視太陽加熱陸地的程度而定，因此比起上午，風暴更可能於下午現蹤，並在日落後消逝。

我想，人們對夏季風暴的成因都有與生俱來的直覺，也許我們能保留這個本能，成為人類演進所需的工具之一。在空氣超級悶熱潮溼時，人們會說感覺天氣正在「接近」，也可能聽過人家說「要變天了」。這都是熱與溼度帶給人們的直觀感受，但我們可以觀察能見度為感受加上另一層資訊。溼熱的夏日午後，若能見度差，空氣變得霧濛濛的，是天氣接近轉變臨界點的另一個跡象，風暴可能在幾小時內抵達。如同前幾章做過的，試著找出一個遠處的物件，持續觀察就能發現一些細節：是不是忘了前幾章從窗戶望向屋內的景色？或長在樹上的樹枝？

冷空氣主導的冬季不利雷雨生成，儘管如此，我們仍可以在冬季碰到許多雷雨。比起局部的加熱，冬天的雷雨受鋒面系統影響更大，尤其是冷鋒。

冷鋒常會在暖空氣下方形成一座陡峭的梯形，將暖空氣抬升起來，進而導致風暴。與空氣吹向山丘相比，這更像是一座陡峭的山將自己「撞」進上方的溼暖空氣裡。鋒面的範圍遠比山丘廣闊，因此一系列的雷雨會在某一區域行軍，就像戰場前線。

能夠在風暴初期帶來警告的跡象是「空中的數座城堡」。倘若你瞧見數十或數百個長得像高塔或角樓的積雲〔正式名稱是堡狀高積雲（Altocumulus Castellanus）〕，它們必然會織出一條寬大、溼潤、不穩定的大氣毛毯。鋒面前緣的雷雨會在數小時內落下。

假如大半夜傳來轟隆作響的雷聲，可以預想一道冷鋒經過你家，隔天清晨的空氣會變得涼爽清新，能見度頗佳。

一則古老的天氣諺語說：「四月雷聲響，霜雪已離家。」

這很有趣。與許多諺語一樣，它以兩個科學上毫無關係的事物，暗示了一個天氣事實。雷雨和霜雪之間沒有因果關係，但四月的一場雷雨的確有可能代表直到秋天之前，霜雪都不會再出現。繼續往下讀之前，稍微停下來想想看，哪一種風暴與此處提及的諺語最有關係，獨行的雲還是鋒面呢？原因是什麼？

當你在四月看到一朵獨行的風暴雲，這是一個空氣非常溫暖的跡象，且陽光給予大地足夠的能量，形成了局部的積雨雲。兩者都顯示一個暖氣團的到達，太陽正強烈地加熱大地。之後仍有可能出現霜雪（突如其來的冷氣團有機會觸發這種狀況），但適當的條件下，暖氣團與陽光普照的四月天，能陪伴你與最後的霜雪季節道別。

風暴雲的頂端和底部

風暴雲內部恆常有強勁的上升氣流與下衝流。這些氣流就像暴衝的電梯，可能醞釀著冰雹，同時它們也在雲裡留下可供我們學習與解讀的足跡。接下來會假設一個例子，若你在安全距離內目睹一場獨立的雷雨，試著研究它的結構吧。本章尾聲，我會進一步說明沒能幸運地站在安全範圍內觀察的情況。

積雲逐漸轉變成積雨雲的過程中，上升氣流具有最強而有力的主導地位。它們能以時速四十八公里（三十英里）的速度垂直向上移動，強勁的程度甚至能將雲裡的空氣抬升至雲的上方，使得空氣冷卻凝結成積雲主體上方的帽狀雲，稱之為樸狀雲（pileus）。當你發現高高的積雲上戴著一頂帽子，就是風暴雲正在形成的強烈跡象。

風暴雲形成後，能夠推上主雲頂部的強力上升氣流仍然存在。若冒出一個鐵砧狀的雲，鐵砧的上方或許會有一個突起物，該突起物就是強勁上升氣流的產物，也是強烈風暴的徵兆。

仔細觀察鐵砧狀的雲，你會發現它的形狀並不對稱。其中一端較短，另一端則拖得較長。延展開來的那一側標示著該高度的風向，同時也是雲移動的方向。鐵砧狀的雲就像一支肥大的手指，指著風暴的動向。

也可能受限於視角或較弱的高空風，讓你看不見明顯的鐵砧形狀。試著找出其他高空雲的方向，如卷雲。現在，你已確定風暴移動的方向了，也可能同時注意到主要的積雨雲兩側看起來有所不同。積雲中的氣流不會平均地垂直流動，上風處的上升氣流最為強勁，賦予了上風處的雲較陡峭的外觀。鐵砧上的突起物就是雲朵上風處的中心點。手指指向的那一側是下風處，雲頂較為平坦，並擴散開來。

那股在風暴雲頂端創造突起物的力量也能作用在雲底部，下衝流會導致往下懸吊的突起物，稱為乳房雲（mamma）。它們通常出現在積雨雲的終期，那時是下衝流強於上升氣流的時候。乳房雲是雲充滿活力的現象，但已過了雲生巔峰。

有時會看到一個漏斗從風暴雲底部竄出，這片雲的正式名稱是漏斗雲（tuba），是雲內部氣流活躍的跡象。旋轉的漏斗不會超過雲底太多，且會在失去動能之後就消失。然而，某些情況下，特別是美國某些地區，漏斗可能會變大，大到足以觸及地面，成為龍捲風發展之初的視覺警告。

主要的風暴雲來臨前，偶爾會先出現一種領頭雲，稱為架狀雲（shelf cloud）或弧狀雲（arcus cloud），它們看起來就像從積雨雲延伸出來的置物架或楔形物。下衝流衝撞地面後散開，周遭的空氣被抬升後就形成了架狀雲。就像扭開水龍頭時，你會看到水柱向下流，碰到平坦的水槽後向左右擴散開來。風暴打開了風的水龍頭，衝向地面並散開的風攜帶著架狀雲。可惜，這種雲並不會給人警示，因為它依附在積雨雲上。當架狀雲經過，你更可能把注意力放在強勁的風，而不是頭上的雲。

前述案例中，我們坐在一間舒適的電影院，抓著滿手的爆米花，從安全的距離看一片獨立的風暴雲成長、成熟，最後衰弱。經驗告訴我們，別認為每次觀看的畫面都一樣，風暴雲喜歡在不知不覺間倏地出現，它會偽裝成其它雲或躲在其它雲後面。

一九三八年，五位正在競賽中尋找上升氣流的滑翔機飛行員飛入一團看起來和藹可親的雲裡。他們找到了上升氣流，但其遠超乎想像。他們不幸遇上躲在其它雲層裡的積雨雲，滑翔機被摧毀，倖存者僅一人。

好消息是，如同電影裡的壞人，風暴雲試圖從地面悄悄靠近的途中，會不慎洩漏自己的行蹤。電影裡，線索來自驟變的背景音樂，此刻則是改變的風向。

一九八五年，達美航空欲降落在美國達拉斯／沃斯堡國際機場（Dallas/Fort Worth airport），接近跑道時，飛行員看到前方出現閃電。飛機維持原本的路線飛進雷雨中，幾秒後，一道精力充沛的下衝流，微爆氣流（microburst），粗暴地將飛機向下推，飛行員奮力與它搏鬥，情況卻不樂觀。飛行員努力拉升飛機，但一切都已太遲了。一九一航班在跑道附近墜毀，一百三十七人喪命，其中包含一位駕車經過一旁高速公路的二十八歲男子。

雷雨是一齣與氣流猛烈地垂直流動有關的故事，廚房的水龍頭提醒了我們，風撞上地面後不會停止，會在地面擴散成水平的驟風。風暴雲周邊常見銳利的冰刃，因為有些氣流從高海拔區域迅速下衝，且雨水冷卻了雲下方的空氣。如果你曾感受到一股超乎預期、銳利冷冽的強風，這正是風暴的警示。

基於渦流、波浪與其他風經過障礙物的方式，我們無時無刻都能感受到強風。然而，突然驟變的風速搭配驟降的溫度是一個警告。倘若你找不出變化的原因，像是海風呀，下坡風滾下滿布雪花的山丘等，就該加強感知，並周詳調整計畫。換到電影場景，年輕貌美的女人認為夜晚隻身進入空無一人的建築物並無不妥時，不和諧的小提琴聲同時響起。你或許也想在那個時刻來場單人探險，如果你確定要這樣做，一定要讀完這章。

另一個與雷雨相關的錯誤觀念是雷雨可以逆風而行。在我們認識積雨雲怎麼影響周遭的風之後，就能理出這個錯誤觀念被散布開來的原因，而我是用略顯艱難的方式學會這點。

二〇〇七年，在我欲從懷特島啟程時發生某件怪事。那時我正在為獨越大西洋的航行做準備，在這個背景下，我的主要工作是學會掌握一個神奇又厲害的工具——自動化風向儀（self-steering wind vane）。該儀器藉著水在船底流動的力量與風的角度，運用滑輪調整舵柄，使船轉向。何等天才的發明！自動化風向儀可以讓船在與風向相同的某條路線持續行駛上千公里，途中無須借助電池、電力等任何外力，只要水在船下流動以及風。

該儀器神奇的關鍵點在於，它能讓船舵維持在與風向相同的位置，根本不在乎風往哪吹。假如你設定好風從船的右舷正橫（相對方位，零度）前吹來，你可以將近幾小時甚至幾星期都不用管它，風會持續從船的右舷正橫前吹來。我很想興奮地對這個發明高談闊論一番，它是世界上單人航行挑戰者的救星，可惜這不是此處的目標，我們該了解的是風暴。

那天是我第一次使用自動化風向儀。我知道它的原理，但不過幾個小時過去，船開始轉向，向著我預料外的方向大迴轉。這是一個警訊。我連忙確認風向儀，它正常運作，我仍航行在風從船的右舷正橫吹來的路線上，顯然是風猛然迴轉，儀器也順應著風轉向。一百八十度大轉彎絕對代表某件非比尋常的事情發生，但不是在船上，而是天空。

我焦慮地向地平線張望，目光猛地停留在解開謎團的拼圖上。不遠處有一片成長中的積雨雲。它趁著我把注意力放在繩索、滑輪、操縱桿時悄悄向上成長，它與我之間的距離之近，不禁令我惶恐。風逕直吹向快速爬升的雲。我收帆，關掉風向儀，抓緊船舵，隨著飆升的風力和臂上腺素，急切地趕回家。

雷雨會隨著風移動，意即雷雨遵循高空風的風向，就像砧狀雲與所有卷雲給的提示。然而，當風暴雲接近時，你往往會覺得它迎面而來，同時還會感受到身後的風吹向那朵風暴雲。此時，你感受到的風，是低於雲層、被風暴雲吸過去的氣流。想像一下水龍頭反過來將水槽底部的水吸回去。該效應在雷雨雲形成前期最為強勁，上升氣流主導一切，使雲蓬勃成長。雲達到巔峰並開始衰弱時，下衝流搶走主導權，可能會有陣陣強風從雲底颳過來。綜合上述，「逆風」移動的風暴，代表風暴雲相當年輕、尚在成長。

觀察積雨雲底部時，你可能會留意到形狀、質地與顏色的不同。較晦暗的區域是上升氣流，較亮且粗糙的區域則是下衝流與滂沱大雨所在之處。

「暴風雨前的寧靜」背後的主因眾說紛紜、理論繁多。首要之務是記得：包含天氣與生命在內的所有事物，遭受風暴襲擊前，相較之下都顯得較為平靜。我偏好的理論是風暴前有兩種不同類型的寧靜。

第一種就像「平靜溫煦的午後，孤高的風暴猛然過境」所描述的，鄉村的夏天與混亂的風暴有關；第二種類型更為有趣，當風暴向著你而來，在它到達前，周遭的一切也狂跳了起來：已經開始起風了。風暴會改變地面風，使得任何盛行風還沒颳到你面前就消失了。因此，風暴抵達的前一小時，你可能會發現原本在吹的風消散了，因為它被正在接近的積雨雲所抵銷，這一切剛好發生在風暴大搖大擺現身前。

普通的風暴比原子彈挾帶更多能量，我們會在隨它而來的狂風中體會到這股能量，而閃電、巨雷則加速了我們脈搏。閃電將空氣加熱至攝氏三萬度左右（約華氏五萬四千度），比太陽表面的溫度還高六倍。空氣猛然膨脹，送出一股聲音的衝擊波，就是我們聽見的轟隆巨響。光行進的速度比聲音更快，因此我們能利用兩者間的時間差計算出閃電的距離。閃電落下到轟天巨響間，每三秒約等於八百公尺（約半英里）的距離。

閃電稍縱即逝，雷聲卻能持續更久，這聽起來甚怪，畢竟先有雷後才有電。因為聲音不只從一個地方來。一朵雲裡的閃電，或從一朵雲跑到另一朵雲的閃電遠比從雲打落地面的閃電更多，而且打到地面上的閃電至少約一．六公里（一英里）長，從愈高處落下的閃電，比低處的閃電需要更多時間雷聲才會傳到你耳裡。

閃電落地後會再度返回雲裡，我們看到、聽到的主要閃電是回擊（return stroke）。如同大部分的人，「我看到閃電打到地面」是一個大腦便宜行事、複寫及簡化過程的優良案例。打雷這件事，首先會有空氣離子化通道的階梯先導（stepped leaders），或是感受者（feelers），因此我們可以看到形似蜘蛛手臂的光線從雲團中伸出。它們大多移動地比主要的閃電還慢，形成有規律的旁支，使得我們看見了分岔的閃電。我們稱之為階梯先導或感受者的原因是，一旦它們與地表接近到足以完成該電路，會產生回擊，也就是更直、更強而有力的閃電——我們聽到與感受到的轟天雷。

或許你也看過閃爍的閃電，誤以為那是雲裡反射的光線，但光的移動速度很快，快到我們根本看不到光本身的閃爍，因此眼前的閃爍是回擊，意味著從地面導流回雲層的電流。

雲層之間或雲到地面的閃電幾乎涵蓋了我們一生中會經歷到的所有閃電。你可能聽過各種轟隆隆的雷聲，以為閃電有超多種類，但實際上並沒有。「熱閃（heat lightning）」表示的也不過是閃電太遠，以至於我們辨不明、聽不清，使天空出現微弱的閃爍，而我們偶爾會在風暴抵達之前見到它。這個閃電並不奇特，它只是遠了些。片繞閃電（sheet lightning）則是我們看到比一道閃光更大範圍的白光所使用的稱呼，代表閃電完全被包裹住，因此我們不見閃電，只見雲裡光。

你也可能會看到枝狀閃電（anvil crawler），這是一種雲層間的閃電。如名字裡的「crawler（爬行之物）」所描述的，它是猶如蜘蛛般、卷鬚狀的閃電，從雲的底部延伸到雲的邊緣。這令人印象深刻，而且它的長度可達約五十四公尺（六十碼）。

球狀閃電（Ball lightning）是另一種真實存在卻相當罕見的現象。它原本可能是普通的閃電，出於某種原因製造出精力充沛的等離子層，進而產生球狀閃電。前述的「可能」和「出於某種原因」是我故意為之，我想強調科學家因為說不清原理，寧可它不存在的羞愧。解釋自然現象是我的工作，而我認為科學能夠清楚解釋大多事物的原理很棒，但卻無法說明所有事物。是否曾有人強烈主張他見過球狀閃電，我完全沒印象，連我自己也沒看過。如果你遇見了，請享受當下，可以的話請錄製一些影片，然後在餐桌上對他人講述這個經歷，直到別人不再邀你參加任何社交活動為止。

二〇二〇年季風的季節，閃電在印度北部、東部奪走超過一千條以上的人命。人人都知閃電危險，卻鮮少有人知道當風暴近在咫尺時該怎麼保護自己。在我之前的著作《失落的自然跡象解讀藝術》（*The Lost Art of Reading Nature's Signs*）中，我花很多時間書寫實際的安全建議，包括擔心被雷劈該做的步驟。通常我不會在另一本著作裡講述相同的主題，遑論引用寫過的文字，但基於可以被理解的原因，此處我將破例，等等再繼續探討原本的主題。

> 倘若閃電對你造成威脅，請遠離空地，找尋遮蔽處才是明智之舉。只要不碰觸金屬部件，車裡或棚下都遠比站在空地安全。也不要離獨立的高聳物太近，比方說一棵巨樹，且在安全的狀況下朝低處走。別接近水邊，假如你泡在水裡，請儘快上岸。留意自己手裡是否握著與金屬相關的物品，籠罩在閃電的危險下，請暫時放下任何含有金屬構造的東西，像登山杖或含有金屬框的背包。

最後我想補充，如果你待在遠離遮蔽處的空地，害怕閃電劈下來，請儘量壓低身體，但不要趴躺在地面上，蹲著最安全。謹記有用的30／30法則：閃電與雷聲間距少於三十秒，請到安全的地點躲躲；如果你待在室內，請於最後一道雷聲落下後，等個三十秒再走出戶外。

積雨雲底下的風景中，突出的部分最有可能是閃電匯聚的確切地點，但也不能盡信。「晴天霹靂」一詞，代表完全預料之外的事情，也已成為日常生活用語，但最早源自於閃電能抵達風暴雲幾公里之外的地方，有時看起來甚至像蔚藍蒼穹突然劈落一道閃電。不過那很少見，當雨先行澆灌你的所在之處，被雷劈的風險也最高。

另一個流行語則告訴我們同一個地方不會被雷劈到兩次。在愛、戰爭或人類經歷的其他領域可能是這樣，但就天氣而言根本是無稽之談。帝國大廈曾在短短十五分鐘內被閃電擊中十五次。

閃電的顏色則帶給我們它經歷了何種空氣的線索。

白色＝乾燥的空氣
黃色＝充滿灰塵的空氣
紅色＝雨
藍色＝冰雹

閃電會製造出電磁波，幫助天氣預報員偵測、追蹤遠處的風暴。調幅廣播（AM）電台裡傳來喀嚓喀嚓或尖銳急促的聲音，就是電磁波所為。

風暴系統

風暴們可以組隊活動。當積雨雲彼此互動、支援時，可能會引來成群結隊、具有破壞性的風暴，氣象領域稱之為「中尺度對流系統（mesoscale convective system）」。一個風暴過境後數小時內又立刻經歷另一個風暴，表示上述系統正在通過。請遵循以下指示：情況允許的話請進入室內，壓抑自己想查看戶外情況的心情，直到天氣穩定下來至少半小時後。

龍捲風

龍捲風是獨特的旋風系統（whirling systems），強度範圍是強風→混亂→具破壞力。這群粗暴的渦流從精神飽滿的積雨雲誕生，不過需要一些特定條件，滿足條件的時機通常在一年中的某些季節或某些區域，比如說五六月分的北美大平原最容易遇到龍捲風。

相較於其他風暴系統，龍捲風那具毀滅性的能量會集中在一個狹窄的地帶，帶來雙重效果：匯聚了最大的破壞力、受影響範圍較小。因此龍捲風的路徑相當明顯，時速四百八十公里（三百英里）的風速能摧毀一條街，但幾個街區以外的樹葉仍好端端地掛在樹枝上。

由於龍捲風生於風暴雲，因此當徵兆顯示將有強烈風暴出現時，也意味著龍捲風出現機率增加。積雨雲頂部明顯的突起物與巨大的乳房雲，表示有相當猛烈的上升氣流與下衝流，倘若在錯誤的時間出現在錯誤的地點，都將帶來惱人的麻煩。

雲的底部冒出巨大的漏斗雲也是龍捲風即將成形的徵兆。更常見的狀況是，漏斗雲一路延伸到地面，變成龍捲風較為弱小的親戚：陸龍捲或水龍捲（旋轉的氣柱或水柱）。

颶風

你一定聽過這種風暴，它有各種耳熟能詳的名字，像颶風、氣旋、颱風或熱帶旋風暴（tropical revolving storm，TRS）。這些稱呼都在形容一個可怕的風暴現象，此處我以颶風稱之。

跟龍捲風一樣，颶風較容易出現在特定的區域與季節。颶風多半在熱帶地區成形，許多地區一年到頭根本沒機會看見。颶風比龍捲風大一百倍，能量更為驚人，只是較為分散。颶風的最高風速比龍捲風還低，卻在更廣大的範圍裡搗亂。

颶風始於溼潤、暖空氣與海洋三個條件。登陸之後都會帶來狂風暴雨，但從衛星的角度觀察，颶風是很簡單、優雅的天氣系統。風一直都在旋轉，如北半球的低壓系統逆時針偏轉。颶風只有在極端低壓和系統自給自足的方式中才不尋常，它會利用水和大氣中的熱能來保持強度。

大多船員會選擇在十二月從歐洲橫越大西洋到達加勒比海地區，絕非純屬巧合。大西洋加勒比海地區的颶風季是六月至十一月，到了十二月，遭受颶風侵襲的機率會大幅減少。在我第一次橫越大西洋之前，參加了幾場跟該航線天氣相關的專家說明會，如今，所有船員都懂得利用他人推估、警示颶風，但其實，很多過去所使用的跡象都是我們的老朋友了。壞兆頭包括：風的強度與風向驟變、雲的成長方式暗示著風暴到來、風暴靠近的海洋大氣可能會膨脹、氣壓急遽下降以及一波大雨。這些全是熱帶地區能派上用場的基本要素，還有一些有趣的特定地區諺語，比如印度海岸的船員曾說「雲像牛的皮膚」。

我聽過最有趣到永遠忘不了、卻也沒體會過的至理名言是，我們對颶風的印象絕大部分來自於我們受颶風哪一側攻擊：結果不會是相同的。假如我們正在移動，不論海上或陸上，可能會發現我們處於完全無法逃離颶風的情況，但可以選擇讓颶風的哪個部位侵襲。颶風的結構上有較危險和相對沒那麼危險的部分；絕對沒有安全的區域。請容我用一個奇怪的比喻方式。

想像有一個人站在小巷子裡，擺動一條尾端綁著棒球、全長約一．八公尺的繩子，甩動球逆時針旋轉著。當你萬不得已得靠近並經過這個人，且無從閃避，則很有可能會被球打到。然而，從哪邊經過的感覺並不同，從左邊走過，逆時針轉的球往你臉上砸過來；但從右邊，球會慢些砸到你後腦勺。只要被砸都很不爽，只是右邊比較沒那麼痛。

北半球的颶風，其氣流圍繞著低壓中心逆時針旋轉，如同那顆球。如果你待在海灘上，面向颶風過來的大西洋，代表危險象限（danger quadrant，此處的風速最快，因為氣流旋轉而來）在低壓系統中心的左邊（北邊）。

換個方式講，倘若你一定會碰上颶風，可以往南邊移動，颶風的中心位在你的北邊，此時的結果會比讓颶風的中心往你南邊走還好。

當颶風經過頭頂，首先會有北風帶來的破壞，緊隨在後的是令人毛骨悚然的平靜，因為此時「颶風眼」經過上方，而後是南風颳來強烈的混亂。總之，請儘量避開颶風，光要找出哪裡是危險象限就夠令人頭痛了。

颶風不會走小巷，但它們的路線有跡可循。颶風需要科氏力的效應，所以會在離赤道至少五百公里（三百英里）處形成。颶風誕生後，通常會以平均時速十八公里（十一英里）的速度向西走，接著轉入最

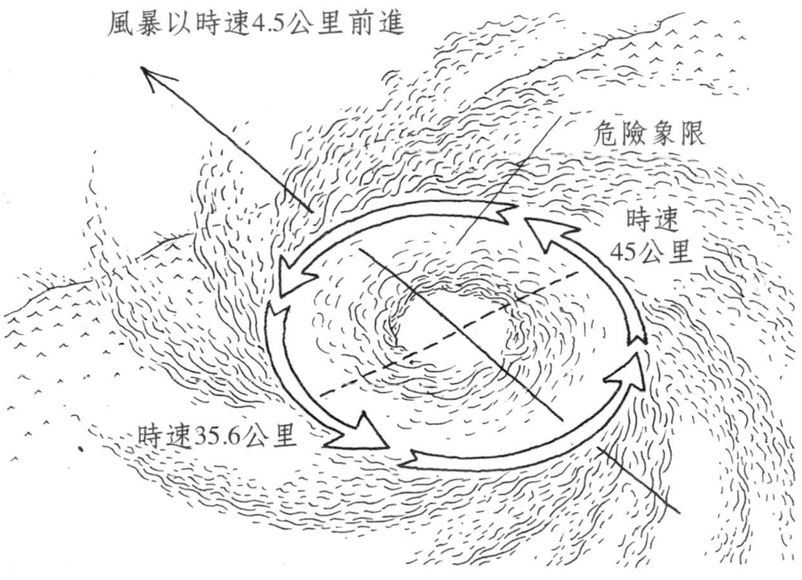

近的極區（pole）。這就是加勒比海地區與美國東南岸最容易被颶風侵襲的原因。有時颶風會來個回馬槍。倘若颶風前往較冷的水域或陸地，進而失去作為動力的熱量，它們也會趨漸衰弱。

談到龍捲風、颶風和其他主要的混亂天氣狀況時，我們得虛心接受自己知識有限，並向專業氣象學家脫帽致意，肯定他們的資料、模型、衛星雲圖與經驗的價值。

21

璀璨天象

星光閃爍的科學與藝術・季節和星星・光暈・壯麗的地影

《班伯里規則的牧羊人》（*The Shepherd of Banbury's Rules*）一書收錄了許多奇妙的傳統天氣俗諺。該書是牧羊人約翰・克拉里奇（John Claridge）於十八世紀撰寫的作品。書裡充滿了親切又珍貴的諺語，像是：

白雲朵朵，形似巨岩高塔；
陣雨頻頻，大地清新煥發。

我們眼前萬物皆有其自身意涵，但要在無意義的事物上創造含意，這股誘惑對某些人而言實在太過誘人。人們在千年前就已注意到，月相會在數日內出現變化，天氣也會在幾天內發生改變。事實證明，將兩者之間的因果關係連結在一起是何等吸引人，我們才會聽到克拉里奇先生說：「日出東山前，薄霧近滿月——天氣晴朗。」

夏天早晨的晨霧是很好的跡象，因為天空無雲，熱量在一夜之間逸散。月亮並未參與這個過程。說到月亮的形狀與盈虧，一位身為牧羊人的批判者認為有更適當的說法：

月亮與天氣，改變會一起。
奈何月之變，未左右天氣。
假設雖古怪，倘若無月天，天氣亦存在，變動恆常有。

月相能給你潮汐、時間與方位的資訊，卻缺乏任何與天氣相關的有用情報，至少就我所知是如此。不過，這並不代表月亮的面貌無法透露天氣的相關訊息。月亮將太陽光反射至地球，像用一把手電筒照耀大氣層。旅程中的光會穿過冰或水氣，這兩種情況會改變我們所見的月亮。

格外皎潔的月亮，意味著乾燥、清新的乾淨空氣。不只沒有雲阻擋月光，空氣裡的溼度也很低，所以接下來幾小時內不太可能看到雲或雨。我們已知晴朗的天空會使熱量輻射冷卻而逸散，因此衍伸出一個富有科學根據的古老說法：「月光皎潔，白霜速結。」月亮雖未直接告訴我們結霜的事，卻給了我們夜晚會比白天更冷的線索，夏天以外的季節，夜晚最可能結霜。

星光閃爍的科學與藝術

肉眼可見的最遠物體是星星。繁星不僅是我們能看見的最遠物件，它提供了自然界裡最遠距離的天氣預報。

源自星星的光，必須行進幾百萬公里才能到達我們眼前，但在這段旅程的最後一部分大大影響了我們所見的外觀。最細微的微光進入大氣層後，必須找到穿過空氣分子的路徑，相較於它剛跨越的廣闊真空，大氣就如同糖漿一般。光線穿越大氣時，會出現一些反彈與碰撞，倘若撞上任何水分子，它會在路徑上偏移。比平常更加閃爍的星空蘊含著大氣充滿水份的訊息，這可能是鋒面接近的最初跡象之一，甚至比卷雲的出現還要早。

這與趨勢有關：繁星所言有限，但星星在一個夜晚愈來愈閃亮，或今夜的星點比昨夜更燦爛，是溼度上升的跡象，表示壞天氣可能要來了。閃爍不停的星星「妙語如珠」，而相對靜止的星星則表示空氣較為乾燥，可能出現晴朗的天氣或結霜。

一門藝術中總會隱含另一門藝術。太平洋諸島的領航員運用閃爍的繁星預報天氣，他們會解讀星星在天空中不同位置的閃爍方式，天氣的變化始於星星開始閃爍的方向。

一位澳洲的天氣學家主張流星和不尋常的豪雨間有關連。這聽起來很牽強，不過這個主張背後有個簡單的邏輯：雲會在大氣中的微粒（凝結核）周圍形成，而流星將塵土帶入大氣，提供豐富的凝結核。他發現主要的流星雨，像是雙子座流星雨，其發生時間至降雨最強的時間點之間約差了三十天，這符合塵土微粒掉落到大氣裡、適合形成雲的高度所需的時間。

知道嗎？即便大氣未曾改變，冬天的星星會比夏天的星星看起來更亮。每一個季節所呈現的夜空都有所不同，也就是宇宙的不同部分。冬夜所見的星星點綴在更為深黯的背景，因為它們後方、更遠處的星星寥寥無

幾。我們在冬季看到宇宙中較空曠的部分，而夏天則仰望著銀河中心，這片星系為夜空增添了一點微弱的背景光。試想一下，相較於灰色，我們更容易從黑色的布上看見白色斑點。顏色效應被加乘了，冬季時，會比夏季更容易看見最閃耀的那顆星，例如組成獵戶座的璀燦星星。

季節和星星

眾多原住民文化中，星星會影響或控制天氣。這是正確或錯誤的詮釋，端看我們如何解讀這些信仰。倘若從字面上理解，科學上站不住腳。我們眼前所見的星星與天氣之間並未存在任何已知的關聯性。但可以去假設原住民文化所指的事物其實是星星裡的季節時鐘，這樣就合理了。生命與生計仰賴季節的文化，非常需要記錄星星的軌跡以推算何時會放晴，比如說太平洋的航海領航員。英國作家亞瑟．格里姆布爾（Arthur Griimble）在一世紀以前曾留下紀錄：

> 天蠍座和昴宿星團（Pleiades）標記了吉爾伯特（Gilbertese）水手的一年。當心宿二（Antares）在日落後升上天際，將迎來天氣晴朗的季節，航行之日（te bongi ni borau）會持續到昴宿星團在日薄西山後，從東邊地平線冒出為止，喧鬧的天氣就此開始，航行的季節也落幕了⋯（中略）⋯這兩段期間準確地對應到貿易風與強勁的西風盛行的季節。

我們已經看到星座如何自信地提示家鄉的不同季節，像獵戶座，會在冬天夜晚狩獵。西方人不會說獵戶座帶來雪，但卻會同意獵戶座現蹤於天空的那幾個月可能會下雪。我認為所有分歧的意見源自於溫帶與熱帶氣候間的差異，它創造出不同的文化觀點。

溫帶的季節差異甚劇，以至於溫帶地區的人們能迅速感受到周圍的溫度、植物與動物的改變，遠早於我們留意到星星的變化。而熱帶氣候的溫度變化較小，天氣轉換僅在變化莫測的溼季與乾季之間，因此星星的改變相當顯著。熱帶社會的人們一年到頭都能觀看夜空，然而溫帶地區的人們在盛夏與寒冬很少眺望夜空，六月太亮，一月太冷，使人們不想在戶外多待一刻；但這在熱帶地區不成問題。總而言之，溫帶地區的居民往往從骨子裡感受到季節變化，而熱帶文化則會等待星星捎來消息。但兩者皆不相信星星是天氣變化的幕後操縱者。

部分阿拉伯文化會有較特別的季節分期，因為穆斯林曆是陰曆，與一般季節或陽曆的時間不一致。他們必須計算一年開始後經過的天數，來設置他們與時間的關係。印度洋的領航員會說從「thalatha wa-tis 'in (fi) l-nairuz」開始航行，意思是「一年開始的第九十三天」。

光暈

月亮周圍的光暈意味著有一層薄薄的冰雲（Ice cloud），最有可能是卷層雲，而這構成預報的一部分。我們知道跟著卷雲後面出現的卷層雲是暖鋒靠近的警告，因此，卷層雲與其造成的月亮光暈是即將下雨的警報。太陽周圍的光暈同樣源自於卷層雲，也會構成與前述相同的預報。

壯麗的地影

晴朗的一天落幕，於日落之後望向東方，若視野清楚，可能會看到一條暗帶從地平線緩緩上升，這是地影（Earth's shadow）。當空氣稍微潮溼或有霾，地影最為清晰。破曉時分往西邊看也能瞧見地影，但會稍微困難，因為清晨時大氣中的微粒較少。

地影看起來就像藍紫色的薄紗，凌晨升起、傍晚下沉。若你發現自己看到地影了，試著找找地影上緣的粉紅色光帶——金星帶（Belt of Venus）。如果有很低的地平線，盡可能地靠近海平面，然後從有一點點高度的地方看地球的陰影，會很有幫助。陽光明媚的島嶼東側，其海岸線的斜坡正是為了一窺地影之美而存在。

22

天氣之於你我

二〇二〇年五月，我在封城期間寫下這一章。嚴重特殊傳染性肺炎（COVID-19）對人們的威脅仍在持續，且未見曙光，光是昨天，美國至少有一千五百人因該病毒失去性命*。全球媒體都在報導陽光能有效阻隔病毒傳播的消息。不過，在這個階段裡要去釐清天氣在新冠病毒的生命歷程裡扮演什麼角色還言之過早，但歷史告訴我們，天氣與病毒之間關係匪淺。

一九九三年間，十位住在四角區域（Four Corners）的納瓦荷（Navajo）居民出現類似流感的肺積水症狀，不幸被奪去性命。疾病襲來以前，病患們都是健康的青年。這不是納瓦荷首次爆發這種致命的疾病，一九一八年與一九三三年也都有過相似的報導。這種疾病困惑了醫療人員多年。

納瓦荷人口述歷史的傳統幫助人們破解謎團。疾病都會在劇烈的大雨或暴雪後流行。不是雨或雪奪去他人性命，因此它們起初與疾病的關聯性並不明顯。調查人員與納瓦荷人對談後開始了解事情的來龍去脈：降水使得樹上的松子大量增加。納瓦荷受害者們的死因為漢他病毒症候群（Hantavirus Pulmonary Syndrome，HPS）。得病途徑為人鼠之間的頻繁接觸。這是一個由雨、松子、齧齒科動物、病毒與死亡交織而成的悲傷故事。

遠在幾千公里外的西伯利亞有名叫做卜蘇勇（Sooyong Park）的韓國攝影師兼自然學家，他花了二十年觀察難以捉摸的西伯利亞虎（Siberian tiger），捕捉牠每個動態。卜蘇勇發現風會挾帶著松子的花粉，而花粉向花朵授粉，接著會長出松子，松子再度落地；草食動物覓尋松子，老虎依循牠們的蹤跡，悄悄尾隨在獵物後方。紅色的花粉描繪出風的位置，畫出一條供卜蘇勇解讀的路徑，將他引導至老虎的所在之地。

與西伯利亞、納瓦荷又相隔幾千公里的丹麥，科學家想出方法，利用氣溫預測斑螯（tiger beetles）可以抓到多少獵物。

*編輯這本書時，我對於這個數字看起來變小感到訝異。

從雨、風到松子、老虎和斑蝥，我們清楚理解天氣、氣候和微氣候是構成自然這塊拼圖的必要元素。愈親近大地的人，愈能欣賞大地與天空的關係。過去的俄羅斯農夫會去尋找櫻花樹開花的時間點與霜之間的關係，以及鳥的羽色和朝牠們靠近的雨之間有什麼關連。

蘇格蘭作家娜恩・雪柏德（Nan Shepherd）有句妙言：「分裂的岩石、醞釀中的雨、甦醒的太陽、種子、樹根、鳥兒——皆為一體。」

作家塔姆辛・卡利達斯（Tamsin Calidas）身在赫布里底群島（Hebrides）的小農場，察覺到天氣即將轉變：綿羊躲進鄰近的樹林，海鷗聚集在餵食器附近。同時自己身上也感受到天氣的變化：「嘴裡隱約出現鏽腥味，刀鈍般的味覺是麻煩或變化的預兆。」

天氣也在你我內心世界有一席之地。短暫的冬天會使幾百萬人罹患季節性情緒失調症（Seasonal Affective Disorder，SAD），這種疾病在阿拉斯加會比佛羅里達州還多上七倍，一點也不令人意外。一道突如其來的冷風讓我們打了個寒顫，浮現出得快點回家的念頭。如果我們按照意念行事，腳步會隨著風演奏的鼓聲前進。研究人員發現，街上的人們在風速達到六級之前，都會以正常的速度步行，直到突如其來的強風出現，腳步也跟著加快。而每個人的反應也不盡相同，尤其，風帶有點性別歧視。

女性的胸部比男性的胸膛對寒冷更為敏感，而一陣冷風可能導致哺乳的媽媽分泌不出母奶。這或許能拿來解釋男性會正面迎風，女性更傾向背對風向。與這個發現相關的研究於一九七六年問世，即便風從未變過，但從那時候開始，我們對於自己的感知卻已有莫大變化。倘若再做一次該研究，我很好奇這種行為差異占多少生物上的比例，又有多少是出於文化上的。無論比例為何，當春天來臨時，育兒中的母親永遠會是第一個找到溫暖口袋的人，她會帶你走到最棒的避寒處，遠早於任何意欲尋暖的人。

即便我們穿得很暖和，不覺得寒冷，當冷風襲來，身體仍會自動做出反應。研究顯示，冷風吹拂額頭三十秒，人類的心率會下降，因為身體得將體溫維持在人體的核心溫度。

無論天氣和藹可親，抑或惹事生非，都塑造了人類，且從文明誕生之初就是這樣了。有些歷史學家主張，人類最早的文明（腓尼基人、埃及文明、亞述文明、巴比倫文明、阿茲特克文明、馬雅文明和印加文明）皆從平均溫度約為攝氏二十度的地方崛起，這個溫度在現今普遍被認為是最宜人宜居的溫度。

天氣與氣候建立了源遠流長的帝國，而微氣候創造超棒的時刻。為什麼這座涼爽的山谷裡遍布葡萄園？呀，河水反射了陽光，給予葡萄藤雙倍的光照。誰不為這樣的發現感到歡欣？我們鼻下藏了多少快樂？我們可曾留意過，海岸邊的彩虹比較小，是因為雨中的鹽分所致？答案不如問題重要，但觀察的舉動會帶來更多求知慾。

參考來源

按：前面為內文，冒號後面為出處，若出處為作者姓名及頁數者請見參考書目，網站最後瀏覽日期格式為月／日／年，此處提及的所有網路連結皆由編輯再次檢查過。

第一章

- 斐茲洛伊為此患上抑鬱症，並在西元一八六五年結束他的生命。：*W. Burroughs et al.*, p. 73.
- 任何提前二十四小時以上發布的預報，我們都無法為其準確性背書：*R. Lester*, p. 123.
- 瑞士侏羅山脈約八百公尺（兩千六百英尺）高的山脊兩側，氣候迥然不同：*Ph. Stoutjesdijk and J. J. Barkman*, pp. 77–78.
- 在美國與歐洲溫帶區的灌木林南北兩側的氣候，有如沙漠和北方森林一般地截然不同：*Ph. Stoutjesdijk and J. J. Barkman*, p. 7.
- 夜晚的石楠荒野降溫十分快速，倏忽間就比幾百公尺外的生態低攝氏三度左右：*Ph. Stoutjesdijk and J. J. Barkman*, p. 55.

第二章

- 牠們偏好在一天的開始飛行：*E. Sloane*, p. 88.
- 在秋天的晴朗天氣下，小蜘蛛會在田地裡成群結隊地移動，且擁有從屁股射出網子的力量：*G. White*, p. 176.
- 而在西元一八三〇年代，查爾斯．達爾文（Charles Darwin）注意到蜘蛛能夠到達他的小獵犬號上，儘管當時船隻位於離阿根廷一百公尺之外的地方。：irishtimes.com/news/environment/how-ballooning-spiders-flythrough-the-sky-1.4000228（最後瀏覽日期 11/28/19）
- 證據指出，地表被加熱得過於旺盛，會導致強勁的上升熱氣流：*M. H. Greenstone*.
- 動物行為專家在至少一個世紀以前就已經知道鳥的體重、上升熱氣流以及一天中的時間三者互有關聯：*R. S. Scorer.*

第三章

- kapesani lang：*S. Thomas*, p. 297.
- 暗黑色的烏雲是傳訊者潑灑在蒼穹的訊息，當它們飄過天空……：*R. Jefferies*, pp. 34–35.
- 當雲在山丘上時……：J. Claridge, p. 47.
- 雲頂端圓弧狀的鼓起是一個空氣仍然持續上升的跡象：*S. Dunlop*, p. 70.
- 海面上空的雲會比陸地上空的雲更低：*U. Lohmann et al.*, p. 4.
- 南極很少出現積雲：*W. Burroughs et al.*, p. 194.

- 偵測上升熱氣流是一門和禪學相似的藝術……xcmag.com/news/zen-and-the-art-of-circles-part-1（最後瀏覽日期 1/14/20）

第四章

- 空氣中百分之九十的水氣來自於海洋：*W. Burroughs et al.*, p. 39.
- 西元二〇一九年十月，美國科羅拉多州的丹佛：ITV, 10/19/19.
- 巴布亞紐幾內亞的沃拉人……「Chay nat」：*Wola People, Land and Environment in P. Sillitoe*.
- 這些洋流有巨大的影響力，秘魯洋流能影響澳洲，引發為人所知的「聖嬰」現象：*W. Burroughs et al.*, p. 38.
- 在相同緯度的地方會有完全不同的氣候，比如說愛丁堡和莫斯科：*R. Lester*, p. 130.

第五章

- 當風從一縷虛無成長到非常輕柔，連撫過臉頰都感受不到的微風時……雨燕仍翱翔天際：*L. Watson*, p. 217.
- 世界上有些地區對乾旱十分敏感，如美國西南部：*R. Inwards*, p. 74.
- 喬治・華盛頓（George Washington）有一本非常詳細的天氣日記，這可以說是一個改變歷史的習慣也不為過：*M. Lynch*, p. 31.
- 每一陣風都有自己的天氣：*R. Inwards*, p. 68.
- 暴風出於南宮：*R. Lester*, p. 141.
- 順轉風吹來晴空萬里……：*L. Watson*, p. 78.

- 假如風由南向北通過時偏向西邊，會帶來……*R. Inwards*, p. 74.

第六章

- 士師記 6：36-8：from Berean Study Bible, biblehub.com/judges/6-37.htm（最後瀏覽日期 2/24/10）*First seen in Ph. Stoutjesdijk and J. J. Barkman*, pp. 59–62.
- 在一九八六年八月的一個早晨，賓夕法尼亞州的警察接到一位焦慮男子打來報案的電話：peoplemagazine.co.za/real-people/realstories/meet-mr-duplicity and youtube.com/watch?v=8rkfev2OXls（最後瀏覽日期 3/2/20，連結已失效）
- 樹葉、草、樹枝被圓柱狀的冰包圍住，以至於微小的風晃動樹枝……*W. P. Hodgkinson*, p. 92.
- 時常發生嚴霜的季節裡，逆溫現象也較持久，因此有些果農將逆溫當成溫室的屋頂使用：goodfruit.com/the-frost-fight（最後瀏覽日期 2/26/20）
- 黑爾斯博士（Dr Hales）曾說：「地表下一定深度的溫度能使冰融化……」：*G. White*, p. 20.
- 草地會比裸地更冰冷，但荒野、乾燥的蘆葦灘和乾涸的泥炭沼……*J. P. M. Woudenberg*.
- 當冷空氣從山丘往凹陷的山谷流動，會受到霜坑另一側的鐵路堤岸阻擋：weatheronline.co.uk/reports/ wxfacts/Frosthollow.htm（最後瀏覽日期 2/26/20）
- 科學實驗顯示，只要一公尺乘上一公尺（三英尺乘上三英尺）的保麗龍盒，就能夠創造出截然不同的微氣候。：*Ph. Stoutjesdijk and J. J. Barkman*, p. 58.
- 巴布亞紐幾內亞（Papua New Guinea）的沃拉人（Wola）……這種幸災樂禍的行為就稱為「liywakay」：*P.*

Sillitoe, p. 74.

第七章

- 泰奧弗拉斯托斯（Theophrastus），一位古希臘哲學家，他記錄下希臘沿海的雨嘗起來是鹹的：*Theophrastus, Sign 25*, p. 21.
- 悲傷的是，一個在科羅拉多州洛磯山脈所做的研究指出，百分之九十的雨水樣本包含了塑膠微粒：earthsky.org/earth/rain- microplasticrocky-mountains-colorado（最後瀏覽日期 5/3/20，連結已失效）
- 如果積雲多於藍天，就有可能會有陣雨：*S. Dunlop*, p. 111.
- 在蘇格蘭高地的部分地區，西側迎風面的雨量是東側背風面的六倍：*R. Lester*, p. 38.
- 許多山脈的東側都有雨影：*W. Burroughs et al.*, p. 37.
- 焚風溝（foehn gap）：*K. Stewart*, p. 264.
- 邁阿密與西雅圖氣候比較：en.wikipedia.org/wiki/List_of_cities_by_sunshine_duration, weather.com/science/weather-explainers/news/seattle-rainy-reputation, en.wikipedia.org/wiki/Climate_of_Miami（所有網址最後瀏覽日期 3/9/20）
- 中觀至微觀的雨滴尺寸與公式：*Lohmann et al*, p. 209.

第九章

- 洋蔥皮：*R. Lester*, p. 41.

- 冰冷的風趨暖時，暴風雪即將來襲。：*O. Perkins*, p. 92.
- 你或許注意過橋梁或高架道路會比附近低地積雪更快：theweatherprediction.com/habyhints/201（最後瀏覽日期 3/10/20）
- 這些溼潤的口袋是春季花卉與其他植物的庇護所：*Ph. Stoutjesdijk and J. J. Barkman*, p. 67.
- 生長在雪中或易受氣候影響的樹木，如拉普蘭地區（Lapland）的松樹：*J. J. Barkman*, 1951.
- 在很多地區，生物在樹皮和岩石上塗上冬雪高度的線索：*R. Nordhagen*.
- 玉米蓋著雪毯，就像老人披著毛皮斗篷一般舒適：*R. Inwards*, p. 115.
- 比亞沃維耶扎原始森林（Białowieza）：Ph. Stoutjesdijk and J. J. Barkman, p. 72.
- 如果你在池塘或湖泊上發現厚到足以行走的冰，請提防任何積雪的區塊：*Ph. Stoutjesdijk and J. J. Barkman*, p. 70.
- 比方說，矮柳的出現代表每年至少有兩個月不會積雪。：*Ph. Stoutjesdijk and J. J. Barkman*, p. 71.

第十章

- 田納西州卡爾霍恩縣的車禍事故：*all sourced from W. Haggard*, pp. 99–116.
- 當有霧的時候，表示少雨或無雨：*W. Burroughs et al.*, p. 65. And Theophrastus.
- 夏天的霧代表好天氣……霧會凍結一隻狗：*R. Inwards*, pp. 8–9.
- 森林就如同霧的捕捉者，所以會被種植在一些因海霧而帶來不便的地區，如日本：*J. Grace*, p. 179.
- 但如果沒有風，霧可能會徘徊在涼爽的林地，久久不散：*R. Lester*, p. 59.

- 如果能見度在雨後仍然很差，表示還有更多將至的天氣狀況：*O. Perkins*, p. 69.
- 電話男孩（call boy）：*S. Dunlop*, p. 69.

第十一章

- 氣流從西往東移動的過程中會蜿蜒蛇行。可能是從南南東流向北北東，或南南西流向北北東，主要的趨勢是由西到東：*Chris Mcconnell and Peter Gibbs, personal correspondence.*
- 這表示風力有可能會在接下來十二小時內增強：*O. Perkins*, p. 29.
- 如果繩索的排列方向是從西北到東南，該跡象會特別地強烈：*S. Dunlop*, p. 94.
- 飛機雲不僅能持續很長時間，面積可能還會變長、變寬且擴散開來，表示大氣溼度達到一定飽和度，是天氣變潮溼的強力線索：*M. Kästner, R. Meyer and P. Wendling.*
- 渦流將飛機雲拉成二道分開的線，但轉眼間就合而為一了：*R. Stull*, p. 166.
- 雨幡洞雲……偶爾，當雲被打穿一個洞，破碎的雲片會重新組合成一片新的雲：*S. Dunlop*, p. 94.
- 雲街之間的寬度大約是雲層高度的二到三倍：weatheronline.co.uk/reports/wxfacts/Cloudstreets.htm（最後瀏覽日期 4/1/20）
- 但北極則只有五十公尺（一六〇英尺）左右：*U. Lohmann et al.*, pp. 8–9.

第十三章

- 因為穿過縫隙的風總是比水流更猛烈……：*J. Morton*, p. 61.

- 彷彿遭受攻擊一般，我以防守的姿勢過馬路，用冷冰冰的手遮住雙眼……：*N. Hunt*, p. 200.
- 加州的聖塔安那風（Santa Ana）在高壓系統端生成時是微風，在它們擠過聖加百列（San Gabriel）與聖伯納丁諾（San Bernardino）之間的海岸山脈之間時，風速可達時速九十七公里（六十英里）以上。：*Meteorology for Naval Aviators*, p. 21.
- 赫利克對面有一片叫做卡蘭比斯的前陸，四面都很陡峭……：*J. Morton*, p. 57.
- 北美黃杉和雲杉的下風處擁有不同模式的渦流，知道這點也無濟於事：*J. Grace*, p. 23.
- 轉子氣流（rotor streaming）：*J. Grace*, p. 151.
- 一九八六年，蘇格蘭高地的凱恩戈姆山頂（Cairn Gorm）上記錄到一道時速高達二百七十八公里（一百七十三英里）的陣風：*P. Eden*, p. 52.
- 風吹得愈強，代表山的海拔高度愈高、愈狹窄、山峰愈孤高且離海岸愈近：*J. Grace*, p. 149.
- 與主風的風速落差達〇・五至三倍以上：*J. Grace*, p. 152.
- 美國加利福尼亞州棕櫚谷（Palmdale California）的山浪呼嘯而過，凡樹盡倒，民宅的窗戶也嘎吱作響：losangeles.cbslocal.com/2019/01/07/palmdale-mountain-wave（最後瀏覽日期 4/7/20）
- 在一九五〇年十一月，一位叫作愛德華・內文（Edward Nevin）的高齡病患，在動完前列腺手術後回到美國舊金山的家中休養：*whole story, W. Haggard*, pp. 11–17.
- 海風只會在陸地溫度比海洋高攝氏五度以上才會出現：*R. Stull*, p. 654.
- 兩道鋒面會在海風與半島相遇的地方結合成一條雲線：*O. Perkins*, p. 79.
- 英國夏天，一道霧沿著海岸出現，看起來並不符合當日的天氣：*A. Watts*, p. 34.

- 早晨的陽光快速加熱智利阿塔卡馬沙漠（Atacama Desert）那黑暗、陡峭的火山坡，積雲形成：*Cloud Appreciation Society newsletter*, April 2020.
- 仍有一股寒冷的微風從山峰吹來：*J. Grace*, p. 152.
- 加爾達湖（Lake Garda）：*L. Watson*, p. 36.
- 泰奧弗拉斯托斯到偉大的亞里斯多德：*J. Morton*, p. 55.
- 傍晚時分從河流吹來的強風激起了大海的滾滾浪濤：*J. Morton*, p. 55.
- 莫里哀・喜劇《貴人迷》（Le Bourgeois Gentilhomme）en.wikipedia.org/wiki/Tramontane（最後瀏覽日期11/10/20）
- 「小鴿子（golobica）」……你可以沿著「小鴿子」畫出布拉風的路線：*N. Hunt*, p. 75.

第十四章

- 經過測量，溫度下降了多達攝氏四度：*A. J. Van der Poel and Ph. Stoutjesdijk.*
- 樹下的微氣候：Full list of many sources can be found in Ph. Stoutjesdijk and J. J. Barkman, pp. 96–99.
- 冬青櫟非常耐寒，卻無法長時間生存在寒冷中。他們可以承受攝氏零下二十度的驟冷，卻待不了長期攝氏零下一度的環境：*Barkman, cited in Ph. Stoutjesdijk and J. J. Barkman*, p. 6.
- 隆起的風：*J. Grace*, p. 19.
- 引用自約書亞・斯洛克姆（Joshua Slocum）：gutenberg.org/files/6317/6317.txt（最後瀏覽日期 4/15/20）
- 樹木對風出奇的敏感，如果它們每天被風吹晃三十秒，就會生長得比附近有遮蔽的樹木來得矮小百分之二十至三十：*P. L. Neel and R. W. Harris*.

- 薊的種子只需要一點微弱的風，風速大約是時速三公里（二英里），就可以乘載種子在天空航行……它們需要八秒才能落下一公尺（三英尺）：L. Watson, pp. 172–73.
- 這些地方常常引來霜袋……林地間的空地比起附近空曠的田野能降下多於百分之五十的雪：*R. Geiger*.
- 對於居住在樹林裡的居民來說，幾乎每一個樹種，都有屬於自己的聲音和特徵……：bbc.co.uk/programmes/m000b6sm（最後瀏覽日期9/3/20）
- 另一位作家寫道，蘋果樹是一把大提琴，老橡樹是一把低音維奧爾琴（bass viol），年輕的松樹是把柔和的小提琴：*Guy Murchie quoted in L. Watson*, p. 263.
- 在草木之中，寬大的葉子聲音顯得窒塞；枯槁的葉子聲音顯得悲淒……：awatrees.com/2013/01/06/psithurism-the-sound-of-wind-whispering-throughthe-trees（最後瀏覽日期 6/17/20，連結已失效）
- 回顧一個世紀以前的某個實驗裡，果農剪下一個字母，將它貼在尚未成熟的蘋果上：S. Elliott, p. 39.

第十五章

- 你是否同意能靠植物預測下雨與否：O. D. Kolawole et al., "Ethno-Meteorology and Scientific Weather Forecasting：Small Farmers and Scientists' Perspectives on Climate Variability in the Okavango Delta, Botswana," Climate Risk Management 4–5 (2014)：pp. 43–58.
- 巴布紐亞幾內亞（Papua New Guinea）的沃拉人（Wola）針對一種他們稱之為「gaimb」的齒葉植物進行植物行為的研究：*P. Sillitoe*.

- 墨西哥特拉斯卡拉州（Tlaxcala）的農夫會時常查看「izote（yucca plant，絲蘭屬植物）」：A. D. Rivero-Romero et al., "Traditional Climate Knowledge: a Case Study in a Peasant Community of Tlaxcala, Mexico," Journal of Ethnobiology and Ethnomedicine 12 (2016).
- 一九七七年，佛羅里達州東南部的邁阿密下雪了：Google search for "snow in Miami"（最後瀏覽日期 4/20/20）
- 如果氣溫熱到不利植物生長，我們則會在與赤道方向相反的地方找到它們，比方說，在炙熱乾燥的阿特拉斯山脈北坡才見得著森林：Ph. Stoutjesdijk and J. J. Barkman: *G. Kraus*.
- 北美的依蒂絲棋盤斑蝴蝶（Edith's checkerspot）：*S. B. Weiss, D. D. Murphy and R. R. White.*
- 像蒲公英、旋花類植物、毛茛、鬱金香、番紅花、雛菊、金盞花、卡琳薊（Carline thistles）、龍膽草、田野擬漆姑（red and spurrey）、和北美靛藍屬（wild indigo）：*R. Inwards*, pp.154–55 and elsewhere.
- 溫度降低時，鬱金香和番紅花會閉合……像繩子草屬（Silene）的物種：*W. G. van Doorn and U. van Meeteren, "Flower Opening and Closure: A Review," Journal of Experimental Botany 54 (2003)*: pp. 1801–12.
- 英國隨處可見的雞腳草（cock's-foot grass）被風緩緩地吹動：M. L. Luff.
- 席草（*Nardus Stricta*）……席草的草叢像個馬蹄鐵的形狀：較細的兩端會在北邊對齊，彎曲的部分則朝向南方：*Ph. Stoutjesdijk and J. J. Barkman*, p. 79.
- 歐洲蕨的歷史最早可追溯至五千五百萬年前：*B. Myers*, p. 35.
- 茱萸草（*Cornus suecica*）：*Ph. Stoutjesdijk and J. J. Barkman*, p. 3.
- 觀察山楂找出悄然來臨的春天，最靠近地面的枝枒會比高處的樹枝更早開花：*Ph. Stoutjesdijk and J. J.*

Barkman, p. 160.

- 雪花蓮、風信子、毛莨（fig buttercup）和麝香根（muskroot），當早春降臨，它們會在倏然變暖的地方率先冒出頭來：*R. Geiger*.
- 不管你爬上哪座山，它的花莖都會隨著高度上升愈長愈短，花的數量也減少了：*J. Grace*, p. 143.
- 大量施肥的農用地會比附近的野生草地還要冷，冷到連蚱蜢的蛋都無法孵化：*W. K. R. E. van Wingerden and R. van Kreveld*.
- 一位研究者發現山金車（*Arnica montana*）生長的位置從海拔一千九百公尺處提升至兩千四百五十公尺時，其葉子的尺寸只有原本的一半大：*Werger, see Ph. Stoutjesdijk and J. J. Barkman*, p. 164.
- 即便只是樹葉的彎曲程度也能為微氣候提供線索：*M. J. A. Werger*, pp. 123–60.
- 真菌時機：*S. Pinna, M-F. Gevry and M. Cote*.
- 不少科學家認為大多真菌類會在氣壓下降時釋放出孢子：newscientist.com/article/dn19503-fungi-generate-their-own-mini-wind-to-gothe-distance（最後瀏覽日期 4/24/20）
- 荷蘭的研究者有一項令人驚訝的發現。他們僅觀察地衣，就能推測出一個月當中會有幾天起霧：*Ph. Stoutjesdijk and J. J. Barkman*, p. 5.
- 美國梧桐（Sycamore）那長著黑斑的葉子垂下，深綠色的苔蘚卻厚厚一層……：*R. Jefferies*, p. 183.
- 黑莓（Blackberries）：*A. Young et al.*
- 愛爾蘭西南方的氣候宜人，適合棕櫚樹生長，因此我們可能會去假設小麥也能在此處生長，事實上卻沒有，肇因是夏季太冷太潮溼：*Ph. Stoutjesdijk and J. J. Barkman*, p. 6.

- 稻浪（honami）：*E. Inoue*.

第十七章

- 瑪麗蓮夢露與文氏效應：*L. Watson*, p. 228.
- 這些渦流帶來一種最詭譎的副作用是空氣汙染的巨大差異。汽車排出的廢氣被吹往街道的背風面，而下風處從上空獲得更新鮮的空氣：*Air Quality in Cities, N. Moussiopoulos, ed., Springer*：*2003*.
- 我可以看到窗戶外有一群禿鷹……：Ben Davis, personal conversation on 9/21/20.
- 該效應可讓城市比周圍的鄉村地區溫度高上攝氏十二度：*R. Stull*, p. 678.
- 如果一道微弱的主風吹拂過去，城市的下風側會比迎風面還溫暖幾度：*R. Stull*, p. 678.
- 對講機摩天大樓：bbc.co.uk/news/uk-england-london-23930675（最後瀏覽日期 7/16/20）
- 中東的部分地區，高聳的風塔（wind towers）能捕捉街道上空的微風，將之引導至下方的居住空間：*W. Burroughs et al.*, p. 133.
- 海德拉巴（Hyderabad）：*L. Watson*, p. 226.
- 六角形或八角形的建築物能有效對抗狂暴的強風：多角屋頂比單純的三角屋頂還來得堅固：sciencedaily.com/releases/2008/07/080709110842.htm. 最後瀏覽日期 7/17/20，連結已失效）
- 石頭流汗，雨水欲來……全壘打：*M. Lynch*, p. 142.
- 都市傳言舉例：地毯會膨脹、起司會變軟……：*R. Inwards*, pp. 158–59.
- 城市的六道風：coursera.org/lecture/sports-building-aerodynamics/4-1-wind-flow-around-buildings-part-1-PvfFX

（最後瀏覽日期 3/28/19）and P. Moonen et al.,“Urban Physics：Effect of the Micro-Climate on Comfort, Health and Energy Demand,” Frontiers of Architectural Research1 (2012)：pp. 197–228.

第十八章

- 好天氣時流出透明液體、風雨來臨前流出乳白色液體的珊瑚礁：*D. Lewis, Voyaging*, p. 125
- Kia kohu te mata o Havaiki（願哈瓦基的山峰被雲層覆蓋）：*D. Lewis, We, the Navigators*, p. 221.
- 「awwal-al-kaws」和「akhir al-kaws」：*A. Constable and W. Facey*, p. 76.
- 來自西北的陸風幾乎吹了一整年……：*A. Constable and W. Facey*, p. 76.
- 「te nangkoto」：*D. Lewis, We, the Navigators*, p. 216.

第十九章

- 雨從未將疾病捎給沒收到警示的人。雨簾垂下前……：Virgil, Georgics, loebclassics.com/view/virgil-georgics/1916/pb_LCL063.125.xml（最後瀏覽日期 5/7/20）
- 雄性蝰蛇（Male adders）：*Ph. Stoutjesdijk and J. J. Barkman*, p. 156.
- 另一個理論主張，牛比較常在下午躺下，此時正是大部分陣雨發生的時間點：*Simon Lee, personal correspondence.*
- 蜘蛛織網：F. Vollrath, M. Downes and S. Krackow, and jeb.biologists.org/content/216/17/3342（最後瀏覽日期 4/10/20）

- 蓋伯爾・歐克（Gabriel Oak）：Hardy, Far from the Madding Crowd：etheses.whiterose.ac.uk/14104/1/479514.pdf（最後瀏覽日期 5/5/20）
- 我認識的一位馬語者亞當告訴我，風以另一種方式改變馬的行為：Adam Shereston, personal conversations.
- 蛞蝓（Slugs）：jeb.biologists.org/content/jexbio/31/2/165.full.pdf（最後瀏覽日期 5/5/20）
- 一月分以後，若晚間的溫度上升到攝氏五度以上，青蛙和蟾蜍會從冬眠中甦醒：froglife.org/info-advice/frequently-asked-questions/frogs-and-toads-behaviour（最後瀏覽日期11/20/20）
- 溼度上升，青蛙的活動力更為活躍：E. D. Bellis.“The Influence of Humidity on Wood Frog Activity,” The American Midland Naturalist 68, no. 1 (July 1962)：pp. 139–48.
- 蚯蚓：scientificamerican.com/article/why-earthworms-surface-after-rain（最後瀏覽日期 6/5/20）
- 我們能透過鳥鳴與某些昆蟲的聲音判斷是否要下雨了……：*O. D. Kolawole, Climate Risk Management*, pp. 43–58.
- 赤鳶（Red kite）：*Simon Lee, personal correspondence.*
- 萬里無雲且炎熱的日子裡，鳥叫聲聽起來比牠們的實際位置還要遠：C. S. Robbins,“Bird Activity Levels Related to Weather,” Studies in Avian Biology 6 (1981)： pp. 301–10.
- 但氣流紊亂時，鳥兒難以滑翔：*Ph. Stoutjesdijk and J. J. Barkman*, p. 27.
- 在美國賓夕法尼亞州（Pennsylvania），盛行風碰到山後……：*E. Sloane*, p. 69.
- 想得愈多，就愈相信空氣浮力遠比科學證實得還要多：*R. Jefferies*, p. 123.
- 鳥兒會做日光浴來暖和身體。如果牠們在陽光沐浴的地點起飛，很可能是為了飛往另一個風光明媚的地方……一隻鳥兒（如寒鴉）張著喙，熱到喘氣的模樣：*Ph. Stoutjesdijk and J. J. Barkman*, pp. 147–51, 200.

- 「似乎」是關鍵詞……真的是灰林鴞變得更吵鬧了嗎？還是穩定的天氣讓樹林更為寧靜，放大了鳥鳴聲？：*Simon Lee, personal correspondence*.
- 法蘭西斯・培根（Francis Bacon）：*R. Inwards*, p.138.
- 蝙蝠與昆蟲：*Rupert Lancaster, personal correspondence and K. Parsons, G. Jones, and F. Greenaway.*
- 有一說是當盛行風使樹向東北邊彎曲：woodpecker-network.org.uk/index.php/news/51-great-spotted-woodpecker-nest-holeorientation（最後瀏覽日期 5/7/20）
- 蜜蜂不會貿然離巢覓食：在溫度計上升至攝氏十九度時，蜜蜂的活動力大增：en.wikipedia.org/wiki/Forage_(honey_bee)（最後瀏覽日期 5/6/20）and Z. Puškadija et al., "Influence of Weather Conditions on Honey Bee Visits (Apis Mellifera Carnica) During Sunflower (Helianthus Annuus L.) Blooming Period," Agriculture：Scientific and Professional Review 13, no. 1 (2007): p. 13.
- 大黃蜂（Bumblebees）：*D. M. Unwin and S. Corbet*, p. 20.
- 甲蟲（Beetles）：*H. Dreisig*.
- 大昆蟲喜歡在一天的清晨或傍晚的涼爽期間出現，中午的活動力較低：*D. M. Unwin and S. Corbet*, p. 24.
- 倘若你遇見一大群飛蟻，牠們捎來的訊息是，現在的氣溫大約攝氏十三度，風速低於每秒六公尺：rsb.org.uk/get-involved/biology-for-all/flying-ant-survey（最後瀏覽日期 9/7/20）
- 許多科學研究能支持螞蟻對溼度敏銳的觀點：研究人員曾觀察到編織蟻（weaver ant）在熱帶風暴來臨前織網：S. Bagchi, "Weaver Ants as Bioindicator for Rainfall: An Observation," researchgate.net/

publication/277126182_Weaver_ants_as_bioindicator_for_rainfall_An_observation（最後瀏覽日期10/11/20）

- 世界上有超過一萬三千種獲得命名的螞蟻物種：cosmosmagazine.com/biology/can-ants-predict-rain-yes-no-maybe（最後瀏覽日期12/5/20）
- 早晨是研究蝴蝶的絕佳時間：*J. LewisStempel, p. 145.pp. 295–96 Butterflies and temperature*：*L. Wikström, P. Milberg and K.-O. Bergman.*
- 蝴蝶同樣對太陽輻射敏感，蝴蝶翩翩飛舞最可能始於陽光直射……多雲的情況下，蝴蝶的活動力較低，飛行距離偏短，起飛次數也變少了。：A. Cormont et al., "Effect of Local Weather on Butterfly Flight Behaviour, Movement, and Colonization：Significance for Dispersal Under Climate Change," Biodiversity and Conservation 20 (2011)：pp. 483–503.
- 在林蔭下爭奪片片陽光：*D. M. Unwin and S. Corbet*, p. 18.
- 翌日一早，奇努克風與沙蠅同時消失得無影無蹤：*M. Schaffer*, p. 83.
- 令人驚訝的是，部分證據顯示，颳風的日子裡，蚊子這類會咬人的昆蟲會在背風面叮咬獵物：*Ph. Stoutjesdijk and J. J. Barkman*, p. 66.
- 牠們在英國有一百五十個種類，美國至加拿大則有超過七百種，大部分都小於二毫米：*M. Chinery, p. 20, and R. Foottit, "Thysanoptera of Canada," ZooKeys 819 (January 2019)*：289–92.
- 薊馬（thrip）與雷：thrips-id.com/en/thrips/ thunder-flies（最後瀏覽日期11/22/20）
- 倘若燕子未在天空盤旋，請於水面、河流或大池塘上尋找牠們的身影……：*R. Jefferies*, pp. 30–31.

第二十章

- 任何時刻，全世界皆有兩千個雷雨正在發生：*R. Stull*, p. 564.
- 一九七五年，一場驚天動地的局部風暴侵襲倫敦北部的一個小鎮，短短數小時內傾倒了相當於三個月的雨量：*P. Eden*, p. 131.
- 「二晴一雷雨」：*P. Eden*, p. 107.
- 「四月雷聲響，霜雪已離家」：R. Inwards, p. 24.
- 它們能以時速四十八公里（三十英里）的速度垂直向上移動：*W. Burroughs et al.*, p. 199.
- 一九三八年，五位正在競賽中尋找上升氣流的滑翔機飛行員飛入一團看起來和藹可親的雲裡：L. Watson, p. 49.
- 一九一航班：W. Haggard, p. 41 onwards. And en.wikipedia.org/wiki/Delta_Air_Lines_Flight_191（最後瀏覽日期5/12/20）
- 較晦暗的區域是上升氣流，較亮且粗糙的區域則是下衝流與滂沱大雨所在之處：*R. Stull*, p. 482.
- 閃電將空氣加熱至攝氏三萬度左右（約華氏五萬四千度）：*P. Eden*, p. 7.
- 閃電在印度北部、東部奪走超過一千條以上的人命：theguardian.com/world/2020/jun/26/lightningstrikes-kill-more-than-100-in-india（最後瀏覽日期7/20/20，連結已失效）
- 倘若閃電對你造成威脅，遠離空地，找尋遮蔽處才是明智之舉……：*T. Gooley, The Lost Art of Reading Nature's Signs*, p. 150.
- 30／30法則：*R. Stull*, p. 570.

- 「晴天霹靂」：*S. Dunlop*, p. 114.
- 當雨先行澆灌你的所在之處，被雷劈的風險也最高：*R. Stull*, p. 567.
- 帝國大廈曾在短短十五分鐘內被閃電擊中十五次：*W. Burroughs et al.*, p. 241.
- 閃電的顏色：*W. Burroughs et al.*, p. 240.
- 閃電會製造出電磁波……電台裡傳來喀嚓喀嚓或尖銳急促的聲音，就是電磁波所為：*R. Stull*, p. 568.
- 龍捲風：*W. Burroughs et al.*, p. 244.
- 雲像牛的皮膚：*G. R. Tibbetts*, p. 385.
- 颶風的俗諺：*G. R. Tibbetts*, p. 385.
- 颶風誕生後，通常會以平均時速十八公里（十一英里）的速度向西走，接著轉入最近的極區（pole）：*S. Dunlop*, p. 126.

第二十一章

- 白雲朵朵，形似巨岩高塔……：*J. Claridge*, p. 35.
- 日出東山前，薄霧近滿月——天氣晴朗：*J. Claridge*, p. 48.
- 月亮與天氣，改變會一起……：*J. Claridge*, p. 50.
- 月光皎潔，白霜速結：*J. Claridge, p. 12, W. Burroughs et al., p. 70 and passim.*
- 太平洋諸島的領航員運用閃爍的繁星預報天氣，他們會解讀星星在天空中不同位置的閃爍方式：*D. Lewis, Voyaging*, p. 125.

- 一位澳洲的天氣學家主張流星和不尋常的豪雨間有關聯：*E. G. Bowen*.
- 冬夜所見的星星點綴在更為深黯的背景，因為它們後方，更遠處的星星寥寥無幾：earthsky.org/astronomy-essentials/star-seasonal-appearance-brightness（最後瀏覽日期 5/19/20）
- 天蠍座和昴宿星團標誌了吉爾伯特水手的一年……：Arthur Grimble, from "Canoes in the Gilbert Islands," The Journal of the Royal Anthropological Institute 54 (1924)：pp. 101–39.
- 「thalatha wa-tis'in (fi) l-nairuz」：G. R. Tibbetts, p. 361.

第二十二章

- 納瓦荷人口述歷史的傳統幫助人們破解謎團：daily.jstor.org/solving-a-medical-mystery-with-oraltraditions（最後瀏覽日期5/20/20）
- 卜蘇勇（Sooyong Park）：*S. Park*, p. 24.
- 俄羅斯農夫會去尋找櫻花樹開花的時間點與霜之間的關係：V. Rudnev, EthnoMeteorology：A Modern View about Folk Signs," horizon.documentation.ird.fr/exl-doc/pleins_textes/divers18-08/010029408.pdf.
- 分裂的岩石、醞釀中的雨、甦醒的太陽……：*N. Shepherd*, p. 48.
- 嘴裡隱約出現鏽腥味……：*Tamsin Calidas, quoted Sunday Times*, Culture, 5/17/20, p. 22.
- 這種疾病在阿拉斯加會比佛羅里達州還多上七倍：S. Nolen-Hoeksema, Abnormal Psychology (6th ed.), New York：McGrawHill Education, 2014, p. 179, from en.wikipedia.org/wiki/Seasonal_affective_disorder（最後瀏覽日期5/20/20）

- 研究人員發現，街上的人們在風速達到六級之前，都會以正常的速度步行：*S. L. Carson.*
- 女性的胸部比男性的胸膛對寒冷更為敏感……女性更傾向背對風向：*B. Palmer.*
- 當春天來臨時，育兒中的母親永遠會是第一個找到溫暖口袋的人：*R. Geiger.*
- 研究顯示，冷風吹拂額頭三十秒，人類的心率會下降：*J. Le Blanc.*
- 有些歷史學家主張，人類最早的文明（腓尼基人、埃及文明、亞述文明、巴比倫文明、阿茲特克文明、馬雅文明和印加文明）：*S. F. Markham.*
- 河水反射了陽光，給予葡萄藤雙倍的光照：*O. H. Volk.*
- 海岸邊的彩虹比較小：*R. Stull, p. 833.*

參考書目

Barkman, J. J. "Impressions of the North Swedish Forest Excursion." *Vegetatio*, 3 (1951): pp. 175–182.

———. "The Investigation of Vegetation Texture and Structure." From M. J. A. Werger, *The Study of Vegetation*, Junk, The Hague, 1979.

Barry, Roger and Peter Blanken. *Microclimate and Local Climate*. Cambridge University Press, 2016.

Binney, Ruth. *Wise Words and Country Ways*. David & Charles, 2010.Bowen, E. G. "Lunar and Planetary Tails in the Solar Wind." *Journal of Geophysical Research* 69, no. 23 (1964): pp. 4969–70.

Burroughs, William et al. *Weather: The Ultimate Guide to the Elements*. HarperCollins, 1996.

Carson, S. L. *Human Energy Under Varying Weather Conditions*. University of Washington, 1947.

Chinery, Michael. *Complete Guide to British Insects*. Collins, 2005.

Claridge, J. *The Country Calendar or The Shepherd of Banbury's Rules*. Sylvan Press, 1946.

Constable, Anthony and William Facey. *The Principles of Arab Navigation*. Arabian Publishing, 2013.

Cosgrove, Brian. *Pilot's Weather*. Airlife, 1999.

Dreisig, H. "Daily Activity, Thermoregulation and Water Loss in the Tiger Beetle, *Cicindela Hybrida*." *Oecologia* (Berl.) 44 (1980): pp. 376–89.

Dunlop, Storm. *Meteorology Manual*. Haynes, 2014.

Dunwoody, H. *Weather Proverbs*. United States of America: War Department, 1883.

Eden, Philip. *Weatherwise*. Macmillan, 1995.

Elliott, S. *Nature Studies*. Blackie and Son, 1903.

Feinberg, Richard. *Polynesian Seafaring and Navigation*. Kent State University, 1988.

Geiger, R. *Das Klima der bodennahen Luftschicht*. Vieweg, Braunschweig, 1961.

Gibbings, Robert. *Lovely Is the Lee*. Dent & Sons, 1947.

Gladwin, Thomas. *East is a Big Bird*. Harvard University, 1970.

Goetzfridt, Nicholas. *Indigenous Navigation and Voyaging in the Pacific*. Greenwood Press, 1992.

Gooley, Tristan. *The Lost Art of Reading Nature's Signs*. The Experiment, 2015.

———. *How to Read Water*. The Experiment, 2016.

———. *The Nature Instinct*. The Experiment, 2018.

———. *The Natural Navigator—10th Anniversary Edition*. The Experiment, 2020.

Grace, J. *Plant Response to Wind*. Academic Press, 1977.

Greenstone, M. H. "Meteorological Determinants of Spider Ballooning: the Roles of Thermals vs. the Vertical Windspeed Gradient in Becoming Airborne." *Oceologica* 84 (1990): pp. 164–68.

Haggard, William. *Weather in the Courtroom*. American Meteorological Society, 2016.

Hamblyn, Richard. *Extraordinary Clouds*. David & Charles, 2009.

Harris, Alexandra. *Weatherland*. Thames & Hudson, 2016.

Harrison, Melissa. *Rain: Four Walks in English Weather*. Faber & Faber, 2017.

Hodgkinson, W. P. *The Eloquent Silence*. Hodder & Stoughton, 1947.

Holmes, Richard. *Falling Upwards*. William Collins, 2013.

Hunt, Nick. *Where the Wild Winds Are*. Nicholas Brealey, 2017.

Inoue, E. "Studies of the Phenomena of Waving Plants ("Honami") Caused by Wind. Part 3. Turbulent Diffusion over the Waving Plants." *J. Agric. Met.* (Tokyo) 11 (1956): pp. 147–51.

Inwards, R. *Weather Lore*. Senate, 1994.

Jankovic, Vladimir. *Reading the Skies*. University of Chicago Press, 2000.

Jefferies, Richard. *Field and Hedgerow*. Lutterworth Press, 1948.

Jones, H. *Plants and Microclimate*. Hamlyn, 2014.

Kästner, Martina, Richard Meyer, and Peter Wendling. "Influence of Weather Conditions on the Distribution of Persistent Contrails." *Institut für Physik der Atmosphäre*, Report No. 109, 1998.

King, Simon and Clare Nasir. *What Does Rain Smell Like?* 535, 2019.

Kraus, G. *Boden und Klima auf kleinstem Raum*. Fischer, Jena, 1911.

Le Blanc, J. *Man in the Cold*. Thomas, Springfield, Illinois, 1975.

Lester, Reginald. *The Observer's Book of Weather*. Frederick Warne & Co., 1964.

Lewis, David. *The Voyaging Stars*. Fontana, 1978.

———. *We, the Navigators*. University of Hawaii, 1994.

Lewis-Stempel, J. *The Wood*. Doubleday, 2018.

Lohmann, Ulrike, Felix Luond, and Fabian Mahrt. *An Introduction to Clouds*. Cambridge University Press, 2016.

Luff, M. L. "Morphology and Microclimate of *Dactylis Glomerata* Tussocks." *Journal of Ecology* 53 (1965): pp. 771–83.

Lynch, Mike. *Minnesota Weatherwatch*. Voyageur Press, 2007.

Markham, S. F. *Climate and the Energy of Nations*. Oxford University Press, London, 1942.

Minnaert, M. *Light and Colour in the Open Air*. Dover, 1954.

Moore, Peter. *The Weather Experiment*. Vintage, 2016.

Morton, Jamie. *The Role of the Physical Environment in Ancient Greek Seafaring*. Brill, 2001.

Myers, Benjamin. *Under the Rock*. Elliott & Thompson, 2018.

Neel, P. L., and R. W. Harris. "Motion-Induced Inhibition of Elongation and Induction of Dormancy in Liquidambar." *Science* 173 (1971): pp. 58–59.

Nordhagen, R. "Die Vegetation und Flora des Sylenegebietes." *Kkr. Norske Vidensk. Akad. I, Mat, Naturv.* 1 (1927): pp. 1–162.

Office of the Chief of Naval Operations, Training Division. *Meteorology for Naval Aviators*. Government Printing Office, Washington, 1958.

Page, Robin. *Weather Forecasting the Country Way*. Penguin, 1977.

Palmer, B. *Body Weather*. Stackpole, Harrisburg, 1976.

Park, Sooyong. *The Great Soul of Siberia*. William Collins, 2017.

Parsons, K., G. Jones, and F. Greenaway. "Swarming Activity of Temperate Zone Microchiropteran Bats: Effects of Season, Time of Night and Weather Conditions." *Journal of Zoology* 261, no. 3 (2003): pp. 257–64.

Perkins, Oliver. *Reading the Clouds*. Adlard Coles, 2018.

Pinna, S., M.-F.Gevry, and M. Cote. "Factors Influencing Fructification Phenology of Edible Mushrooms in a Boreal Mixed Forest of Eastern Canada." *Forestry and Ecology Management* 260, no. 3 (2010): pp. 294–301.

Pretor-Pinney, Gavin. *The Cloudspotter's Guide*. Sceptre, 2006.

Rogers, R. R., and M.K. Yau. *A Short Course in Cloud Physics*. utterworthHeinemann, 1996.

Schaffer, Mary. *Old Indian Trails of the Canadian Rockies*. Rocky Mountain Books, 2011.

Scorer, R. S. "The Nature of Convection as Revealed by Soaring Birds and Dragonflies." *Quarterly Journal of the Meteorological Society* 80, no. 343 (1954): pp. 68–77.

Scott Elliott, G. F. *Nature Studies*. Blackie & Son, 1903.

Shepherd, Nan. *The Living Mountain*. Canongate, 2011.

Sillitoe, Paul. *A Place Against Time: Land and Environment in the Papua New Guinea Highlands*. Routledge, 1997.

Sloane, Eric. *Weather Almanac*. Voyageur Press, 2005.

Stewart, Ken. *The Glider Pilot's Manual*. Airlife, 2002.

Stoutjesdijk, Ph., and J. J. Barkman. *Microclimate, Vegetation and Fauna*. KNNV Publishing, 2014.

Stull, R. *Practical Meteorology*. University of British Columbia, 2015.

Thomas, Stephen D., *The Last Navigator*. Ballantine Books, 1987.

Tibbetts, G. R. *Arab Navigation*. The Royal Asiatic Society of Great Britain and Ireland, 1971.

Tovey, Bob and Brian. *The Last English Poachers*. Simon & Schuster, 2015.

Unwin, D. M. and Sarah Corbet. *Insects, Plants and Microclimate*. The Richmond Publishing Co., 1991.

Van der Poel, A. J., and Stoutjesdijk, Ph. "Some Microclimatological Differences between an Oak Wood and a Calluna Heath." *Meded. Landbouwhogesch. Wageningen* 59, no. 2 (1959): pp. 1–8.

Van Wingerden, W. K. R. E., and R. van Kreveld. "Vegetation Structure and Distribution Patterns of Grasshoppers." *Econieuws* 2, no. 4 (1989): pp. 5.

Volk, O. H. "Ein neuer für botanische Zwecke geeigneter Lichtmesser." *Ber, Dt. Bot.* Ges. 52 (1934): pp. 195–202.

Vollrath, F., M. Downes, and S. Krackow. "Design Variability in Web Geometry of an Orb-Weaving Spider." *Physiol. Behav.* 62 no. 4 (1997): pp. 735–43.

Watson, Lyall. *Heaven's Breath*. Hodder and Stoughton, 1984.

Watts, Alan. *Instant Weather Forecasting*. Adlard Coles, 1968.

Weiss, S. B., D. D. Murphy, and R. R. White. "Sun, Slope and Butterflies." *Ecology* 69 (1988): pp. 1486–96.

Werger, M. J. A. *The Study of Vegetation*. Junk, 1979.

White, Gilbert. *The Natural History of Selborne*. Penguin, 1987.

Wikström, Linnea, Per Milberg, and Karl-Olof Bergman. "Monitoring of Butterflies in Semi-Natural Grasslands: Diurnal Variation and Weather Effects." *Journal of Insect Conservation* 13 (2019): pp. 203–11.

Wood, James G. *Theophrastus of Eresus on Winds and Weather Signs*. Edward Stanford, 1894.

Woudenberg, J. P. M. "Nachtvorst in Nederland." *K.N.M.I Wetensch*. Rapp., 68, no. 1, de Bilt, 1969.

Young, A., A. Pilar, A. Janelle, and U. Hiromi. "Wind Speed Affects Pollination Success in Blackberries." *Sociobiology* 65, no. 2 (2018): p. 225.

致謝

在這本書的開頭，我曾寫說天氣是由空氣、溫度與水熬成的湯。書與湯不能類比，反倒像在導覽一棟十四層樓的特殊磚造建築，這棟大樓組成的磚瓦每一塊都不同，且每一個房間內都有壽司的試吃拼盤，因此比起一般的建築導覽，我們得花更多時間才能抵達一樓的出口。不管怎麼說，本書若出現任何糟糕的比喻或錯誤，我責任重大。

先謝謝我的經紀人，蘇菲．希克斯（Sophie Hicks），以及 Sceptre 出版社的魯珀特．蘭開斯特（Rupert Lancaster）、The Experiment 出版社的尼古拉斯．齊澤克（Nicholas Cizek），多虧你們，這本書才能順利出版。這是我第一次同時受大西洋兩岸委託寫書，添加了本書的書寫難度，但我由衷感謝各位相關人員，不只是魯珀特、尼克和蘇菲，因為有各位協助，減輕了本書撰寫時的難度。

讀者們可能會發現本書以兩個重要的目的為出發點：鉅細靡遺地導覽你我能感受到的天氣跡象，以及被世人忽略的微氣候世界。沒有魯珀特和尼克的幫忙，我可能無法找出在一本書裡達到這雙重目的的方法，且很有可能放棄其中之一。

也感謝馬修．洛爾（Matthew Lore）、珍妮弗．赫根羅德（Jennifer Hergenroeder）、卡梅倫．邁爾斯（Cameron Myers）、蕾貝卡．蒙迪（Rebecca Mundy）、凱特里奧娜．霍恩（Caitriona

Horne）、米爾托·卡拉夫雷祖（Myrto Kalavrezou）、多米尼克·格里本（Dominic Gribben），以及所有在 Sceptre 與 The Experiment 出版社的職員付出的勤勞、能量、點子和遠見。

謝謝海澤爾·奧姆（Hazel Orme）在本書最後階段的幫忙。我很感謝莎拉·威廉斯（Sarah Williams）、莫拉格·奧布萊恩（Morag O' Brien）、威廉·克拉克（William Clark）多年來傑出的工作能力。特別感謝天氣學家賽門·李（Simon Lee），與你討論的時間及想法都對我有所助益。雖然協助者們都隱藏在幕後，卻都為本書提供了不少關鍵性的協助：彼得·吉布斯（Simon Lee）、約翰·萊德（John Rhyder）、漢娜·湯普森（Hannah Thompson）、約翰·帕爾（John Pahl）、尼克·亨特（Nick Hunt）、尼克·哈金斯（Nik Huggins），謝謝你們。

尼爾·高爾（Neil Gower）傑出的封面和插畫亦是這本書相當精彩的一部分。謝謝你尼爾！

由衷地感謝在 Covid-19 疫情期間閱讀我的書、訂閱線上課程或透過其他方式支持我的人們。

我想要謝謝我的姊姊，舒翁·馬茜（Siobhan Machin）的支持和分享珍貴的想法。

所有列在參考來源與參考書目上的名字，都幫助我發想點子、了解事實，更提供了靈感。我想再度提及一些意義非凡的名字。我很感謝、尊敬斯托傑斯迪博士（Ph. Stoutjesdijk）和 J·J·巴克曼（J. J. Barkman）令人驚嘆的偉大研究，他們也出色地彙整了很多與微氣候相關的報告。大衛·路伊斯（David Lewis）的太平洋研究對我的一生有很大的幫助，並給予我很多靈感；G·R·蒂貝特（G. R. Tibbetts）的阿拉伯海導航對於我亦是如此。

當提到辨認古老的資料來源時，傑米・摩頓（Jamie Morton）的研究派上不少用場。菲利浦・伊登（Philip Eden）、羅蘭・史都爾（Roland Stull）和思多・丹洛普（Storm Dunlop）的研究都以不同的方式幫助了我，如同一些更早期的研究，包含吉爾伯特・懷特（Gibert White）、理查・傑富瑞（Richard Jefferies）和湯瑪士・哈迪（Thomas Hardy）的著作。

謝謝Camping Crew Podcast和地下酒吧，在二〇二〇年帶給我笑容與笑聲，無論線上和線下。我想要在這裡寫下所有感謝的名字，但你們大概會想殺了我。

我想要謝謝我的家人的支持，尤其是我的老婆，蘇菲，以及兒子們，班和維尼，在疫情封城期間、在我寫這本書的時候陪伴在我身邊。我為任何對於風、露水及身為作者的快樂、抱怨道歉。我於二〇二一年一月初寫下這本書的最後一個段落，英國再次進行國家級封城，學校又改回遠距離教學。這天早上，在吃完早餐的麥片粥後，我問兒子為什麼在草地上有霜，但樹下沒有。這個強迫性的觀察完全沒有帶給孩子們快樂，他們嚷嚷：「爸爸，遠距教學快遲到了！」

關於作者

崔斯坦．古力（Tristan Gooley）

《紐約時報》列名的暢銷作家。自然導航的專門家，自我實務經歷建立了他對該領域的熱情。同時他也是英國皇家航海學院及英國皇家地理學會會員。崔斯坦的冒險履歷輝煌：探險足跡涵蓋五大洲，翻越歐亞非的山嶺、駕船橫越海洋、從歐陸駕駛小飛機遨遊非洲與北極——還是唯一單獨航行、飛越大西洋還能活著凱旋歸國的冒險家。著作包含《野遊觀察指南》《自然直覺》（晨星出版）、《水的導讀》《自然導讀》及《解讀自然跡象的藝術》等書。想了解更多關於崔斯坦的資訊，可造訪他的網站：naturalnavigator.com，並追蹤他的社群媒體。

NaturalNav

thenaturalnavigator

thenaturalnavigator

國家圖書館出版品預行編目(CIP)資料

解讀身邊的天氣密碼：讀懂隱藏在雲朵、微風、山丘、街道、動植物及露水裡的天氣跡象 / 崔斯坦.古力(Tristan Gooley)作；黃靚嫻譯. -- 初版. -- 臺中市：晨星出版有限公司, 2022.10
面；　公分. -- (知的!；195)
譯自：The secret world of weather : how to read signs in every cloud, breeze, hill, street, plant, animal, and dewdrop.
ISBN 978-626-320-223-8(平裝)

1.CST: 天氣 2.CST: 氣象觀測

328.8　　　111011799

填回函
送E-coupon

知的！195

解讀身邊的天氣密碼：讀懂隱藏在雲朵、微風、山丘、街道、動植物及露水裡的天氣跡象

The Secret World of Weather

作者　崔斯坦．古力（Tristan Gooley）
插圖　尼爾．高爾（Neil Gower）
譯者　黃靚嫻
責任編輯　吳雨書
執行編輯　曾盈慈
封面設計　高鍾琪
美術設計　陳佩幸

創辦人　陳銘民
發行所　晨星出版有限公司
407 台中市西屯區工業30路1號1樓
TEL：04-23595820　FAX：04-23550581
Email：service@morningstar.com.tw
http://www.morningstar.com.tw
行政院新聞局局版台業字第2500號
法律顧問　陳思成律師
初版　西元2022年10月15日　初版1刷

讀者服務專線　TEL：02-23672044 / 04-23595819#212
FAX：02-23635741 / 04-23595493
service@morningstar.com.tw
網路書店　http://www.morningstar.com.tw
郵政劃撥　15060393（知己圖書股份有限公司）
印刷　上好印刷股份有限公司

定價390元

（缺頁或破損的書，請寄回更換）

ISBN 978-626-320-223-8